厌氧发酵过程中牛粪产气规律及玉米秸秆沉降产气特性研究

张　波　李文涛　吴春东　著

哈爾濱工程大學出版社
Harbin Engineering University Press

内容简介

本书简述了厌氧发酵技术研究现状及存在的问题，并在概述厌氧发酵反应器设计的基础上，首先，介绍了牛粪单相厌氧发酵工艺、高浓度发酵料液处理工艺及牛粪两相厌氧发酵工艺；其次，详细介绍了好氧水解厌氧发酵两相工艺中，玉米秸秆不同部位的传质特性、产甲烷特性、浮渣层的变化规律及各影响因子对沉降性的交互作用；最后，简述了沼气脱硫装置及工艺、沼气存储系统、沼液沼渣加工工艺及经济效益分析。

本书可作为新能源学与工程专业的本科生及研究生的教材，也可供相关专业技术人员参考。

图书在版编目(CIP)数据

厌氧发酵过程中牛粪产气规律及玉米秸秆沉降产气特性研究／张波，李文涛，吴春东著. —哈尔滨：哈尔滨工程大学出版社，2023.4
ISBN 978－7－5661－3878－1

Ⅰ.①厌… Ⅱ.①张… ②李… ③吴… Ⅲ.①牛—粪便处理—厌氧处理—发酵处理—研究 ②玉米秸—沉降物—厌氧处理—发酵处理—研究 Ⅳ.①X710.1

中国国家版本馆 CIP 数据核字(2023)第 048459 号

厌氧发酵过程中牛粪产气规律及玉米秸秆沉降产气特性研究
YANYANG FAJIAO GUOCHENG ZHONG NIUFEN CHANQI GUILÜ JI YUMI JIEGAN CHENJIANG CHANQI TEXING YANJIU

选题策划 马佳佳
责任编辑 张 彦 王晓西
封面设计 李海波

出版发行 哈尔滨工程大学出版社
社 址 哈尔滨市南岗区南通大街 145 号
邮政编码 150001
发行电话 0451－82519328
传 真 0451－82519699
经 销 新华书店
印 刷 哈尔滨午阳印刷有限公司
开 本 787 mm×1 092 mm 1/16
印 张 13.75
字 数 349 千字
版 次 2023 年 5 月第 1 版
印 次 2023 年 5 月第 1 次印刷
定 价 58.80 元
http://www.hrbeupress.com
E-mail:heupress@hrbeu.edu.cn

前　言

中国农作物秸秆资源量大、面广，据农业农村部统计，2020 年全国秸秆资源总量为 8.56 亿吨，可收集资源量为 7.22 亿吨，秸秆综合利用率达到 87.6%，《全国农作物秸秆综合利用情况报告》指出，2021 年全国农作物秸秆综合利用率超过 88.1%。有部分秸秆未被有效利用，仍存在不同程度的秸杆废弃或露天焚烧情形，造成了农业秸秆资源的浪费。另外，我国每年会产生约 45 亿吨的畜禽粪便，其中一部分没有被资源化利用，成为大气污染、水体污染和土壤污染的源头。农作物秸秆蕴含大量的化学能，若将秸秆资源转化为高品质能源产物，那么既能提高可再生能源的使用比重，又能解决农村用能和种植业污染的问题，这就为实现循环农业提供一种切实可行的办法。畜禽粪便也是发酵很好的原料，利用厌氧发酵将农作物秸秆及畜禽粪便转化为沼气，是解决能源和环境问题的有效途径，具有重要的经济效益和社会效益。

近年来，在能源转型的趋势下，秸秆产甲烷技术再次成为国内外学者研究的热点之一。秸秆中的木质素和半纤维素对纤维素具有屏障作用，导致其在厌氧条件下降解十分缓慢，不但影响反应器的容积效率，而且导致秸秆不能在较短的时间内获得较好的沉降性能，长期漂浮在厌氧发酵反应器液面上形成浮渣，这就阻碍了沼气的释放，甚至造成发酵失败。可见，有效解决浮渣结壳问题，快速破解木质素的屏障作用，在促进水解微生物胞外酶与纤维素及半纤维素充分接触的同时，促使秸秆在微观结构上孔隙度增加，从而提高秸秆吸水能力及沉降性能是关键。另外，在高寒地区，常规的厌氧发酵模式容易出现发酵周期长、产气率低、原料降解缓慢以及结冻等问题，同时也会产生有机废物积压、处理不完全等现象，所以难以实现全年连续运转，需要对反应装置进行加热保温等措施；单一的原料和物料来源的不稳定性也限制了沼气工程的发展，增加了沼气工程的运行成本，很难长期维持发酵工程的运行。针对以上问题，秸秆的沼气发酵采用好氧水解厌氧发酵两相工艺，对发酵反应器的启动、发酵料液接种物浓度、有机负荷、温度等影响因素进行了相关研究，为沼气工程提供了可靠的工艺参数。

本书共由 13 章组成。其中第 3、9、10、11、13 章及参考文献由黑龙江八一农垦大学工程学院、农业农村部农产品及加工品质量监督检验测试中心（大庆）张波撰写，共计 5 章 11.9 万字；第 1、2、4、8 章由黑龙江八一农垦大学工程学院李文涛撰写，共计 4 章 10.2 万字；第 5、6、7、12 章由黑龙江八一农垦大学工程学院吴春东撰写，共计 4 章 10.6 万字；全书由张波负责统稿。本书在撰写过程中，技术人员刘海庆、黄英超、杜佳，研究生隋建宁、吴勇涛、谢宇伦以及本科生高峰、吴佳宝为本书成稿做了很多辅助性工作。本书得到了“农业农村部农产品及加工品质量监督检验测试中心（大庆）”“黑龙江省寒地农业可再生资源利用技术及装备重点实验室”和“粮食副产品加工与利用教育部工程研究中心”等单位的大力支持，在此表示感谢。

本书的相关研究是在黑龙江省博士后基金项目“玉米秸秆好氧水解厌氧发酵特性研究（LBH－Z19218）”，农业农村部项目“东北地区秸秆原位监测”，黑龙江八一农垦大学学成、引进人才科研启动计划项目“好氧水解对玉米秸秆厌氧发酵产气及沉降的影响研究（XDB202001）”“秸秆不同预处理对致密成型机理及燃料特性的影响（XYB2014－10）”，黑龙江八一农垦大学“三纵”基础培育（自然）项目“发酵过程中秸秆沉降模型及产甲烷特性研究（ZRCPY202106）”“预处理方式对秸秆固化成型燃料理化特性研究（ZRCPY202010）”“冰冻预处理对玉米秸秆木质纤维素的影响及其机理探究（ZRCPY202206）”和黑龙江八一农垦大学杂粮优势特色学科项目“谷子秸秆厌氧发酵特性研究（gczl202310）”的支持下精心撰写而成。

由于作者水平及篇幅所限，书中难免存在疏漏及不足之处，敬请广大读者批评指正。

著　者
2023 年 2 月

目　　录

第1章　绪　　论

1.1　研究的意义与目的

1.1.1　研究的意义

国际能源署(International Energy Agency,IEA)发布的《世界能源展望2018》中指出,全球能源供应和消费格局正在发生变革,随着完善煤炭产能置换、加快优质产能释放等政策的持续推进,全球能源供应和消费正朝着低碳化、清洁化的方向进行能源转型,而能源技术创新将成为能源转型的关键驱动力,也将成为全球能源转型的主导力量。

根据国家统计局的《中国统计年鉴2021》中的数据显示,2020年,中国能源消费总量49.8亿t标准煤,比2019年增长2.2%;煤炭、原油、天然气和电力消费量增长分别为0.6%、3.3%、7.2%和3.1%;煤炭消费量占能源消费总量的56.8%,比2019年下降0.9%;天然气、水电、核电、风电等清洁能源消费量占能源消费总量的24.3%,比上年上升1.0%。如图1-1所示,2007—2021年中国能源消费总量及清洁能源消费量占比,总体来看,中国能源消费总量呈上升趋势,清洁能源消费量占能源消费总量的比重持续上升,发展趋势较好。但在目前的能源消费仍持续增长的情况下,调整以煤炭为主的能源结构并提高包括可再生能源在内的清洁能源比重,将是一项艰巨的历史性任务。

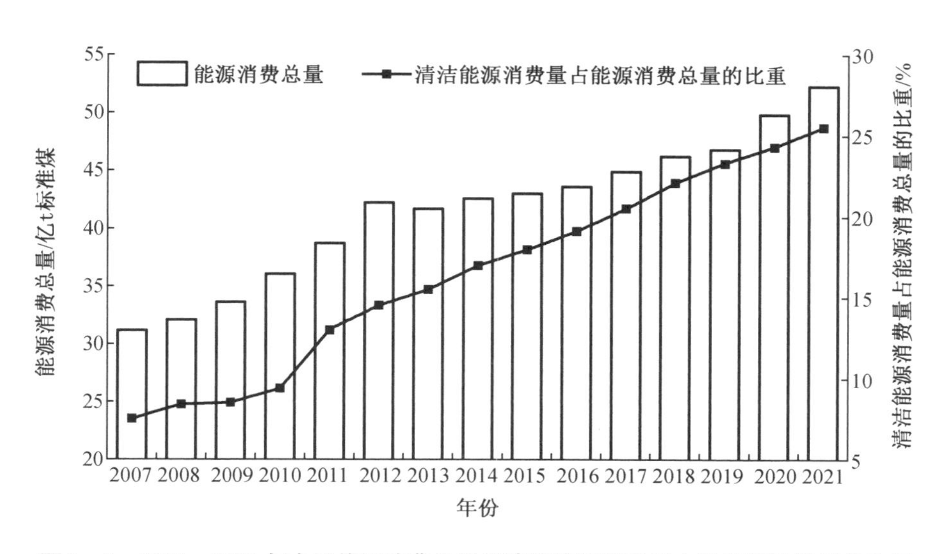

图1-1　2007—2021年中国能源消费总量及清洁能源消费量占能源消费总量的比重

中国能源生产及消费格局正处在转型阶段,但在短期内化石能源仍是主要能源来源,化石能源的消耗会产生大量污染环境的气体,仅2016年,我国CO_2、氮氧化物和SO_2的排放量就分别达到了400亿t、1 394.31万t和1 102.86万t。由此引起了雾霾、酸雨、光化学污染等一系列严重的环境污染问题,直接威胁人类社会的可持续发展和生存空间。所以,以化石能源为主的全球能源结构,无论从经济上还是环境上都是不可持续的。在化石能源危机和环境污染问题的背景下,开发和利用可再生能源(太阳能、风能、水能、核能及生物质能)并朝着低碳化、清洁化的方向进行能源转型尤为重要。其中,生物质能源开发和利用得到了人们广泛的关注和世界各国政府的重视。目前正在应用和研究中的主要生物质能源包括:沼气、生物质燃气(秸秆气化)、生物发酵制取氢气等气体燃料;燃料乙醇、生物柴油、生物质裂解液化等液体燃料;炭棒、木炭砖、颗粒燃料等固体燃料。可见生物质能源的种类很多,处理方法也不同,气体燃料中的沼气生产过程不仅没有环境污染,而且可降解,如农业秸秆、牲畜粪便、厨房垃圾等有机废弃物,并且在生产过程中不消耗其他能源。因此,气体燃料中的沼气是目前最有希望实现产业化的生物质能源之一,推动沼气的产业化和商品化进程,对发展生物质能源具有重大的现实意义。

中国是世界上畜禽养殖业发展最早的国家之一,改革开放以来,畜牧业得到了持续快速的发展,已经成为农村经济的支柱产业,对整个国民经济的发展发挥着越来越重要的作用。随着农业产业结构的不断调整,集约化、规模化养殖已成为我国畜牧业生产稳定发展的主力军,且朝着标准化生产、规模化管理、产业化经营的方向迈进。这种集约化、规模化的饲养方式虽然有利于提高畜禽场的饲养技术、防疫水平、饲料利用率和管理水平,大大提高经济效益,但是也带来了严重的环境污染。有资料表明,全国畜禽粪便年产生量约21.7亿t,是工业废弃物的2.7倍,其中氮的年产量约为1 579万t,磷的年产量约为363万t,COD(chemical oxygen demand)的年产生量约为6 400万t,BOD(biochemical oxygen demand)的年产量约为5 400万t,畜禽粪便进入水体流失率高达25%~30%,COD排放量接近工业废水,N、P流失量大于化肥流失量。据统计,我国大城市的畜禽养殖业粪尿排污的人口当量均超过3 000~4 000万,而且污染物集中,可以说它是城市中占第一位的超级排污产业。环保部门按照我国畜禽养殖业污染物排放标准对大型养殖场粪尿检测的结果表明,COD超标50~60倍、BOD超标70~80倍、固体悬浮物超标12~20倍。这些畜禽粪便中固液混杂,有机质浓度高,含有大量的有机物、氮、磷、悬浮物,致病的有害病菌及NH_3、H_2S、CO_2等有害气体,如果得不到及时处理或处理不彻底,将对城市环境、水源和农业生态造成严重危害。传统处理畜禽粪便的方法主要是将其作为农用肥料加以利用。但是,随着畜牧业的发展,大量的牲畜被集中养殖,粪便急剧增多,对粪便仅作为肥料进行处理已不适应畜牧业发展的需要。

黑龙江省是我国重要的畜牧业发展基地,目前已成为畜牧业大省,每年全省畜禽粪便总量约达3亿t,如果对这些粪便管理不善,使之流失到水体中,就会造成地表水和地下水的严重污染。同时,也是资源的巨大浪费。现在处理畜禽粪便的方法很多,主要包括干燥处理、除臭处理及综合处理(包括发酵法、利用低等动物处理和热喷技术等)。由于发酵法中的厌氧发酵技术具有多功能性,即治理环境污染、开发新能源(沼气),同时还为农户提供优质的有机肥料,所以越来越受到人们的关注。

厌氧发酵这一技术历史悠久，但大多以自然发酵为主，受自然条件影响很大，发酵速度慢，物料转化率低。目前沼气生产未形成产业化、商业化规模，没有成为商品能源。特别是在黑龙江省，冬季寒冷，年平均气温 1.3 ℃，年温差高达 38～48 ℃，最冷月份气温可达 －15～－30 ℃，全年地下两米的地温不超过 10 ℃，常规的模式在这里就会出现发酵周期长、产气率低、原料降解慢甚至结冻等问题，同时会产生有机废物积压，处理不完全的现象，难以实现全年连续运转，沼气的生产和利用受到很大的限制。

因此，利用厌氧发酵技术研究开发高效、节能、全天候沼气的工业化生产系统及其利用技术，对于高寒地区的沼气工程普及率及沼气的生产和利用具有重要的作用。对高寒地区大型养殖场粪便无害化处理技术难题开展科技攻关，研究高寒地区工业化沼气生产工艺和设备，从而实现高寒地区沼气的周年生产。本书中的研究是在试验室的条件下，确定反应器的结构参数，利用电热水器的热水浴来维持中温发酵，并通过能量计算，验证利用厌氧发酵自身产生的沼气燃烧所产生的热量来维持中温发酵的可行性，目的是要为以后研究沼气用恒温热水来维持中温厌氧发酵连续运行提供可靠的参数；同时采用不同结构参数的反应器进行试验，来确定反应器结构参数对厌氧处理效果的影响，确定合理的反应器来提高容积产气率；并选用合理的反应器进行恒定 35 ℃牛粪厌氧发酵的基础性试验，以及 ASBR 反应器的启动、有机负荷、温度、进料浓度对高浓度发酵料液影响的试验。探讨在此条件下厌氧发酵的机理和特性，以便能够为今后进一步的研究提供有力的参考数据，为我国黑龙江省等畜牧业大省能够实现沼气工业化生产解决一些基础性问题。

我国是农业大国，各类农作物秸秆资源丰富、分布广泛。农作物秸秆又是生物质的一个重要组成部分。秸秆生物质具有多功能性，可以燃料化、饲料化、肥料化、生物基料和工业原料为主要途径进行综合开发利用。据不完全统计，2015 年和 2016 年中国的农作物秸秆产量分别达到了 8.5 亿 t 和 7.9 亿 t，但大部分没有被有效利用，废弃或露天焚烧的秸秆约占秸秆总量的 33%，造成极大的资源浪费。而秸秆的露天焚烧会造成土壤微生物数量的减少、肥力及微结构水稳定性降低等不利的影响，同时增加霾天气的发生概率。农作物秸秆蕴含大量的化学能，若能将目前浪费的秸秆资源转化为高品质能源产物，既能提高可再生能源的使用比重，又能解决农村用能和种植业污染的问题，为实现循环农业提供一种切实可行的办法，同时又向成功实现能源转型迈进了一步。

利用厌氧发酵将农作物秸秆转化为沼气，是解决能源和环境问题的有效途径，具有重要的经济效益和社会效益。在能源转型的趋势下，秸秆产甲烷技术再次成为国内外学者研究的热点之一。玉米秸秆的主要成分是纤维素、半纤维素和木质素，其中木质素和半纤维素对纤维素具有屏障作用，导致秸秆在厌氧条件下降解十分缓慢，不但影响反应器的容积效率，而且导致秸秆不能在较短的时间内获得较好的沉降性能，长期漂浮在厌氧发酵反应器液面上形成浮渣。浮渣的形成阻碍沼气的释放，致使反应容积效率又进一步降低，一旦浮渣失水结壳将导致发酵失败。一般是采用搅拌的方式破坏浮渣层以防止结壳，但在秸秆不具备沉降性的情况下，搅拌只能在一定程度上促进沼气释放，搅拌一旦停止浮渣依然存在，很难从根本上破除浮渣层的影响。并且发酵料液上部的微生物密度低，漂浮在液面上的秸秆发酵产气速率相对较低。可见有效解决浮渣结壳问题对发展秸秆沼气至关重要。为此，快速破解木质素的屏障作用，在促进水解微生物胞外酶与纤维素及半纤维素更充分接触的同时,促使秸秆在微观结构上孔隙度增加,从而提高秸秆吸水能力及沉降性能是非常关键的。

秸秆的主要成分是粗蛋白、粗脂肪及碳水化合物,其中碳水化合物又是由木质纤维素及可溶性糖组成,这些都是大分子有机化合物,其中木质纤维素占70%以上,单从分子质量上看,半纤维素分子量为200~2 000,纤维素的分子量为50 000~2 500 000,木质素分子量在10 000以上,而水的分子量为18,按照阿基米德定律,其在水中应该具有沉降性,但由于秸秆的组织结构特点,秸秆内部存在很多孔隙,如维管束中的空腔,髓中海绵体的薄壁细胞的圆形絮状组织和长杆状组织中的大空腔等,这就使得秸秆的整体容重远远小于水的比重,致使秸秆在水中漂浮。如果秸秆的孔隙充满水就会像船体进水一样下沉,可见增加秸秆沉降性的关键是提高秸秆的吸水性。而玉米秸秆的髓密度很小,蓬松柔软,吸水性强,机械强度低;叶厚度小,扁平,相对吸水表面积大,机械强度低,粉碎时易成粉末;皮的结构致密,吸水后其柔韧性和脆性发生变化,机械强度较高。可见,玉米秸秆的髓、皮、叶的物理性质差别较大,其吸水性也不同。同时,秸秆沼气反应器中究竟是哪部分漂浮在顶部也并不清楚。另外,好氧水解可促使可溶性物质快速析出,并促进木质纤维素结构破坏,这都使秸秆孔隙度增加,从而增强秸秆的吸水性能,更利于水分子扩散到秸秆内部,增大其容重,当秸秆吸水后的比重与溶液的比重相当时,就会出现悬浮或下沉,增大其沉降性能,有利于与反应器底部高密度微生物接触,提高其原料转化率。因此,将发酵分为好氧水解与厌氧发酵两个阶段,通过好氧水解破坏木质纤维结构,增强后续厌氧发酵过程中纤维素及半纤维素的可降解性;同时可促使可溶性物质快速析出,增强秸秆的吸水性,进而增强秸秆的可降解性,杜绝或缓解厌氧发酵过程中浮渣的形成;通过秸秆不同部位水解,了解浮渣层主要秸秆构成成分(部位),为秸秆沼气防止浮渣形成的预处理提供思路,例如在秸秆粉碎过程中进行髓、皮、叶的大体分离,并采取不同的预处理方式等。确定有利于秸秆降解且提高其沉降性的好氧水解工艺,破解秸秆沼气易形成浮渣结壳的难题;获得一定沉降性的秸秆与微生物的接触机会,更有利于秸秆的降解。

为了解决这一问题,秸秆的沼气发酵可采用好氧水解和厌氧发酵两相工艺。因为好氧微生物的繁殖能力远远高于厌氧微生物,并且木质素最初的破解需要氧分子的存在,未经好氧处理的木质素几乎不能在厌氧环境下被微生物所降解。好氧水解过程能增加水解产酸微生物的密度,提高水解产酸速率,使秸秆内可溶性有机物快速酶解,增加秸秆孔隙度、微生物可及性及吸水性;同时在厌氧发酵过程中提高了秸秆的沉降性能,有效降低浮渣层厚度,提高了反应器的利用率、原料的转化利用率及甲烷产率,大大提高了反应器运行的稳定性和高效性。

1.1.2 研究的目的

通过设计厌氧发酵试验装置及能量计算来验证反应器的合理性。为了提高反应器对发酵的影响效果,研究不同高径比反应器、不同发酵时间对发酵产气特性的分析,探讨高径比对厌氧发酵的变化规律;同时通过研究牛粪接种物、料液浓度对厌氧发酵工艺参数的影响规律,提供一些厌氧发酵的基本参数。在以玉米秸秆为原料进行厌氧发酵产甲烷的过程中,为了有效提高发酵原料的沉降性能及转化利用率,实现沼气工程高效稳定地运行,首先要了解秸秆各部位组织结构及其成分含量的差异对厌氧发酵产甲烷及沉降的影响，然后利用好氧水解厌氧发酵工艺进行发酵特性研究，探索玉米秸秆各部位好氧水解工艺参数对厌氧发酵过程中产甲烷特性及浮渣层的影响，并建立水解阶段各部位影响沉降比的数学模型，优化其工艺参数，最终解决沼气工程中普遍存在的木质纤维素水解困难、易形成浮渣结壳等问题。具体研究目的如下：

（1）探讨试验用厌氧发酵反应器的结构参数，利用恒温热水浴来维持中温发酵，为以后研究沼气用恒温热水来维持中温厌氧发酵连续运行提供可靠的参数；

（2）通过牛粪不同接种物、不同料液浓度对产气特性的影响，确定牛粪厌氧发酵最佳的工艺参数；

（3）探讨 ASBR 反应器的启动、温度、有机负荷、进料浓度对处理结果的影响以及ASBR－SBR 系统处理高浓度发酵料液的影响研究；

（4）了解玉米秸秆髓、皮、叶在厌氧发酵过程中传质特性及底物浓度对产甲烷特性及浮渣层的影响，确定玉米秸秆浮渣层中各部位的体积占比；

（5）探索好氧水解对秸秆各部位木质纤维素降解、水解产物、厌氧发酵产气及浮渣层的影响，最大限度地提高玉米秸秆的沉降性能及甲烷产率；

（6）通过粒度对髓、皮、叶沉降性能的影响分析，确定髓、皮、叶不同粒度在单相和好氧厌氧两相发酵工艺中对浮渣及甲烷产率的影响规律，为秸秆沼气发酵提供理论依据；

（7）确定秸秆各部位在好氧水解阶段影响沉降的影响因子，并通过响应曲面法考察影响因子对秸秆各部位沉降比的影响，建立沉降比与影响因子关系的数学模型，优化好氧水解的工艺参数，提高厌氧发酵过程中的沉降性能。

1.2　国内外研究现状

1.2.1　厌氧发酵技术

国外厌氧发酵技术的研究已有一百多年的历史，很多发达国家已经实现了沼气的产业化和商品化，具备了工业化生产规模。1881 年，法国便建成了一项处理城市污水的厌氧消化工程，并投入了实际运行。荷兰在 1970 年建立了许多沼气工厂，但因温度问题从 1980 年开始逐渐减少。欧洲沼气工程技术发展开始成熟，代表了世界的先进水平和模式，尤其是德国、瑞典、丹麦等国家是当前世界上沼气工程技术最为成熟和政策配套比较完善的国家。由于有机农场的推广，加上标准化与模式组织化的设计及能源原因，厌氧技术在德国得以发展。据统计，截至 2016 年，德国已建成沼气工程 9 004 处，总装机容量达到 4 018 MW。在德国可再生能源中，沼气和生物甲烷在可再生能源中的占比高达 16.84%。德国有 80 万 hm^2 的土地用于种植生产沼气的能源作物，占总耕地面积的 6.8%。此外，德国预计到 2050 年，农民收入的 1/4 来自沼气工程。丹麦则是朝大型化、集约化方向来建造厌氧发酵厂，在 2001—2005 年已建起了 9 处可处理多个牧场粪肥的大型沼气示范型工程，这些运行的沼气厂已达到稳产、高产水平，其中最大的沼气厂平均每天可从以粪便为主的生物质中回收到500 m^3的沼气,年产量超过2×10^6 m^3。丹麦正在建造一座世界最大的都市废弃物厌氧发酵厂,年处理量可达2.3×10^5 t,所产生的电力除可供应场区使用外,还可将多余电力1.2MW回馈至市电系统。丹麦VEGGER沼气厂进行50 ℃条件下的牛粪厌氧发酵,产气率可达5 $m^3/(m^3\cdot d)$。同时丹麦也是世界上最早进行秸秆发电的国家,已建有130多座秸秆发电站,秸秆等可再生能源已占该国能源消耗总量的24%。在该技术中,秸秆预处理工序对于提高发酵质态影响较大,利用混合菌剂低能耗地降解秸秆中的木质素、纤维素,这有利于加速混合厌氧发酵启动、提高沼气产率。在意大利,马卡农场以粪污和生物质(秸秆或青贮玉米)为原料,利用机械设备将粪污集中在储粪池中,然后与生物质按比例混合加入沼气罐,产生沼气并发电。美国在1973年的能源危机后就建立了大批处理畜禽粪便的甲烷化工厂,这些化工厂还成功运行着沼气发电站,如艾奥瓦州建立的沼气工程可日处理1 500头牲畜的废弃物,爱荷华大学开发研制了厌氧序批式反应器用于处理猪粪,猪粪能够很好地在反应器内部实现固液分离,这样可以节省成本,缩短水利停留时间,运行效果较好;俄勒冈州用高温混合反应器处理牛粪。欧盟也在试用畜禽粪尿发电。英国也已建立了甲烷自动化工厂。俄罗斯主要发展适合任何气候地区的工厂化生产的小型、高效沼气发酵装置,可日处理200 kg畜禽粪,日产生沼气7~8 m^3。

由此可见,国外不仅将沼气工程作为获取能源和处理污染物的工具,更是将其作为循环利用资源的手段,其围绕农作物秸秆、畜禽养殖粪污,以沼气工程及应用为主线,开展了厌氧发酵技术的应用与实践,实现了沼气发电,沼渣、沼液融入农业生产链或深度加工处理,实现资源循环利用的“多赢”。

研究人员在世界范围内对厌氧发酵工艺进行统计,结果显示60%的发酵采用UASB反应器,而流化床(包括膨胀床)和厌氧虑床仅占11%左右。国外的厌氧处理技术一般都采用中温发酵技术来完成,中温发酵后的粪便通过20倍水的稀释后再进行曝气沉淀处理。工业应用的厌氧发酵技术一般分成经典式发酵技术和上流式发酵技术两种。经典式发酵技术是一种应用很普遍的方法,目前这种技术的发展主要表现在池型的变化和搅拌方式的变化上,其中池型正由圆柱型向“水滴”型发展。目前农业应用的高效厌氧技术主要从工艺上改进,如采用序批式反应器和两相厌氧发酵工艺。

我国厌氧发酵技术始于20世纪二三十年代,其主要目的是解决农村生活燃料短缺问题,大多以家庭模式自然发酵为主。近年来,厌氧发酵技术发展速度很快,如生物厌氧发酵机理、发酵工艺、产气率、COD去除率等方面都已接近国际先进水平,沼气工程的各种成套技术也日趋成熟,已从单纯的回收能源工程,发展成为具有发酵原料的前处理和利用、沼气发酵、沼气净化储存与利用、发酵产物的再处理和利用4个单元的系统工程。目前全国已出现了沼气村、沼气城,生产沼气的设备也做到了商品化。在广大农村,沼气的综合开发与利用已取得了很大的成就,已形成了用户沼气、联户集中供气、规模化沼气工程共同发展的格局。沼气利用方式主要包括农村生活供气、热电联产、净化提纯生产生物天然气等多种利用方式。截至2016年底,全国沼气用户已达到4 380万户,全国规模化沼气工程已发展到11.34万处,其中产气量5 000 m^3/d以上的特大型沼气工程51处,产气量150~5 000 m^3/d的大中型沼气工程约1.8万处。由此可见,我国沼气工程主要以小型项目为主,且多以农村用户或小规模集中供气等非营利模式运行。大中型沼气工程在沼气工程中所占比例较小,其中单项池容在 1 000 m^3以上的畜禽养殖场沼气工程仅占全国规模化沼气工程总量的 5% 左右。工业有机废弃物沼气工程单项规模相对较大,一般池容都在 2 000 m^3以上,但该类项目数量较少,仅占全国规模化沼气工程总量的 10% 左右。

近年来,国家支持和鼓励大中型沼气工程的建设与发展,出台了相关支持政策措施,特别是在农作物秸秆 - 养殖粪污混合厌氧发酵方面,开展了最新的资源化利用示范工程。例如,2019 年安徽省首个秸秆粪污资源化混合综合利用工程——歙县昌农秸秆粪污混合大中型沼气发电(供气)工程正式并网发电,该项目处理秸秆 3 000 t/a,处置牛粪粪污 3 200 t/a,为蔬菜基地提供 3 600 t/a 的沼渣、沼液有机肥,产生沼气 28 万 m^3/a,发电 40 万 (kW · h)/a,增效约 20 万元/a,使得项目经济、社会和生态效益显著。

目前我国以厌氧发酵为主体技术的沼气工程处于快速发展阶段,多是以畜禽粪污和农作物秸秆为主要原料的沼气发酵,其“三沼”(沼气、沼渣、沼液)利用率、运行、资源化利用等方面需要进一步提升;沼气产生工艺及装置设施需提升专业化、工程化层次,沼渣、沼液需要全过程持续安全低风险消纳和深度资源化利用;以混合厌氧发酵为代表的高效、高值、绿色、安全、低能耗的技术工艺应得到研发和推广应用,进而实现技术、经济和环境效益的统一。

1.2.2　预处理研究

为了提高秸秆厌氧发酵过程的甲烷产量,对秸秆进行合理的预处理非常重要。经济有效的预处理方法应具有以下要求:提高纤维酶的活性;避免酶水解抑制剂和微生物的形成及纤维素和半纤维素的破坏;缩减原料尺寸、降低成本及减少能源需求;减少预处理反应堆或装置的结构材料成本;对化学能耗的需求和残留液的减量化降到最低,避免二次处理。

在秸秆厌氧发酵的预处理过程中,为提高秸秆水解效率,最基本的原则是将木质素、纤维素、半纤维素进行有效分离,预处理方法大体上可分为物理预处理、化学预处理、物理化学预处理和生物预处理。

1. 物理预处理

秸秆的物理预处理主要是通过物理方法来缩减原料尺寸、软化生物质、降低纤维素的聚合度和结晶度,增加比表面积,提高纤维素酶对纤维素的可触及性和原料的转化率。常用的物理预处理方法主要有机械粉碎、研磨(如球磨、锤磨、二辊磨、胶体磨和振动能磨)以及辐射处理等。

秸秆的机械粉碎是所有生物质资源化利用的首要环节,是通过切、碾、磨等方式将生物质进行破碎,使秸秆的颗粒变小,增大其比表面积,提高酶解速率。特点是经过处理的纤维素颗粒没有膨润性、体积小、原料的水溶性组分增加,能提高基质浓度,操作简单、易实施。但过细的机械粉碎能耗大、成本高,经济可行性差。研究显示,球磨可有效降低颗粒尺寸,疏松生物质内部结构,这对于提高生物质酶解预处理效率具有很大的帮助。Silva 等采用球磨与水热联合处理后,发现球磨对秸秆酶解具有显著的强化作用,葡萄糖浓度由 0.41 mg/mL显著提高到 13.86 mg/mL;有研究也表明,研磨预处理的玉米秸秆颗粒(53 ~ 75 μm)比未处理的玉米秸秆颗粒(425 ~ 710 μm)的产气量提高 1.5 倍;同时超细磨粉碎秸秆能得到更高的酶解率，从而得到大量的还原糖。此外，研磨的缺点是能耗大，不能去除木质素，并且该过程抑制纤维素酶的活性。

利用辐射（如γ射线、电子束、微波辐射）对秸秆预处理，能促进木质纤维素的酶解。冯磊等利用微波对秸秆预处理并进行厌氧发酵，试验结果表明，平均日产气量处理组比未处理组提高了31.33%，最大日产气量的出现时间提前5～10 d，最大日产气量上升到43.49 mL/gVS，甲烷平均浓度由原来的50%提高到62%左右，有机物降解率达到71.55%，处理组比未处理组提高了44.12%。刘伟伟等分别采用太阳能蒸汽爆破和微波辐射两种方法对玉米秸秆进行预处理，试验结果表明，两种方法均可破坏玉米秸秆的刚性结构，利于厌氧微生物的接触并被降解，提升了木质纤维素的降解率，产气率分别达到296.02 mL/g和332.28 mL/g，日均产气量分别提高了15.11%和20.14%，同时料液滞留时间分别减少42.11%和31.58%；组合辐射或与其他方法如酸、碱、甘油等处理相结合，可提高木质纤维素废物的酶解或生物降解特性。邹安等利用二步微波预处理法，微波－碱处理和微波－甘油处理玉米秸秆，研究发现当粒径为40～80目时，确定了最佳的预处理条件，提取出了玉米秸秆中的半纤维素、木质素，而且提高了纤维素水解的酶可及性，实现了组分的分离。可见，辐射可以促进纤维素酶降解成葡萄糖，但使用辐射方法较昂贵，工业应用难度大。

2. 化学预处理

秸秆的化学预处理包括碱、酸性水解，另外还有碱性过氧化、有机溶剂、湿式氧化和臭氧的分解等。

碱预处理是指用NaOH、$Ca(OH)_2$或氨等碱性溶液去除木质素和部分半纤维素，并有效地增加酶对纤维素的可触及性，能使糖化急剧增加，获得较多的产物。与酸或氧化试剂处理相比，碱处理是打破木质素、半纤维素和纤维素酯键最有效的方法，避免了半纤维素聚合物的裂解。研究表明，NaOH预处理能够显著降低玉米秸秆中木质纤维素含量，在厌氧发酵过程中提高秸秆的产气效率。还有研究表明，当处理高负荷的脂质和酚类化合物时，$Ca(OH)_2$预处理是一个很好的处理方式。冯洋洋等利用NaOH与$Ca(OH)_2$混合碱和沸石联用对初沉污泥进行厌氧发酵，试验结果表明这种方法具有较好的强化发酵及控制氮、磷副产物的特性，同时发酵液中的TVFA、SCOD、$NH^{4+}-N$和$PO_4^{3-}-P$具有作为反硝化碳源的潜力，同时发酵后污泥具有了较好的脱水性能，有利于污泥的后续处理。

碱性过氧化物和绿氧组合预处理也是秸秆厌氧发酵采用的有效方法之一。该方法采用NaOH和H_2O_2不同浓度组合对玉米秸秆进行预处理，对处理后秸秆的成分及厌氧发酵性能的研究表明，NaOH和H_2O_2联合试剂可以有效提高玉米秸秆的产气量，缩短发酵周期，最大限度地降解有机物。另外，绿氧具有很强的润湿、渗透能力，与NaOH组合预处理秸秆，可迅速将纤维表面润湿并渗透到内部，使产气高峰提前，提高秸秆的可生物降解性及产气率。

酸性水解是通过对木质纤维素材料进行高温处理，可以有效地提高酶解效率。酸预处理既可在高温低酸浓度（稀酸）下又可在低温高酸浓度（浓酸）下进行。目前，H_2SO_4预处理的应用最多，其他酸如HCl和HNO_3也有报道。例如，利用稀H_2SO_4预处理玉米秸秆，研究发现秸秆的化学组成及结构都发生了变化，同时秸秆纤维表面及细胞壁都受到了不同程度的破坏，增大了比表面积、孔隙度，降低了纤维素的结晶度，提高了纤维素的转化率。另有报道以稀酸水解玉米秸秆产氢发酵液为底物再进行甲烷发酵能显著提高秸秆的综合利用率。与稀酸工艺相比,浓酸预处理的操作温度(如40 ℃)较低是一个明显的优势。然而高浓度的酸具有极强的腐蚀性和危险性,发酵装置必须是耐腐蚀的非金属结构或昂贵的合金材料,大大增加了运行成本,另外,考虑到浓酸的成本及对环境的污染,必须进行回收处理,而中和处理会产生大量的石膏,致使高投资和高维护成本降低了该方法的经济性。

有机溶剂能够酶解去除或分解木质素网络的有机物、水溶性有机物或部分半纤维素以获取固相纤维素。与其他化学预处理相比,使用有机溶剂的主要优点是相对纯净,低分子量的木质素可以作为副产品回收。同时考虑到有机溶剂可能抑制后续的酶水解和发酵的水解产物,那么必须从预处理过的纤维素中去除或回收有机溶剂。

化学预处理后的化学或有机溶剂必须回收或处理,这就增加了运行成本,同时给后续处理带来一定的困难,若处理不当容易造成二次污染。

3. 物理化学预处理

目前常见的物理化学预处理方法有氨纤维爆破(AFEX)、蒸汽爆破(加入SO_2)及超临界CO_2爆破等,都能去除大部分半纤维素及提高酶的降解作用。

AFEX过程可以改善或有效降低秸秆中的木质素含量,从而保持半纤维素和纤维素的部分完整性。主要优点是没有形成抑制性副产物;缺点是部分木质素和其他细胞壁提取物的酚类碎片留在纤维素表面上,用水冲洗消除部分抑制成分,增加了废水量,同时处理后的氨必须回收,避免污染环境,这样就增加了成本的投入。

蒸汽爆破能源成本相对适中,应用较多,与热预处理或碱(如NaOH)相结合,能比单独的热预处理或化学预处理得到更好的处理效果,但要选择适宜的蒸汽爆破条件,避免纤维素过度降解。在非常严格的条件下,爆破后也可能观察到木质纤维素的酶解。例如,在蒸汽爆破秸秆过程中,产生的聚合物之间的缩合物质可能会导致更顽固的残留物。蒸汽预处理可以加入SO_2,提高纤维素和半纤维素馏分,但SO_2回收木糖的产率不如稀硫酸预处理高。

超临界CO_2作为萃取溶剂,在高压下通过爆破释放的能量破坏秸秆的纤维素结构,增加酶水解底物的可触及表面积。研究显示单纯超临界CO_2和超临界CO_2偶合超声预处理都能够提高生物质水解反应还原糖产量,压力越高,葡萄糖产量越高,这意味着更高的压力可以使CO_2更快地渗透到纤维素毛孔中。优点是成本较低、无毒、提取后易回收;缺点是超临界CO_2的工业生产过于昂贵,处理成本高。

4. 生物预处理

目前,在秸秆预处理工程中,生物预处理被认为是提高木质纤维素生物质转化为生物能源的一种有吸引力的方法。大多研究都集中于各种特定微生物制剂如白腐菌、微生物群落MC1、复合菌系XDC-2、木素水解酶等对木质纤维素生物质水解及产气的影响。生物预处理虽然能提高纤维素和半纤维素的酶水解,但几乎不能降解木质素。同时,预处理微生物制剂的培养与繁殖需要严格的环境,限定了它的实用性,在工程上需要专门制备并不断添加,这将带来高昂而无法承受的成本,因此,限制了它们的工业应用。

厌氧产甲烷发酵的液体部分携带大量特定的木质纤维素降解微生物,这些微生物在厌氧反应器中经过长时间的积累驯化,具有强烈和特异的分解木质纤维素组合物的能力,因此,可以潜在地用作预分解玉米秸秆的微生物剂;另外,厌氧发酵产生的沼渣通常直接或在堆肥后用作肥料,沼液的排放会造成严重的环境污染(气味、表面和地下水以及土壤污染等)。再循环利用沼液进行预处理是一个很好的选择,其优点是无须添加额外的微生物剂,降低预处理成本;能减少沼液的排放量,最大限度地减少沼液的潜在污染。

沼液处理后的玉米秸秆纤维素结晶度降低、秸秆表层被破坏、孔隙度增加了,利于纤维素酶水解作用的进行。研究显示,利用沼液处理玉米秸秆 3 d 时,秸秆的 C/N 降低到 30 左右,总木质素、纤维素和半纤维素含量降低了 8.1% ~19.4%;处理后的秸秆进行厌氧产甲烷发酵,与未经处理的秸秆相比,沼气产量增加 70.4%,累积甲烷产量增加 66.3%,发酵时间缩短 41.7%,发酵后,降解率、纤维素和半纤维素分别提高了 62.4%、58.74% 和 37.37%。另有研究显示,沼液预处理秸秆后进行厌氧发酵,处理后发酵原料总碱度相对提高,能有效缓冲发酵前期发酵液酸度,分解大量 VFAs,增大产气速率和产气量。处理后秸秆的 C/N 下降到 20 ~30,产气速率显著增大,产气高峰出现时间提前,甲烷浓度平均含量在 64% ~71%。利用沼液与曝气联合进行预处理,能更加有效地破坏木质素结构,提高木质素降解率,提高产气率。

综上所述,在秸秆厌氧发酵产甲烷技术中,沼液与曝气联合预处理是目前最经济和环保的预处理方式,因为沼液中微生物的预分解作用提高了生物降解性,曝气提供分子氧,利于破坏木质素结构,加速水解产酸速率,利于后期的产甲烷发酵,能有效减小浮渣层的厚度。该方法是秸秆生产生物能源的一种高效且低成本的方法,同时可降低沼液的排放和潜在污染,对促进我国秸秆的沼气资源化利用具有重要的意义。

1.2.3 厌氧发酵生物菌群的研究现状

厌氧发酵接种污泥中主要存在的四大菌群:水解发酵菌、产氢产乙酸菌、产甲烷菌及硫酸盐还原菌。其中水解发酵菌、产氢产乙酸菌和硫酸盐还原菌都属于真细菌,产甲烷菌属于典型的古细菌。目前,更多研究主要集中在产甲烷菌上,同时采用电泳、PCR、克隆文库、荧光原位杂交(FISH)等技术监测和分析颗粒污泥的微生物菌群,使人们对颗粒污泥菌群结构的认知更加直观、清晰。

厌氧发酵的产氢产酸发酵中的微生物菌属种类很多。由于微生物的种群及环境条件的差异,对能量的需求和氧化还原内平衡的要求不同,会产生不同的发酵路径,从而产生不同的末端产物。各种产氢产酸微生物及主要代谢产物如表 1 -1 所示。

表 1 -1 主要产氢产酸微生物及主要代谢产物

发酵体系类型	属名	主要代谢产物
丁酸发酵	丁酸梭菌(C. butyricum) 丁酸弧菌属(Butyriolbrio)	丁酸、乙酸、氢气、二氧化碳

表 1 - 1(续)

发酵体系类型	属名	主要代谢产物
丙酸发酵	丙酸菌属(Propionibacterium) 费氏球菌属(Veillonella)	乙酸、丙酸、二氧化碳
混合酸发酵	埃希氏杆菌属(Escherichia) 变形杆菌属(Proteus) 沙门氏菌属(Salmonella) 志贺氏菌属(Shigella)	乳酸、乙酸、乙醇、甲酸、氢气、二氧化碳
乳酸发酵 1	乳杆菌属(Lactobacillus) 链球菌属(Streptococcus)	乳酸
乳酸发酵 2	明串珠菌属(Leuconostoc) 肠膜状明串珠菌(L. mesenteroides) 葡聚糖明串珠菌(L. dextranicum)	乳酸、乙醇、二氧化碳
乙醇发酵	酵母菌属(Saccharomyces) 运动发酵单孢菌属(Zymomonas)	乙醇、二氧化碳

为了提高厌氧反应器的利用率并得到较高的产氢产酸能力,国内外的科研人员进行了大量的菌种分离和筛选工作,成功分离和纯化得到了丁酸梭菌(C. butyricum CGS5)、热纤梭菌(C. thermocellum 27405)、阴沟肠杆菌(E. cloacae IIT_BT08)、巴氏固氮梭菌(C. pasteurianum CH_4)、产气肠杆菌(E. aerogens DM11)、丙酮丁醇梭菌(C. acetobutylicum),并对它们的降解特性和发酵特性进行了深入的研究和探讨。我国厌氧发酵科研人员在产氢产酸发酵细菌的选育这一领域也进行了相关的研究。任南琪所在团队的贡献最为突出,他们成功地筛选出乙醇型产氢细菌 B49 和 E. harbinense sp. Y3,这些都是产氢能力较高的菌株,另外成功分离出来产氢发酵的高温菌 T. thermosaccharolyticum W16。

国内外研究学者为甲烷菌分离和筛选做出了突出贡献。例如,早期 Mah 等研究发现,只有甲烷鬃毛菌(Methanothrix)和甲烷八叠球菌(Methanosarcina)能代谢乙酸,而且甲烷八叠球菌(Methanosarcina)是产甲烷菌中能够代谢基质种类最多的细菌;Huser 等研究发现 Methanothrix 只有在乙酸作为基质的培养基中生长,但是适宜生长的乙酸浓度较低;Patel、Zinder、董慧峪等研究发现,Methanothrix 菌体具有网络结构,可以将其他细菌连接而构成颗粒污泥的内核,利于颗粒污泥的形成。目前发现的另一种重要的氢营养型产甲烷菌,主要有甲烷球菌(Methanococcous)、杆菌(Methanobacteriam)、螺菌(Methanospirillum)、微粒菌(Methanocorpusculum)和短杆菌(Methanobrevibacter)等。同时研究发现在降解油脂类废水的厌氧反应器中检测到了小甲烷粒菌(Methanocorpusculumparvum)、甲醇降解菌(Pelobactercarbinolicus)、丁酸降解菌沃尔夫伴生单胞菌(Syntrophomonaswolfei)、甲酸菌(Methanobacterium formicicum)、丙酸降解菌沃丽尼伴生杆菌(Syntrophobacterwolinii)和中布氏甲烷杆菌(Methanobacterium bryantii)等。

1.2.4 厌氧发酵浮渣层研究现状

在产甲烷发酵中,以固体有机废弃物为发酵原料,由于其密度低,在厌氧发酵过程中,易上浮到发酵液的上部形成浮渣,长时间缺水会出现硬化、结壳等现象,严重影响了原料有机物利用率及产气效率。目前,常采取对原料进行预处理、搅拌、控制发酵工艺条件及调整反应装置设计等方式减小或控制浮渣的形成。

反应装置的设计及使用方面:在农村沼气池距离液面上下之间的位置加装简易装置(两组不同高度的交叉木棒),利用池内气压变化原理,每天使用沼气致使发酵液面都通过两组木棒防止结壳,但并没有解决浮渣问题。彭震等利用自行研制的新型抗结壳沼气反应器处理马铃薯皮,研究发现,沼液面悬浮固体物质量仅为未有抗结壳反应器的1/22,而总产气量和COD去除率分别提高17.5%和27.1%。朱洪光等研究对比了不同的搅拌器安装方式对全混合式厌氧发酵反应器内流场的影响,得出双层搅拌器可以有效破壳并且改善流场状态;毕华飞等研究了搅拌桨偏心搅拌对流场内部的影响,发现了偏心搅拌对漩涡深度影响远大于转速及物料黏度;袁振宏等设计破除浮渣结壳的一体化装置,并利用高纤维原料浆进行试验,在运行过程中使反应器内部料浆形成循环流动,对高纤维原料执行循环多次的破碎处理,增加原料的比表面积,使厌氧微生物能够更好地与原料接触,提高产气效率。为了使反应器运行稳定、预防浮渣及浮渣结壳,通常采用搅拌的方式以达到较高的原料去除率及产气量。研究发现,在混合式厌氧反应器(CSTR)上利用高位出料、高位进料与反冲回流或机械搅拌都可以减少发酵原料形成浮渣及浮渣结壳。另外,混合搅拌技术的应用,可以有效地解决因微生物和可降解有机物无法实际接触而造成的传质困难以及物理、化学和生物学性状的不均匀等问题,从而改善反应器的性能并提高厌氧消化的沼气产量。

发酵原料的预处理和发酵工艺条件影响浮渣层的厚度。李幸芳以玉米秸秆三种粒径(15~25 mm、6~10 mm、0.5~2 mm)为原料进行厌氧发酵,研究结果显示,在相同料液浓度及接种比的条件下,粒径与发酵物总厚度、结壳层厚度、结壳层失水厚度及破壳强度都呈正相关,说明秸秆粒径越小,浮渣层越薄,其破除强度也越小;Madhukara等研究了不同发酵方式对浮渣结壳特性的影响,提出堆沤预处理能减少反应器的浮渣结壳;彭震和Hill等通过进料固体物浓度对浮渣及浮渣结壳的影响进行了相关研究,研究结果表明较高的固体物浓度更容易形成浮渣及浮渣结壳;Rao等对沼液酸碱度对浮渣结壳的影响做了研究,发现在正常产气的情况下,酸性条件更易形成浮渣及浮渣结壳;Kaparaju等研究分析了发酵温度对浮渣结壳的影响,指出低温下的浮渣结壳对厌氧发酵更不利;Halalsheh研究发现污泥滞留时间(SRT)和温度都会影响浮渣的形成程度,发酵液中的脂质化合物容易吸附在污泥颗粒上,具有较强的悬浮倾向;同时研究又发现,具有高浮渣形成潜力的污泥,只有在产气时才会产生浮渣。

综上所述,在沼气工程上控制浮渣及浮渣结壳的最常采用的方式是机械搅拌,能使发酵原料与接种物充分混匀,达到反应器稳定运行的效果,但处理高浓度固体废弃物时存在机械能耗大、易停机、成本投入高、出料困难等问题。目前,针对秸秆原料本身的特性,采用有效的预处理方式来解决发酵原料的水解速率缓慢的问题,并且能在发酵过程中产生良好的沉降性能,从原料根本上解决浮渣问题是秸秆沼气发酵研究的重点。

1.3 厌氧发酵与存在的问题

在厌氧发酵过程中,玉米秸秆各部位物理组织结构及有机成分的差异,导致其甲烷产量及浮渣层的变化存在差异,但其水解、产酸、产甲烷的发酵过程相同。

1.3.1 厌氧产甲烷发酵

目前,在厌氧发酵过程中认可度最高的是"两相四阶段"学说,该理论是把产甲烷发酵分为酸生成相和甲烷生成相,把有机物分解过程大致分为四个阶段,如图1-2所示。图中虚线表示酶的反应,实线为物质的流向。

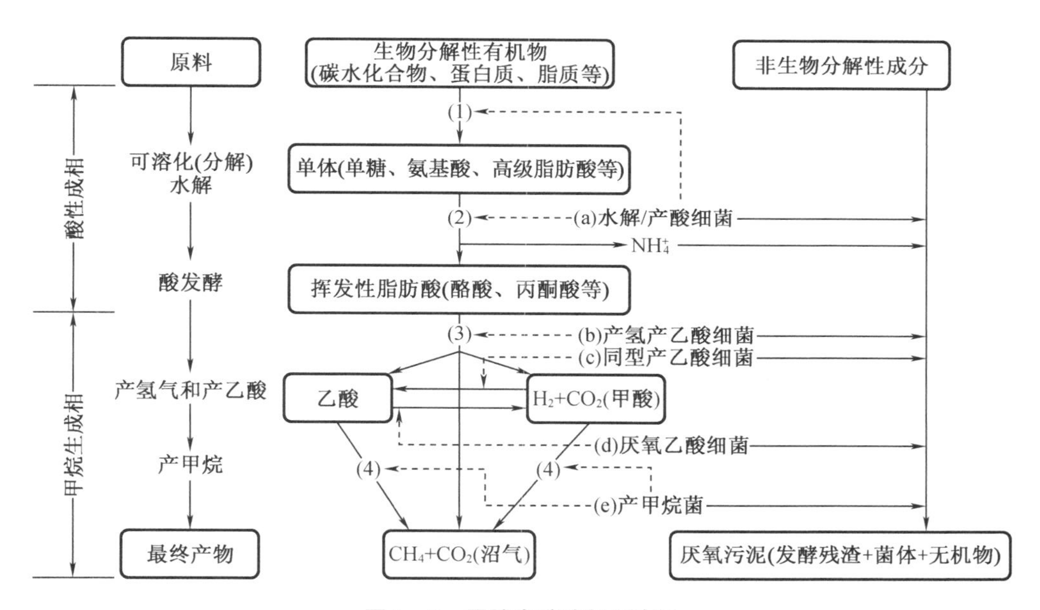

图1-2 甲烷发酵路径示意图

1. 水解阶段

固形物中易溶解、易生物分解的高分子有机物水解为单体(糖类、氨基酸、高级脂肪酸)或二聚体。例如,蛋白酶将蛋白质水解为短肽和氨基酸,淀粉酶将淀粉水解为麦芽糖和葡萄糖,纤维素酶将纤维素水解为纤维素二糖与葡萄糖,具体的酶水解过程如下所示。

蛋白质的水解:

$$\text{蛋白质}\xrightarrow{\text{蛋白酶(内肽酶)}}\text{蛋白胨}\xrightarrow{\text{蛋白酶(内肽酶)}}\text{多肽}\xrightarrow{\text{肽酶(外肽酶)}}\text{氨基酸} \qquad (1-1)$$

脂肪的水解:

$$\text{脂肪}\xrightarrow{\text{脂肪酶}}\text{甘油}+\text{脂肪酸} \qquad (1-2)$$

$$\text{甘油}\xrightarrow{\text{细胞内}}\text{丙酮酸}\xrightarrow{\text{厌氧}}\text{丙酸}+\text{丁酸}+\text{琥珀酸}+\text{乙醇}+\text{乳酸等} \qquad (1-3)$$

$$\text{脂肪酸}\xrightarrow{\beta-\text{氧化}}\text{乙酰辅酶 A}(CH_3\ CO—SCoA)\longrightarrow\text{乙酸等} \qquad (1-4)$$

淀粉的水解：

$$2(C_6H_{10}O_5)_n(\text{淀粉}) + nH_2O \xlongequal{\text{淀粉酶}} nC_{12}H_{22}O_{11}(\text{麦芽糖}) \tag{1-5}$$

$$C_{12}H_{22}O_{11}(\text{麦芽糖}) + H_2O \xlongequal{\text{麦芽糖酶}} 2C_6H_{12}O_6(\text{葡萄糖}) \tag{1-6}$$

纤维素的水解：

$$2(C_6H_{10}O_5)_n(\text{纤维素}) + nH_2O \xlongequal{\text{纤维素酶}} nC_{12}H_{22}O_{11}(\text{纤维二糖}) \tag{1-7}$$

$$C_{12}H_{22}O_{11}(\text{纤维二糖}) + H_2O \xlongequal{\text{纤维素二糖酶}} 2C_6H_{12}O_6(\text{葡萄糖}) \tag{1-8}$$

2. 产酸阶段

水解产物的单体进一步分解为挥发性脂肪酸(乳酸、丙酮酸、乙酸、甲酸等)和氢气，并伴随着菌群的增殖。主要反应如下：

$$C_6H_{12}O_6 + 4H_2O + 2NAD^+ \xlongequal{} 2CH_3COO^- + 2NADH + 2H_2 + 6H^+ \tag{1-9}$$

$$C_6H_{12}O_6 + 2NADH \xlongequal{} 2CH_3COO^- + 2H_2O + 2NAD^+ \tag{1-10}$$

$$C_6H_{12}O_6 + 2H_2O \xlongequal{} 2CH_3CH_2COO^- + 2H_2 + 3H^+ \tag{1-11}$$

$$C_6H_{12}O_6 + 2H_2O + 2NADH \xlongequal{} 2CH_3CH_2OH + 2HCO_3^- + 2NAD^+ + 2H_2 \tag{1-12}$$

$$C_6H_{12}O_6 \xlongequal{} CH_3CHOHCOO^- + 2H^+ \tag{1-13}$$

3. 产氢产乙酸阶段

乳酸、丙酮酸等 C_3 以上的脂肪酸分解为乙酸、氢气和二氧化碳等，并伴随着菌群的增殖。主要反应如下：

$$CH_3CHOHCOO^- + 2H_2O \xlongequal{} CH_3COO^- + HCO_3^- + H^+ + 2H_2 \tag{1-14}$$

$$4CH_3OH(\text{甲醇}) + 2CO_2 \xlongequal{} 3CH_3COOH + 2H_2O \tag{1-15}$$

$$CH_3CH_2CH_2COO^- + 2H_2O \xlongequal{} 2CH_3COO^- + H^+ + 2H_2 \tag{1-16}$$

$$CH_3CHOHCOO^- + 2H_2O \xlongequal{} CH_3COO^- + HCO_3^- + H^+ + 2H_2 \tag{1-17}$$

$$4CH_3OH(\text{甲醇}) + 2CO_2 \xlongequal{} 3CH_3COOH + 2H_2O \tag{1-18}$$

4. 产甲烷阶段

将乙酸、甲酸、碳酸、甲胺、甲醇及氢气等生成甲烷和二氧化碳，并伴随着菌群的增殖。主要反应如下：

$$CH_3COOH \xlongequal{} CH_4 + CO_2 \tag{1-19}$$

$$CO_2 + 4H_2 \xlongequal{} CH_4 + H_2O \tag{1-20}$$

$$HCOOH(\text{甲酸}) + 3H_2 \xlongequal{} CH_4 + 2H_2O \tag{1-21}$$

$$CH_3OH(\text{甲醇}) + H_2 \xlongequal{} CH_4 + 2H_2O \tag{1-22}$$

$$CH_3NH_2(\text{甲胺}) + 2H_2O + 4H^+ \xlongequal{} 3CH_4 + CO_2 + 4NH_4^+ \tag{1-23}$$

1.3.2 厌氧发酵产甲烷的影响因素

厌氧发酵产甲烷过程的影响因素较多，大体上可以分为反应发酵底物性质的影响因素及环境生态因子的影响因素。

1. 发酵底物性质的影响因素

(1)发酵原料的成分

在厌氧发酵过程中，发酵原料的组成成分含量直接影响产甲烷潜力，其组成成分可以从有机成分的构成及元素组成这两个方面进行分析。单就元素组成而言，发酵原料主要由C、H、O、N、S和金属等元素组成，其中绝大部分是有机成分和少量（微量）的无机成分。其中有机成分是能被厌氧发酵微生物所利用的主要物质，主要包括碳水化合物、脂肪、蛋白质等。不同类型的发酵原料组成成分差异性较大，对其产甲烷潜力和产甲烷率有着直接的影响。常见的农作物秸秆及畜禽粪便发酵原料组成成分的基础特性统计如表1－2所示。从表中可以看出，农作物秸秆属于木质纤维素类废弃物，其木质纤维素含量占总含量70%以上，其中C含量最高，N含量较低，C/N远高于厌氧发酵最适宜的范围（20～30），直接影响厌氧微生物的生长繁殖，因此利用秸秆进行厌氧发酵时往往要进行预处理或者与其他含氮量高的原料进行混合配比，达到适宜的C/N，例如，与畜禽粪便、餐厨垃圾等N含量高的废弃物混合调节C/N进行厌氧发酵，满足厌氧微生物对营养物质的要求，可以获得较高的产气率。

（2）接种物的性质

接种物的质量、接种比例及来源对维持厌氧发酵系统的稳定性非常重要，是厌氧发酵的关键性因素。接种物中的菌系类型很多，以产氢产酸菌、产甲烷菌为主，其中产甲烷菌应取自正在连续运行且产气效果良好的产甲烷反应器中，取出接种物后（去除悬浮原料或浮渣）直接按试验要求进行接种，避免长期放置影响接种物的品质（产甲烷菌活性降低或自溶）。接种比例一般是发酵原料质量的10%～30%为宜，接种量偏多，虽然反应器内产甲烷微生物的数量增多，但同时接种物中不能被利用的有机物含量也增多，而能被微生物降解利用的有机物含量减少，使反应器容积处理效率降低。接种量过少，使反应器内产甲烷微生物数量过少而容易使发酵延滞期变长，更严重者致使反应器无法正常启动，从而导致沼气发酵失败，可见适宜的接种比例有利于厌氧发酵的进行。

（3）发酵料液的浓度

厌氧发酵料液浓度是指原料的总固体（或干物质）质量与发酵料液总质量的百分比，通常用总固体含量（TS）来表示。根据初始发酵料液浓度的不同将厌氧发酵分为干法发酵和湿法发酵两种方式。其中干法发酵TS浓度一般高于20%，优点是发酵反应器容积小、容积产气率高、省水、没有沼液消纳等问题；缺点是会出现物料流动性差、传热传质困难等问题，同时料液浓度高容易引起“酸化”现象，导致发酵系统运行失败。湿法发酵料液的TS浓度一般低于15%，优点是料液的流动性及传热传质特性较好；缺点是反应器的利用率低，需水量大，产生大量的沼液、沼渣，后期处理复杂。目前，研究人员针对农作物秸秆原料进行厌氧发酵并稳定运行时的临界料液TS浓度进行了大量的研究，但多数都是针对整株秸秆进行的，忽略了秸秆各部位组织、结构及有机物含量的特殊物理特性。本课题组针对玉米秸秆各部位的特殊性，分别进行了浓度的相关研究，试验结果表明，粉碎的玉米秸秆各部位在能顺利启动而不产生酸化的情况下，皮和叶的最高发酵浓度要高于髓，这是因为髓的密度小、可溶性有机物含量高，发酵初期水解酸化速率快，产生大量的挥发性脂肪酸，致使pH值迅速降低，过低的pH使产甲烷菌失去活性，致使产甲烷过程运行失败；同时粉碎的髓吸水后膨胀上浮在发酵液的顶部形成浮渣层，如果不加以搅拌，极易结壳，产生的沼气滞留在发酵液中，增大了发酵液的压力，影响正常的产气速率。

同时，料液浓度也反映了发酵系统中微生物同生长基质的供需关系，浓度的高低在一定程度上会影响微生物的生长代谢以及有机物的降解，同时还会对系统的pH值产生直接的影响，进而影响厌氧发酵系统的正常运行。因此，合适的料液浓度不仅能够使厌氧发酵高效运行，而且能够获得较高的有机物降解率及产甲烷率。

表 1－2　发酵原料的主要成分

单位:%

基础特性	农作物秸秆					禽畜粪便				
	玉米	水稻	小麦	油菜	棉花	生猪	奶牛	肉牛	蛋鸡	肉鸡
干物质	93.64 ±4.02	94.02 ±7.57	93.60 ±8.37	93.39 ±9.72	94.83 ±2.66	38.74 ±21.49	36.92 ±23.59	40.78 ±25.12	49.58 ±28.25	53.73 ±27.11
水分	5.09 ±1.58	4.66 ±1.83	5.69 ±2.96	5.33 ±1.99	4.67 ±2.21	58.89 ±23.70	63.00 ±23.70	57.91 ±26.07	50.26 ±28.38	42.61 ±28.28
挥发分	70.03 ±4.77	67.64 ±5.41	66.54 ±4.76	71.49 ±5.86	70.78 ±5.50	61.43 ±9.14	60.64 ±11.31	62.70 ±10.15	58.31 ±10.92	60.09 ±12.14
粗灰分	7.14 ±2.96	9.12 ±2.15	12.92 ±3.28	7.42 ±2.26	5.91 ±3.04	23.57 ±8.27	22.94 ±11.52	20.79 ±9.08	29.38 ±10.05	26.08 ±12.76
固定碳	17.68 ±4.76	18.67 ±4.72	15.03 ±3.50	15.92 ±6.02	19.01 ±4.61	12.66 ±7.11	15.74 ±8.02	16.43 ±8.26	12.23 ±9.10	12.92 ±6.87
C	41.80 ±2.67	41.57 ±3.76	38.84 ±3.38	40.51 ±5.77	42.77 ±6.47	35.98 ±5.92	35.62 ±6.38	36.13 ±5.62	31.64 ±5.48	33.54 ±7.00
H	5.97 ±1.14	6.27 ±1.67	5.85 ±1.18	6.67 ±1.53	6.00 ±1.47	5.94 ±1.42	5.31 ±1.27	5.46 ±1.33	5.01 ±1.29	5.31 ±1.50
N	1.08 ±0.42	0.78 ±0.42	1.03 ±0.41	0.92 ±0.50	1.15 ±0.32	2.91 ±1.52	2.20 ±0.84	2.45 ±1.38	3.14 ±1.64	3.75 ±2.00
S	0.60 ±0.25	0.49 ±0.21	0.52 ±0.31	0.49 ±0.27	0.42 ±0.27	0.70 ±0.72	0.60 ±0.26	0.60 ±0.29	0.60 ±0.25	0.80 ±0.91
O	39.97 ±6.99	41.37 ±4.28	36.23 ±7.19	39.08 ±4.78	39.21 ±6.51	32.35 ±9.70	32.71 ±9.6	33.06 ±8.67	32.82 ±11.82	32.56 ±10.00
粗蛋白	5.58 ±2.28	4.45 ±1.58	5.49 ±3.12	4.32 ±1.82	5.79 ±2.03					
中性洗涤纤维	68.76 ±6.93	72.84 ±7.22	68.37 ±6.62	70.46 ±6.17	71.05 ±7.75					
酸性洗涤纤维	45.89 ±6.35	48.07 ±5.48	44.45 ±6.48	52.25 ±7.39	56.16 ±7.45					
纤维素	37.46 ±7.03	38.56 ±4.96	36.10 ±5.72	38.74 ±6.97	38.21 ±5.36					
半纤维素	20.26 ±6.50	21.49 ±6.12	23.01 ±7.32	16.55 ±3.97	14.19 ±5.14					
木质素	18.18 ±6.07	19.06 ±5.19	14.09 ±5.38	15.16 ±4.85	22.05 ±7.08					
可溶性糖	4.40 ±3.08	2.77 ±2.31	3.79 ±3.60	2.75 ±2.34	2.77 ±1.94					
有机物						72.37 ±13.90	71.44 ±15.91	72.78 ±16.06	66.27 ±12.65	70.67 ±14.13
总氮						1.64 ±2.91	1.34 ±1.98	1.16 ±1.18	2.13 ±4.44	1.85 ±3.28
氨态氮						0.28 ±0.30	0.31 ±0.44	0.31 ±0.46	0.42 ±0.34	0.33 ±0.36
总磷						1.74 ±0.85	0.75 ±0.50	0.84 ±0.56	1.39 ±0.75	1.28 ±0.62
有效磷						0.35 ±0.41	0.16 ±0.20	0.14 ±0.16	0.31 ±0.51	0.27 ±0.27

注:空白为未检测。

2. 环境生态因子的影响因素

厌氧发酵过程中，除了考虑发酵底物的因素外，还要在发酵过程中对 pH 值、碱度、温度、水力停留时间（HRT）和搅拌等因素进行监测及调控，以获得最佳的产甲烷性能。

（1）pH 值和碱度

pH 值是厌氧产酸、产甲烷发酵的重要的环境生态因子，pH 与发酵过程中产生的液相末端代谢产物的组分有着很大的差别，决定了厌氧发酵的代谢类型。另外，pH 值的变化会直接影响组成菌体细胞膜电荷的变化，从而影响对胞外物质及离子的吸收状况；pH 值的变化还会显著影响微生物代谢过程中酶的活性，不同的产酸菌、产甲烷菌的菌体生长的最适 pH 值范围也不同。过高或过低的 pH 值都会抑制菌体的活性而不能正常生长、繁殖和代谢。产氢产酸菌正常生长和代谢的最适 pH 值为 5.0 ~ 6.0；而产甲烷菌对环境 pH 值的变化要求很高。研究表明：一般甲烷菌最适宜的 pH 值为 6.8 ~ 7.2。以产甲烷为主要目的的厌氧发酵试验研究显示，当含水率为 90% ~ 96%，pH 值为 6.6 ~ 7.8 时，产甲烷速率较高；而 pH 值低于 6.1 或者高于 8.3 时，产甲烷速率明显下降。同时，不同的产甲烷菌适宜的 pH 值不同，常见的中温发酵产甲烷菌适宜的 pH 值如表 1 – 3 所示，或高或低的 pH 值都会降低产甲烷菌的活性，为了提高产甲烷速率，在厌氧发酵过程中可以通过人为调控 pH 值使发酵系统正常稳定地运行。

表 1 – 3 常见中温发酵产甲烷菌适宜 pH 值

产甲烷菌种类	最适 pH 值
嗜甲酸产甲烷菌	6.7 ~ 7.2
布氏产甲烷杆菌	6.9 ~ 7.2
巴氏产甲烷巴叠球菌	7.0

碱度是衡量厌氧发酵体系缓冲能力的尺度，是指发酵液结合 H^+ 的能力。一般是用与之相当的 $CaCO_3$ 的浓度（mg/L）来表示这种结合能力的大小。发酵料液的碱度主要由碳酸盐、重碳酸盐和部分氢氧化物组成，它们能够缓冲发酵料液中一定量的过酸过碱物质，从而使料液的 pH 值在较小的范围内变化。

（2）温度

温度是厌氧产甲烷发酵的另一个重要的环境生态因子。甲烷发酵中相关的厌氧菌特别是产甲烷菌对温度的变化很敏感。根据不同温度下微生物的最佳活性，可将厌氧发酵的温度范围分为 3 个，如表 1 – 4 所示。温度影响微生物体内某些酶的活性，从而影响微生物的新陈代谢及生长速率。研究发现，在一定温度范围内，任何一种微生物的生长代谢速率以及有机物的降解速率都会随温度的升高而加快，在一个严格的温度范围内，根据范托夫（Van't Hoff 's law）定律，温度每增加 10 ℃，其化学反应速度加快近 1 倍，但当超过某一个最佳温度时，微生物的生长代谢速率就会随温度的升高而迅速下降。可见控制合适的温度对厌氧发酵持续稳定地运行至关重要。

目前，甲烷发酵处理固体有机废弃物一般选择在中温或高温条件下进行，与中温发酵相比，高温发酵不仅能缩短发酵周期，还能获得较高的产气率和有机物去除率，同时又能灭杀原料携带的大量病原菌。Komemoto 等利用餐厨废弃物分别在 25 ℃、35 ℃、45 ℃、55 ℃和 65 ℃条件下进行水解和产酸发酵，研究结果发现在 35 ℃和 45 ℃时，水解率可达 70% 和 72.7%，而且在厌氧发酵过程中能够得到较高的产气率，但在高温条件下的微生物活性受到抑制，只在反应早期出现了较高的水解率，而且停留时间较短。高温及极高温的厌氧发酵很难控制，耗能大，为反应器运行操作和管理都带来问题，可操作性差。大量的试验研究和工程应用也表明，厌氧发酵温度一般设定在 22 ~ 40 ℃，最优的运行温度为 35 ℃。

表 1-4　厌氧发酵温度范围

微生物种类	适宜的温度范围/℃
低温菌	< 15
常温菌	15 ~ 30
中温菌	30 ~ 40
高温菌	50 ~ 60

（3）水力停留时间

水力停留时间（HRT）是发酵原料在反应器内与微生物作用后滞留的时间（反应时间），对于传统的厌氧发酵，HRT 在很大程度上描述了反应器的容积及有机物的处理程度，在反应器固定的基础上，HRT 越短，有机物降解的时间就越短，太短的停留时间会导致负荷过高，进而导致反应失败；反之，HRT 越长，有机物的反应时间越长，厌氧发酵进行得就越彻底，但是过长的 HRT 会直接影响反应速率。因此，整个厌氧发酵过程应维持一个最适合的 HRT。同时，HRT 与原料种类、浓度及反应器类型也密切相关。对于固体废弃物原料，发酵过程的水解阶段是重要的限速步骤，必须保证足够的停留时间。Menardo 等对螺旋挤压预处理后的稻秆进行了连续厌氧发酵试验，结果表明有机负荷为 2.0 kgVS/(m^3 · d)、HRT 为 60 d 时，可以保持中试规模的反应器长期稳定运行。在中温发酵条件下，班巧英等研究了 HRT 对升流式厌氧污泥床运行性能的影响，结果表明当 HRT 为 24 d 时，COD 去除率最高为 94.9%。王明针对九种不同的物料进行了连续厌氧发酵运行试验，研究不同 HRT 的发酵效果，得出了不同发酵原料实际运行的较佳 HRT。

（4）搅拌

在沼气工程实际运行中，反应器内发酵原料因含木质纤维素等难分解的固体物，这些物质密度小，在沼液浮力和产生的有机酸、气体等聚集附着下，容易上升至气液界面，长时间失水硬化会结成硬壳，由此阻碍气体分离逸出，减少了发酵物料与底部高密度菌种的接触面积，严重影响反应器的正常运行及产气效果，这一现象已成为制约秸秆沼气工程发酵的技术难题。目前在沼气工程运行中，主要采取搅拌的方式来增加物料与菌种的接触，提高原料转化率，同时防止结壳，使反应器持续产气和长期运行。目前，在厌氧消化罐中的搅拌方式通常有三种，分别是机械搅拌、沼液出水回流搅拌和沼气回流搅拌，其中机械搅拌和沼液出水回流搅拌使用较多。机械搅拌是通过机械运动产生强大的剪切作用打碎消化原料，使高黏度物料达到充分混合状态。机械搅拌多应用于全混合厌氧消化工艺（CSTR）的大中型沼气工程中，是目前以秸秆为主的混合发酵破壳最常用的手段之一。而沼液出水回流搅拌是利用输送泵，定时将反应器内的料液从下部向上部（或者从上部往下部）进行水力循环，通过料液的流动来达到搅拌破壳的目的。此搅拌系统适用于中小型沼气工程，因为反应器容积相对较小，可实现发酵料液的均匀混合，混合效果也较好。可见，通过选择适当的搅拌频率和强度可以促进微生物和底物的接触，防止分层和结壳，促进传热传质，加速沼气的逸出，有利于沼气工程长期稳定地运行。

1.3.3 秸秆厌氧产甲烷发酵存在的问题

1. 木质纤维素水解困难

农作物秸秆是重要的厌氧发酵原料，也是重要的木质纤维素资源，它主要由纤维素、半纤维素、木质素三大天然高分子组成。其中纤维素为骨架，半纤维素和木质素以包容物质的形式分散在纤维之中及其周围。要使木质纤维素在厌氧发酵过程中达到较好的降解效果，在水解酸化阶段必须为后续发酵菌群提供较好的底物基质，而水解酸化速率的快慢主要是由胞外酶能否有效地接触底物来决定的。秸秆的细胞壁结构示意图如图1－3所示。秸秆的主要成分是木质素、纤维素和半纤维素，微生物只能利用其中的纤维素和半纤维素，而木质素、纤维素和半纤维素相互缠绕在植物细胞壁中形成一个致密的物理屏障，微生物在较短的时间内很难通过屏障降解纤维素；另外，秸秆中除了木质纤维素之间相互缠绕及化学键连接外，还与秸秆中微量成分结合，形成难以破坏的致密结构。这种结构阻碍了水解微生物胞外酶与纤维素接触进行酶解，导致水解产酸发酵过程缓慢，成为秸秆沼气的限速步骤。因此在水解发酵阶段最大限度地破坏木质素结构，促进水解菌与纤维素及半纤维素接触，是解决秸秆厌氧发酵瓶颈的关键。同时秸秆中木质纤维素的聚合度、纤维素的结晶度、比表面积和半纤维素乙酰化程度，都被认为是影响木质纤维素酶生物降解率的主要因素。

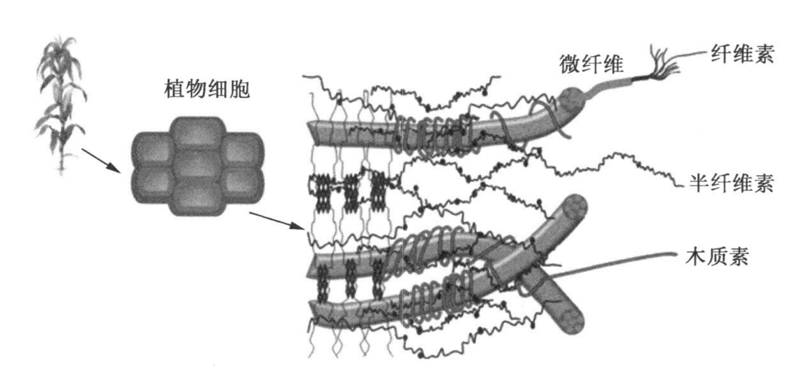

图1－3 秸秆的细胞壁结构示意图

目前，常用化学、物理及生物预处理方法来提高木质纤维素的酶解，并提高其降解率，但是有些预处理方式需要提供大量的能量或投入化学试剂（或生物药剂等），这些都需要投入高额的成本才能维持正常的发酵条件，同时还可能产生生物不可降解的化合物，增加了沼液后续处理的难度，其研究无法应用于实际的沼气工程。

2. 厌氧发酵易形成浮渣、结壳

秸秆沼气技术的发展，解决了资源浪费、环境污染和发酵原料不足等问题。但是，在秸秆沼气发酵过程中，原料自身体积大、比重小的物理特性，使秸秆在发酵液中出现上浮至气液分界面上方而形成浮渣，甚至结壳，不仅严重影响了产气效率，还会导致出料困难等一系列问题，严重制约了秸秆沼气工程的持续发展。因此，要解决秸秆浮渣问题，首先要了解浮渣形成过程、结壳机理及影响因子。

（1）浮渣结壳形成过程

国内外学者普遍研究认为浮渣结壳的形成是与秸秆本身的物理特性及微生物活动有关。首先，在厌氧发酵过程中，装料时秸秆原料与接种物通过搅拌充分混匀，并在反应器内处于静止状态，由于秸秆原料自身体积大、比重小的特性，较大颗粒原料会在发酵液中出现上浮，同时一部分接种污泥会粘附在上浮的上层原料上，一部分悬浮在中间的清液中，大部分会由于自重大而沉淀在反应器底部。而此时整个反应器内发酵液分为四层，自上向下依次为漂浮的浮渣层、TS 浓度较低的清液层、厌氧微生物活动较为旺盛的活性层以及以污泥为主的沉渣层。而较小颗粒或者粉末状的原料与接种物充分搅拌接触后，虽然其自身比重小，但比表面积增大，微生物可及表面变大，因而吸水速率增大，短时间内就能吸足水分使自身比重变大而悬浮或下沉，同时颗粒表面的水解产酸微生物产生的物质及时被产甲烷菌所利用，产生的气泡附着在颗粒表面使其浮力逐渐变大，致使较小颗粒又出现上浮也能形成浮渣；另外，发酵液中一部分微生物会粘附在上浮的秸秆表面上，而上浮的秸秆由于木质纤维素的水解速率小于产酸和产甲烷速率，致使附着的微生物首先吸收发酵液中可溶性基质并进行生长繁殖，再依靠胞外酶聚合物等黏性物质在悬浮的秸秆表面形成一层薄薄的生物膜，当水环境中形成的键能可以抵御水解作用时，微生物逐渐增殖，致使秸秆表面的生物膜逐渐生长增厚，随着生物膜的逐渐增厚，因胞外聚合物等黏性物质使膜与膜相互粘连，让通透性降低，膜内的微生物因不能得到营养物质而发生自溶，反应器底部的微生物因缺乏营养物质而产生气泡漂浮到浮渣层底部，同时反应器中产生的沼气也聚集在浮渣层底部，导致浮渣逐渐上浮积累在发酵液液面上，脱水干缩形成结壳。如果不加以处理，会对沼气发酵产生诸多不利的影响。

（2）浮渣结壳不利的影响

一是反应器内产生的沼气无法通过大量秸秆原料上浮形成的结壳层进入储气室，聚集在结壳层底部，增加结壳层的浮力使其继续上浮，若预留空间不足，甚至会导致浮渣堵塞出料管并引起反应器爆裂；二是大量沼气无法排放到气室而滞留在发酵液中，增加了发酵液的沼气分压，使沼气中较多的 CO_2 溶解于发酵液中，致使发酵液的 pH 值下降，影响产甲烷菌的活性，产气效率降低；三是秸秆原料上浮结壳不能与发酵液充分接触，致使发酵液中的微生物可及性差，无法完全酶解原料中的有机物，致使原料不能被彻底分解，有机物去除率降低，据研究，有 50% ~60% 的原料未能得到有效分解，利用率仅为 40% ~50%，其实际质能转换率仅为理论的 50% 左右，导致秸秆原料利用率低，产气量少；四是秸秆上浮形成的结壳占去了一定的反应器空间,减小了反应器的有效利用容积和储气空间,反应器利用率降低,影响容积产气率;五是秸秆结壳后严重影响了反应器内固、液、气三相传质、传热和流动性,不利于产酸、产气的进行。可见,秸秆沼气的结壳过程直接影响到反应器的产气效率和运行稳定性。

目前解决浮渣结壳问题主要是采取搅拌(机械、沼气、沼液回流等)方式,但搅拌是靠发酵液的流动来预防结壳,不能从根本上解决原料本身的沉降问题,一旦停止,发酵原料还会继续上浮;并且搅拌装置机械耗能大,带来出料困难等问题。所以要从根本上解决原料的上浮结壳,就要使原料在发酵过程中有良好的沉降性能。

针对木质纤维水解速率缓慢、浮渣结壳问题,寻找一种经济、环保、可行性高的处理方式至关重要。研究发现好氧微生物的繁殖能力远高于厌氧微生物,并且木质素最初的裂解需要分子氧的存在,未经过好氧处理的木质素几乎不能在厌氧环境下被微生物降解,因此,采用好氧水解预处理方式,能有效提高木质纤维素的水解速率。好氧水解能使秸秆中可溶性有机物快速酶解,增大秸秆的孔隙度,使秸秆吸水性增强,进而自重快速增加,在发酵过程中能产生良好的沉降性能,大大减小了浮渣层的厚度或者使浮渣层消失。可见好氧水解既能解决秸秆木质纤维素水解速率缓慢并提高甲烷产量问题,又能使秸秆产生良好的沉降性能,降低浮渣层厚度,是一种简单易行、经济有效的预处理方式。适宜的好氧水解条件,能更大限度地提高玉米秸秆的甲烷产率、降低浮渣层的厚度,为秸秆沼气生产提供技术参数。

1.4 研究内容

因为玉米秸秆各部位组织结构及有机成分的差异性,所以玉米秸秆可分为髓、皮和叶三部分进行研究。研究人员采用好氧水解和厌氧发酵两相工艺进行发酵研究,进一步探索秸秆各部位好氧水解对厌氧发酵过程中产甲烷特性及沉降特性的影响,并建立水解阶段各部位影响沉降比的数学模型,优化其工艺参数。研究的主要内容如下。

(1)设计制造厌氧发酵试验装置,包括发酵主体反应器、水浴恒温循环系统、集气装置等三大部分,并通过不同高径比反应器对产气特性的影响规律及能量计算来验证反应器设计的合理性。

(2)研究发酵时间、不同接种物、料液浓度不同参数的变化对牛粪产气特性的影响规律,探讨试验用反应器的可靠性,来提高发酵效果。

(3)在35 ℃时,ASBR反应器的启动、有机负荷对处理效果的影响、进料浓度对处理结果的影响。

(4)不同温度时,ASBR处理高浓度发酵料液的试验研究;室温时,ASBR处理高浓度发酵料液的探索反应器;35 ℃时,ASBR - SBR系统处理高浓度发酵料液的试验研究。

(5)通过对比中温酸化和高温酸化探讨中、高温酸化对两相厌氧发酵的影响效果,确定合适的酸化温度;通过研究产酸相反应器不同进料浓度下两相厌氧发酵特性的试验结果,确定合适的进料浓度;通过研究产酸相反应器的进料粉碎程度对两相厌氧发酵特性的影响,并进行经济性分析,确定合理的粉碎程度。

(6)对玉米秸秆各部位在水解过程中进行传质特性分析,并确定底物浓度对厌氧发酵产甲烷特性及浮渣层的影响。

(7)以秸秆厌氧发酵后的沼液为接种物,玉米秸秆髓、皮和叶为原料进行好氧水解试验。考察好氧水解对髓、皮、叶的 pH 值,VFAs,可溶性糖及木质纤维素的影响;通过水解动力学模型分析水解变化情况;利用红外光谱解析好氧水解过程中官能团的变化情况,通过 SEM 扫描观察好氧水解对秸秆各部位微观结构的影响;采用 16S rDNA 测序技术对好氧水解过程中髓、皮、叶水解液中的菌群进行测定,分析菌群结构的变化情况。最后通过 Gomtertz模型和产甲烷速率模型分析秸秆各部位发酵过程中产甲烷特性的变化情况,并分析好氧水解处理对发酵过程中浮渣层的影响。

(8)以不同粒度的髓、皮和叶进行沉降试验研究,确定其沉降规律,在此基础上进一步分析不同粒度的髓、皮、叶在单相厌氧发酵和好氧水解厌氧发酵过程中产甲烷特性及浮渣层的变化规律。

(9)针对好氧水解能有效提高秸秆的沉降性问题,以单因素试验结果为基础,通过响应曲面法分析水解时间、温度、粒度影响因子对秸秆各部位沉降比的影响,进行回归分析,建立沉降比对三因素的数学模型,并优化其好氧水解工艺参数。

(10)对沼气发酵后处理进行研究,包括沼气脱硫装置及工艺流程的设计,沼气的储存和沼液加工工艺及经济效益分析。

第2章 试验装置设计与能量计算

2.1 恒温控制发酵装置

本试验采用的恒温发酵控制装置如图2－1所示。

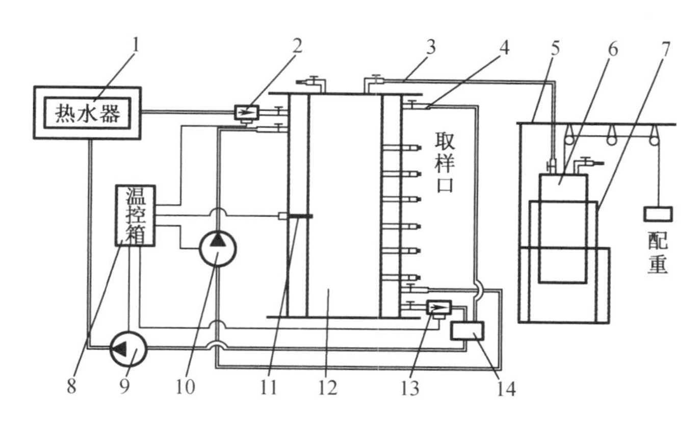

1—热水器80 L；2、13—电磁阀；3—出气管路；4—溢流管路；5—集气支架；6—储气罐；7—集气底座；8—温控箱；9、10—家用增压泵；11—M12温度传感器；12—反应器；14—储水箱。

图2－1 恒温控制发酵装置

控制装置的主体是温控箱，通过控制反应器夹层内水浴的水温来控制发酵料液的温度，使夹层内水温的变化范围不超过±1 ℃，相关的设备如下。

12WG－8家用增压泵：上海西山泵业有限公司；ZCT－15电磁阀：余姚市神洲电磁阀有限公司；MT温度传感器：上海信慧电力科技有限公司；热水器：青岛经济技术开发区海尔热水器有限公司；储气罐：直径250 mm，高550 mm，壁厚5 mm的有机玻璃圆柱体；集气支架：东北农业大学工程学院研制；反应器、集气底座、上浮罩：哈尔滨市有机玻璃厂制作。

本试验采用单相厌氧发酵工艺，批料进料，批料出料。试验装置如图2－1所示。装置主要分为水溶恒温循环系统、反应器主体以及集气装置三大部分，其中反应器主体是恒温发酵装置的核心部分。所有的反应物都集中在反应器中，反应器是严格密封的，保持发酵液在最佳的厌氧环境下进行发酵，达到最佳的试验效果。反应器有上、下端盖且端盖较厚，可以大大减少发酵液向周围散热，减少热损失。反应器四周有水浴夹层，水浴层内35±1 ℃的水可以保证发酵液在恒温下进行发酵，提高了发酵液发酵的稳定性，避免因温度的突然变化而大大降低厌氧菌的活性。恒定的发酵温度有利于反应器内微生物菌群的生长繁殖，加快产气速度,增加产气量。

2.2 厌氧发酵反应器的设计

根据国内外研究厌氧发酵的试验及本试验要求来确定反应器的具体尺寸,为了试验需要,研究人员设计了四个不同的反应器,反应器具体尺寸见表2-1。每个反应器都是圆柱体,其外围都有水浴层,通过水浴的循环加热来维持反应器内发酵液的发酵温度。反应器的内、外圆柱体壁厚的选择是依据能量的传递来确定的,因为反应器内圆柱有机玻璃壁厚度的选择直接影响水浴向发酵液传递的能量和传递时间。当圆柱体壁厚取值较小时,热水浴向发酵液传递热量很快,但同时水浴不循环加热时散热也很快;相反,取较大值时传递能量时间很长,容易使发酵液的发酵温度不稳定,耗电量大,但内圆柱有机玻璃壁散热速度很慢,能减少能量损失,能量利用率也较高。在其他条件不变的情况下,通过能量计算,当壁厚值取5 mm时,内圆柱有机玻璃壁每秒的传热量(Q)是取8 mm时的3倍多,同时它的散热量也减少了1/3;综合考虑各因素内圆柱壁厚 b_1 取5 mm,对于外圆柱有机玻璃壁厚度 b_2 的选择就只与散热有关,b_2 越厚,散热越慢,能量利用率高,节省电能,但太厚也浪费材料,综合衡量 b_2 取8 mm。

表2-1　反应器尺寸数据

反应器	直径 d_1 /mm	直径 d_2 /mm	直径 d_3 /mm	直径 d_4 /mm	高度/mm	有效容积/L
Ⅰ	280	290	340	356	650	30
Ⅱ	200	210	260	276	1 000	26
Ⅲ	150	160	210	226	700	9
Ⅳ	150	160	210	226	1 000	14

本试验所用反应器都选用有机玻璃作为反应器材料,由于试验是以鲜牛粪作为发酵原料,鲜牛粪(含尿液)发酵原料呈弱碱性,随着发酵的进行,产生的低级脂肪酸逐渐增多,发酵液又会显弱酸性,发酵液的酸碱性对反应器有腐蚀作用,而有机玻璃耐酸碱,同时也利于微生物菌群的生长。所以在实验室利用厌氧发酵技术做处理废弃物试验时,一般都采用有机玻璃作为反应器的材料。

此反应器是中温厌氧发酵试验装置的主体部分,它利用水浴层的热水循环来维持35 ℃的发酵温度。因为水是很好的传热介质,水的比热容是所有液体中最大的,传热速度也很快;另外有机玻璃是很好的保温材料,同时利于观察反应的外观现象的变化。基于以上原因,反应器外壁也采用有机玻璃来保温,反应器外壁没有采取任何保温设施。

为了研究在不同发酵时间以及同一时间不同高度发酵液的变化情况,在反应器的不同高度设置了多个取料口,反应器各取样口距离底边的高度见表2-2,各取样口能方便取料,每天来监测各高度下发酵液的pH值、可溶性COD含量,以便于研究反应器内发酵液不同高度在发酵过程中各个参数的变化。

表 2-2　反应器各取样口距离底边的高度

反应器	样口 1 /mm	样口 2 /mm	样口 3 /mm	样口 4 /mm	样口 5 /mm	样口 6 /mm
Ⅰ	490	390	290	190	90	—
Ⅱ	705	600	495	390	285	150
Ⅲ	460	360	260	160	60	—
Ⅳ	710	610	510	360	210	60

在试验装置的设计中，充分考虑了沼气发酵与反应器内压力的密切关系。当压力为 0 和压力为 200 mm 水柱时，在其他条件相同的情况下，二者产气量相差 20 m^3，即产气量与压力成反比增长。也就是说系统内部在不同的气压情况下，其产气量有着明显的差别。在本设计中，压力的大小通过调节储气罐的配重来完成。设配重为 T，储气罐重力为 G，且 $T \leqslant G$，并使得储气罐内的气压接近于标准大气压。为了取样检测，集气装置为底座和集气罐配套装置，由于二氧化碳对于水的溶解度极大，20 ℃时，100 体积的水可吸收 87.8 体积的二氧化碳（标准状态），40 ℃时，100 体积的水可吸收 53 体积的二氧化碳（标准状态）。一般产生的沼气中二氧化碳含量为 30% ~40%，为了避免二氧化碳溶解于水，将底座内放入饱和盐水，以取得原始、客观的试验数据。综合以上因素，本试验中采用了悬浮式排水储气方法。

2.3　能量的计算

一个设计是否合理，要通过理论计算以及试验来验证。为了试验需要，我们设计了四个反应器，以反应器Ⅱ为例，通过能量计算来验证设计的合理性。首先分析发酵液的能量变化情况，以及水浴循环时夹层内水浴传热、散热的规律及能量变化情况。

2.3.1　牛粪发酵液的能量变化

对于牛粪发酵液的能量变化，我们首先要知道发酵液的比热容，以反应器Ⅱ为例，通过能量计算来求得发酵液比热容。反应器Ⅱ有效容积为 26 L，其中接种物的体积约占 1/3，料液体积约占 2/3。发酵液的进料 TS 浓度为 6% ~7.5%，整个试验是以新鲜的牛粪作为原料，其中鲜牛粪尿 TS 浓度为 17% 左右，所以在试验前要先配比 TS 浓度，当发酵液 TS 浓度达到要求时测得其密度为 $(1.07 \sim 1.1) \times 10^3$ kg/m^3，并测得接种物（池塘污泥）密度为 1.58×10^3 kg/m^3 左右。

设反应器Ⅱ内发酵液中新鲜牛粪、水、接种物的质量分别为 m_1、m_2、m_3，比热容分别为 c_1、c_2、c_3（其比热容查工具书，见表 2-3），吸收（或放出）的能量分别为 Q_1、Q_2、Q_3，反应器Ⅱ内发酵液的质量、比热容及吸收（或放出）能量分别设为 m、c、Q。温差变化为 Δt。则发酵

液、鲜牛粪、水、接种物吸收(或放出)的能量为

$$Q = Q_1 + Q_2 + Q_3 \tag{2-1}$$

$$Q = c \cdot m \cdot \Delta t \tag{2-2}$$

$$Q_1 = c_1 \cdot m_1 \cdot \Delta t \tag{2-3}$$

$$Q_2 = c_2 \cdot m_2 \cdot \Delta t \tag{2-4}$$

$$Q_3 = c_3 \cdot m_3 \cdot \Delta t \tag{2-5}$$

由式(2-1)、式(2-2)、式(2-3)、式(2-4)、式(2-5)整理得

$$c = \frac{c_1 m_1 + c_2 m_2 + c_3 m_3}{m_1 + m_2 + m_3} \tag{2-6}$$

代入表2-3数值可知,c=2.15~2.49 kJ/(kg·K)。

说明在发酵液TS浓度为6%~7.5%时,单位质量的发酵液温度每升高(或降低)1 K时,需要吸收(或放出)2.15~2.49 kJ的能量。

表2-3 发酵液中各种成分的质量及比热容

种类	质量/kg	比热容/[kJ/(kg·K)]
鲜牛粪	6.55~6.73	1.9~2.1
水	12.01~12.42	4.2
接种物	13.68	0.95~1.25

在试验过程中,当反应器Ⅱ内发酵液的发酵温度变化Δt为1 K时,则吸收(或放出)能量为

$$Q' = c \cdot m = c \cdot (m_1 + m_2 + m_3)$$

代入式(2-6)结果及表2-3数值得

$$Q' = 69.31 \sim 81.74\ \text{kJ}$$

对于反应器Ⅱ内有效容积为26 L的发酵液温度每升高(或降低)1 K时,反应器Ⅱ内所有发酵液要吸收(或放出)69.31~81.74 kJ的能量;也就是说,TS浓度为6%~7.5%的牛粪发酵液,单位容积发酵液每升高(或降低)1 K时,吸收(或放出)2.66~3.14 kJ/(L·K)。

2.3.2 水浴层的能量变化

本试验是靠水浴循环供应热水作为能量源,间歇向发酵液补给能量来达到中温发酵的目的,因此必须知道水浴层中水是如何向发酵液传递能量的、每次水浴循环供热传递的能量到底是多少、多少时间补给一次能量的损失、每次传递多长时间能使发酵液达到正常的发酵温度。首先要了解水浴层中水浴循环时水的动力学性质,研究反应器传热、放热方式并通过能量计算来验证反应器设计是否合理。

1. 水浴层中水的性质

本节仅研究当反应器Ⅱ内的发酵液温度低于35 ℃时,水浴层内水开始循环增温使发酵液再达到正常的发酵温度这段时间内水的性质(平均流速w和对流换热系数∂)。当水浴

层中的水循环时,水的平均流速 w(m/s)与微量水泵的流量 Q_0(L/min)有关。

$$w=\frac{Q_0}{S}=\frac{Q_0\cdot 4}{\pi\cdot(d_3^2-d_2^2)} \tag{2-7}$$

式中 d_2——反应器Ⅱ内圆柱面壁外径;

d_3——反应器Ⅱ外圆柱面壁内径。

d_2、d_3 数值见表2-1,代入数值得 $w=0.007\ 22$ m/s。

通过换热准则方程求得水浴层中水的对流换热系数∂。由于水流速度很慢,属于层流换热,利用努塞尔准则进行计算。

$$Nu_f=1.86\times(Re_f\cdot Pr_f\cdot d_e/L)^{1/3}\cdot(\mu_f/\mu_w)^{0.14}\cdot\varepsilon_L \tag{2-8}$$

$$Re_f=w\cdot d_e/\nu \tag{2-9}$$

$$Nu_f=\partial\cdot d_e/\lambda \tag{2-10}$$

式中 Nu_f——努塞尔数;

Re_f——雷诺数;

Pr_f——普朗特数;

ε_L——管长修正系数;

μ_f——流体的动力黏度;

μ_w——管壁材料的动力黏度;

w——流体平均流速;

∂——流体的对流换热系数;

λ——导热系数;

ν——流体的运动黏度。

$$d_e=4A/U=\frac{d_3^2-d_2^2}{d_2+d_3} \tag{2-11}$$

式中 d_e——当量直径;

U——流体润湿流通的周边长;

A——水浴层中水的流通截面积。

$$\varepsilon_L=1+\left(\frac{d_e}{L}\right)^{0.7} \tag{2-12}$$

式中 L——水流通的长度。

设定水浴层中进水口的水温为50 ℃,出水口的水温为34 ℃,则平均温度 $t_f=42$ ℃,查得此温度下水的热物理性质如表2-4,内圆柱有机玻璃管壁的平均温度 t_w 为35 ℃时,查阅工具书可知有机玻璃的动力黏度 $\mu_w=801.5\times10^{-6}$ kg/(m·s)。

表2-4 水的热力学性质

水温/℃	$\lambda\times10^2$ W/(m·K)	$\nu\times10^6$ m²/s	Pr	$\mu_f\times10^6$ kg/(m·s)
42	63.76	0.638	4.16	528.6

代入表2-1中 d_2、d_3 及 L 的数值,则 $d_e=50$ mm,$\varepsilon_L=1.13$。

将式(2-11)、式(2-12)的结果代入式(2-9)可得:$Re_f=565.83$。

将式(2-11)的结果及表2-4中的数值代入式(2-8)可得:$Nu_f=10.06$。

由方程式(2-10)推出最后水浴层内水的对流换热系数为

$$\partial=\frac{Nu_f\cdot\lambda}{d_e}$$

代入式(2-8)、式(2-11)的结果及表2-4的数值得

$$\partial=128.34\ \mathrm{W/(m^2\cdot K)}$$

所以,当水浴中的水从反应器Ⅱ进水口流入到水浴层流经管壁并且流出反应器Ⅱ时,每降低1 K时,单位面积内每秒要损失128.34 J的热量。

2. 反应器的传热

当反应器Ⅱ内发酵液的温度小于35 ℃时,水浴层内的水开始循环,水通过内圆柱面有机玻璃壁向发酵液传递能量,以此来补充发酵液的能量损失,通过圆柱管壁的导热来维持发酵液的发酵温度。已知圆柱壁内、外直径分别为d_1、d_2,圆柱有机玻璃壁的导热系数λ为常量(λ取0.2 W/(m·K)),设内、外壁面温度各为t_{w1}、t_{w2},且$t_{w2}>t_{w1}$,如图2-2所示。若用圆柱坐标表示壁内部的温度,则它仅依坐标r而改变,既其温度场是一维的,故各等温面都是彼此同心的圆柱面。此外,通过圆柱壁的热流量Q_{12}是恒定的,而各个圆柱面上单位面积的热流密度q随半径的减小而减小。

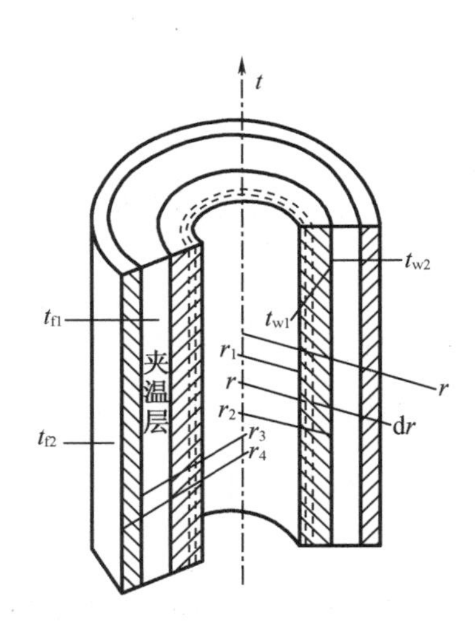

图2-2 圆柱壁热传导计算示意图

若在圆柱壁取一半径为r、厚度为dr的两个等温圆柱面组成薄圆管壁,则根据傅里叶定律,单位时间通过此薄圆柱壁的热流量为

$$Q_{12}=F\cdot q=2\pi rl\lambda\cdot\frac{\mathrm{d}t}{\mathrm{d}r}\tag{2-13}$$

将上式分离变量并积分得

$$\int_{t_{w1}}^{t_{w2}}\mathrm{d}t=\frac{Q_{12}}{2\pi\lambda l}\int_{r_1}^{r_2}\frac{\mathrm{d}r}{r}\tag{2-14}$$

$$t_{w2} - t_{w1} = \frac{Q_{12}}{2\pi\lambda l} \cdot \ln\frac{d_2}{d_1} \tag{2-15}$$

$$Q_{12} = \frac{(t_{w2} - t_{w1}) \cdot l}{\frac{1}{2\pi\lambda}\ln\frac{d_2}{d_1}} \tag{2-16}$$

已知发酵液的温度是由水浴提供的，其中水浴层内水的温度 t_{f1} 为 42 ℃，对流换热系数为∂，内圆柱有机玻璃外壁温度为 t_{w2}，则内圆柱有机玻璃外壁表面的对流换热量为

$$Q_{11} = \partial F(t_{f1} - t_{w2}) = \partial\pi d_2 l(t_{f1} - t_{w2}) \tag{2-17}$$

对于不随时间改变的稳定传热过程，根据能量守恒定律，水浴放出的热量应等于发酵液所吸收的热量，即 $Q_{11} = Q_{12} = Q$。将(2-16)和式(2-17)相加，整理后可得

$$Q = \frac{l \cdot (t_{f1} - t_{w1})}{\frac{1}{\partial\pi d_2} + \frac{1}{2\pi\lambda}\ln\frac{d_2}{d_1}} \tag{2-18}$$

式(2-18)就是当发酵液温度低于 35 ℃，水泵开始循环时水浴通过反应器内圆柱体有机玻璃外壁向发酵液传递的能量公式。将所有数值代入式(2-18)得出所需数值为

$$Q = \frac{0.95 \times (42 - 35) \cdot \pi}{\frac{1}{128.34 \times 0.26} + \frac{1}{2 \times 0.2}\ln\frac{210}{200}} = 130.26\ \text{W} \tag{2-19}$$

当水浴开始循环加热向反应器Ⅱ传递热量时，反应器Ⅱ内所有发酵液每秒钟从水浴层吸收 130.26 J 的热量；对于 TS 浓度为 6% ~7.5% 的发酵液，折合成体积吸热量就是每升发酵液每秒就能吸收到 5.01 J 的热量。

3. 反应器的散热

由于反应器Ⅱ外壁的温度一直高于空气的温度(t_{f2})，所以反应器外壁时时刻刻都在散热。另外反应器的上端盖(面积 S_1)和下端盖(面积 S_2)也在散热，由于外圆柱有机玻璃外壁的面积 $S \gg (S_1 + S_2)$，所以反应器上、下端盖的能量损失可以忽略。我们只需计算出反应器外壁散热量 Q''。根据图 2-2 传热导计算示意图、傅里叶定律及串联热阻叠加原理，得出的结论为

$$Q'' = \frac{l \cdot (t_{f1} - t_{f2})}{\frac{1}{\partial_2\pi d_4} + \frac{1}{2\pi\lambda}\ln\frac{d_4}{d_3} + \frac{1}{\partial\pi d_3}} \tag{2-20}$$

式中　∂_2——室内反应器Ⅱ外圆柱外壁空气对流换热系数。

根据无限大空间自由对流换热的准则方程为

$$Nu_m = 0.53(Gr \cdot Pr)_m^{1/4}$$

$$Gr_m = \frac{\beta \cdot g \cdot \Delta t \cdot d_4^3}{v^2}$$

$$\Delta t = t'_{f1} - t_{f2}$$

$$\partial_2 = \frac{Nu_m \cdot \lambda}{d_4}$$

式中　Gr_m——格拉晓夫数；

Pr——普朗特数；

β——容积膨胀系数；

ν——空气的运动黏度。

各参数查阅工具书可知，室温 t_{f2} 取 20 ℃，其中 t'_{f1} 为外圆柱体有机玻璃外壁的温度，我们取 36 ℃，求得空气对流换热系数∂_2 的数值为 3. 81 W/(m^2 · K)。

将∂_2 及各数值代入式(2 - 16)求得 $Q''=55$ W。

对于反应器Ⅱ外壁不加任何保温设施的情况下，当水浴开始循环时，反应器Ⅱ外壁每秒向空气中散出 55 J 的热量。

4. 实际传递的能量及传递的时间

反应器Ⅱ内发酵液温度每升高(或降低)1 K 时，发酵液吸收(或放出)能量 Q'，由此可以推出降低 1 K 时，反应器Ⅱ内总发酵液要想达到原来的发酵温度吸收能量所需要的时间$T=Q'/Q$。

设计试验时所用的温度传感器敏感精度 $\Delta t=\pm 0.2$ ℃，也就是说当反应器Ⅱ内发酵液的实际温度为(35 ℃ ± Δt)时，交流接触器在温度控制仪的控制下接通电源，水泵开始工作，夹层内的水浴连续向发酵液传递能量。而实际传递的能量与我们所用的温度传感器敏感精度有关，当所选择的传感器敏感精度越高，反应器内发酵液的实际温度波动范围就越小，发酵温度就越稳定，稳定的发酵温度对我们研究发酵液的特性参数有很大的益处。所以当发酵液再达到正常的发酵温度时，最多能传递的能量为 Q_{max}，则所需最长时间为 T_{max}。由

$$Q_{max}=2 \cdot Q' \cdot \Delta t$$

代入数值得

$$Q_{max}=32.7 \text{ kJ};\ T_{max}=2 \cdot T \cdot \Delta t=250 \text{ s}$$

在实际的传热过程中，传热时间 $T \leqslant T_{max}$。而在整个试验过程中，我们对反应器每次水浴循环的时间进行监测，时间范围是 190 ~ 220 s 明显小于 T_{max}，所以在很短的时间内就能补给发酵液的能量损失，使发酵液在瞬间达到正常的发酵温度，使反应器内菌群的活性达到最高，进而提高产气率。

2.3.3 经济性分析

沼气发酵过程是一个(微)生物学的过程。各种有机物(农作物秸秆、人畜粪便以及工农业废水)在厌氧及其他适宜的条件下，通过微生物的作用，最终转化为沼气。而沼气是一种混合的可燃性气体，其主要成分是甲烷(CH_4)、二氧化碳(CO_2)、少量的氢(H_2)、一氧化碳(CO)、硫化氢(H_2S)等。其性质由组成它的气体性质及相对含量而决定，其中以甲烷和二氧化碳对沼气性质影响最大。例如，以沼气中的甲烷体积占 60%，二氧化碳体积占 39% 为例，标准状况下，沼气的容量为 1. 22 kg/m^3，沼气的比重为 0. 943，沼气的燃烧热值为 21 528 kJ/m^3(5 142 kcal/m^3)。而甲烷的燃烧热值为 35 822 kJ/m^3，接近 1 kg 石油的热值。在试验过程中，反应器Ⅱ所产生的沼气通过气相色谱进行分析，沼气中的甲烷体积占 70% ~ 90%，所以反应器Ⅱ产生的沼气燃烧热值为 25 075 ~ 32 240 kJ/m^3。反应器Ⅱ每天平均产气量为 25. 8 L，如果将产生的沼气完全燃烧，理论上一天能产生 647 ~ 832 kJ 的热量。

如果按标准气体燃烧热值进行计算,反应器Ⅱ一天平均能产生555.42 kJ的热量。

在整个试验过程中,我们采用35 ℃的中温发酵,由热水浴的循环控制发酵温度,维持正常的发酵,热水器中的热水循环利用。试验过程中,反应器Ⅱ外壁在没有采用任何保温的情况下,通过实际监测,一天中水浴要循环10~11次,每次循环时间为190~220 s,每次循环水量为8.8~10.8 L,出水后的温度为32~33.3 ℃,进入储水槽后与水槽的水混匀后测得的温度为24~29 ℃。水浴开始循环时,由微量增压泵将水槽的水泵入热水器中,通过计算,这样的热水利用,每次循环加热时能节省258.72~317.52 kJ的能量。当反应器Ⅱ启动后达到正常的发酵温度,若要维持正常试验温度,在发酵周期内,如果不考虑水管的热能损失,水浴每循环一次,从热水器中的水流入反应器内直到循环结束,在整个循环过程中,反应器Ⅱ内发酵液恢复到正常的发酵温度,最多要吸收32.7 kJ的热量(Q_{max}),同时反应器Ⅱ最多要散失13.75 kJ($Q'' \times T_{max}$)的热量。所以,一天需要464.5~511 kJ的热量才能供应正常的发酵能量损失,反应器Ⅱ每天所产生的沼气完全燃烧后所得的能量完全能够维持正常35 ℃的发酵,在没有加任何保温设施的情况下,理论上反应器Ⅱ只要59%~75%沼气燃烧后释放的能量就能满足试验要求。

2.4 本章小结

(1)设计了整套厌氧发酵试验装置,它包括发酵反应器主体、水浴恒温循环系统和集气装置三大部分。控制装置的主体是温控箱,通过控制反应器夹层内水浴的水温来控制发酵料液的温度,使夹层内水温的变化范围不超过±1 ℃。

(2)计算了牛粪发酵液的能量变化,并对反应器的传热过程进行了分析计算,确定了反应的散热量、实际传递的能量及传递的时间的关系。

(3)对反应器运行过程进行了经济性分析。

第3章　材料与分析方法

3.1　接种物及发酵原料

试验用鲜牛粪取自哈尔滨市香坊区的一家奶牛场。牛粪放入反应器前要用粉碎机打碎，使得牛粪和水充分搅匀，开始使用的是发酵60天后的牛粪料液，之后每次都使用上一轮发酵过的料液进行搅拌。接种污泥取自哈尔滨市幸福乡经年池塘。牛粪和污泥经测定TS和VS（挥发性固体 vdatile solid）后备用。

接种物取自东北农业大学自行研制的两相厌氧发酵工业化中试系统的产甲烷罐，原料为玉米秸秆，在发酵温度为37 ℃的条件下运行40 d（接种物具有较高的活性）后取出接种物，试验前经过20目筛过滤后再使用。玉米秸秆取自东北农业大学农场，收割后自然风干，把玉米秸秆经人工剥离分选为髓、皮和叶（叶鞘、苞叶）三部分（图3－1），然后采用锤片式粉碎机对其进行粉碎，粉碎机的筛片孔径分别为φ3 mm、φ5 mm、φ7 mm和φ10 mm，粉碎后的秸秆及各部位样品在使用前要在4 ℃下保存。接种物及原料的特性如表3－1所示。

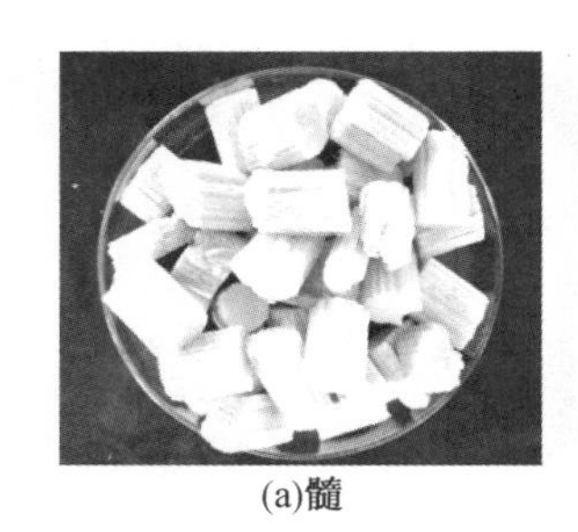
(a)髓

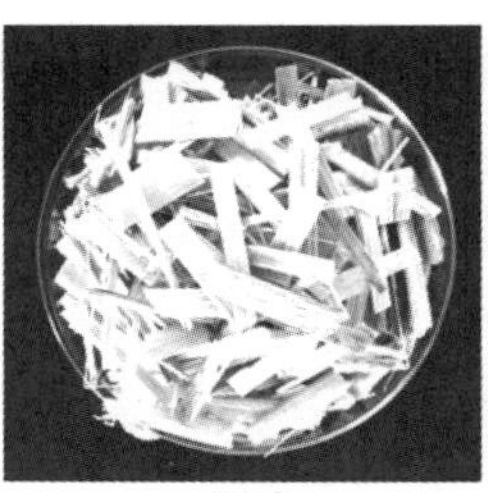
(b)皮

(c1)叶鞘

(c2)苞叶

图3－1　玉米秸秆各部位外观状态

表3－1　玉米秸秆各部位和接种物的特性

测试指标	单位	髓	皮	叶	玉米秸秆	接种物
TS	%	94.14 ±0.65	93.41 ±0.55	93.08 ±0.44	93.53 ±0.39	1.78 ±0.22
VS	%	90.14 ±0.59	90.46 ±0.78	84.98 ±0.26	89.54 ±0.81	0.98 ±0.13
C	% TS	40.05 ±0.05	42.06 ±0.06	40.28 ±0.07	40.95 ±0.09	—
N	% TS	0.51 ±0.01	0.61 ±0.01	0.95 ±0.02	0.74 ±0.02	—
H	% TS	6.32 ±0.02	6.44 ±0.03	5.88 ±0.05	6.18 ±0.03	—
O	% TS	43.75 ±0.08	41.32 ±0.07	38.28 ±0.09	40.89 ±0.12	—

表 3 - 1(续)

测试指标	单位	髓	皮	叶	玉米秸秆	接种物
纤维素	% TS	23.440 ± 0.190[c]	33.200 ± 0.150[a]	25.120 ± 0.130[b]	28.570 ± 0.210	11.590 ± 0.060
半纤维素	% TS	24.540 ± 0.300[b]	22.730 ± 0.290[c]	32.050 ± 0.250[a]	28.060 ± 0.180	24.990 ± 0.220
木质素	% TS	5.300 ± 0.090[b]	7.850 ± 0.070[a]	5.350 ± 0.060[b]	5.950 ± 0.030	25.040 ± 0.210
粗灰分	%	3.730 ± 0.150	3.200 ± 0.030	8.260 ± 0.250	6.590 ± 0.450	—
质量比例	% TS	13.550 ± 1.160	37.840 ± 2.670	43.070 ± 3.510	—	—
体积比例	%	48.360 ± 2.310	17.930 ± 0.590	28.710 ± 1.260	—	—
密度	g/cm^3	0.045 ± 0.008	0.380 ± 0.040	0.240 ± 0.020	—	—
pH 值	—	—	—	—	—	7.290 ± 0.030

注:横向不同字母表示的平均值在 $p < 0.05$ 时,差异显著。

3.2 试验设备及试剂

3.2.1 试验设备

在整个试验中,好氧水解及厌氧发酵试验装置示意简图如图 3 - 2 所示,ASBR - SBR 系统试验装置如图 3 - 3 所示。

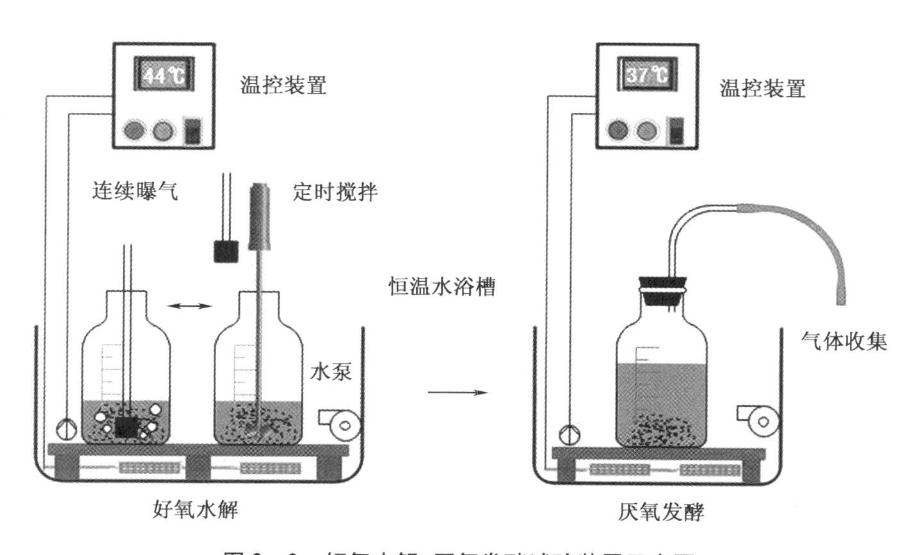

图 3 - 2 好氧水解、厌氧发酵试验装置示意图

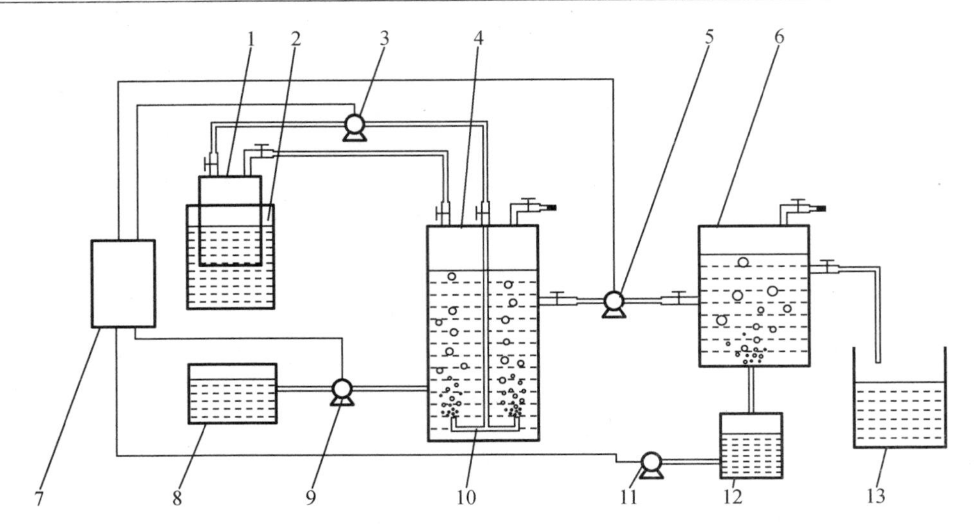

1—上浮罩；2—储水罐；3—ASBR 搅拌气泵；4—ASBR 反应器；5、9—蠕动泵；6—SBR 反应器；7—自动控制箱；8—储料箱；10—布气管；11—SBR 曝气泵；12—空气润湿罐；13—出料箱。

图 3－3　ASBR－SBR 系统试验装置

ASBR 反应器主要参数为总容积 30 L，有效容积 26 L，高径比（*H/D*）。SBR 反应器主要参数为：总容积 5 L，有效容积 3 L。自动控制箱主要由温度控制器、时间循环控制器、数字时间控器组成。温度控制器通过控制反应器夹层内水浴的水温来控制发酵料液的温度，使夹层内水温的变化范围不超过 ±1 ℃，相关的设备有 12WG－8 家用增压泵、ZCT－15 电磁阀、MT 温度传感器和热水器。两组时间循环控制器和数字时间控制器分别串联控制 ASBR 搅拌气泵和 SBR 曝气泵的定时通断。储气罐为直径 250 mm，高 550 mm，壁厚 5 mm 的有机玻璃圆柱体。

试验过程中所使用的主要设备及仪器如表 3－2 所示。

表 3－2　试验设备及仪器

设备名称	生产厂家
PHSJ－3F 型 pH 计	上海雷磁仪器有限公司
气相色谱仪	美国安捷伦
HH－6 型化学耗氧量测定仪	江苏江分电分析仪器有限公司
ALC－4100.1 型及 ALC－210.4 型电子天平	北京赛多利斯仪器系统有限公司
HI 9224 便携式酸度计	意大利哈纳仪器有限公司
101－1 型电热鼓风干燥箱	天津市泰斯特仪器有限公司
EA 3000 元素分析仪	北京利曼科技有限公司
ANKOM200i 半自动纤维分仪	北京安科博瑞科技有限公司
6890 N 气相色谱	美国 Agilent 公司
TGL－16G 高速台式离心机	上海安亭科学仪器厂

表 3 – 2（续）

设备名称	生产厂家
Biometra Tgradient PCR 扩增仪	德国 Whatman Biometra 公司
WFJ722 可见光分光光度计	上海光谱仪器有限公司
RJM – 28 – 10 型马弗炉	沈阳市节能电炉厂
精密电热恒温水浴锅 KHW – D – 2	苏州江东精密仪器有限公司
DHG – 9203A 型电热鼓风干燥箱	上海一恒科学仪器有限公司
spectrum one B 红外光谱仪	美国珀金埃尔默公司
LRH – 250 生化培养箱	上海一恒科技有限公司
9FQ – 36B	北京环亚天元机械有限公司
ZBSX – 92A 型震击式标准振筛机	上虞区胜飞试验机械厂

3.2.2　试验试剂

试验中所用的主要药品试剂如表 3 – 3 所示。

表 3 – 3　试验药品试剂

药品试剂	生产厂家
无水乙醇（色谱纯）、乙酸（色谱纯）、 丙酸（色谱纯）、正丁酸（色谱纯）	天津市科密欧化学试剂开发中心
硫酸铝钾	天津市东丽区东大化工厂
重铬酸钾（$K_2Cr_2O_7$，分析纯）	天津市东丽区天大化学试剂厂
邻苯二甲酸氢钾（优级纯）	天津市光复精细化工研究所
硫酸银（Ag_2SO_4，分析纯）	天津市科密欧化学试剂开发中心
硫酸汞（$HgSO_4$，分析纯）	姜堰区环球试剂厂
浓硫酸（相对密度 1.84 的 H_2SO_4，分析纯）	天津市东丽区天大化学试剂厂
钼酸铵	金堆城钼业公司钼化学事业部
氯化钾	黑龙江谱安化工试剂制造有限公司
浓盐酸	哈尔滨市化工试剂厂
氢氧化钠	天津市大陆化学试剂厂
硼酸	天津市耀华化学试剂有限责任公司
十水硼酸钠（$Na_2B_4O_7 \cdot 10H_2O$） 十二烷基硫酸钠（USP） 十六烷基三甲基溴化胺（CTAB）	北京益利精细化学品有限公司
乙二胺四乙酸二钠（Na_2EDTA）	天津基准化学试剂有限公司

表 3-3(续)

药品试剂	生产厂家
磷酸氢二钠(Na_2HPO_4)、 三甘醇($C_6H_{14}O_4$)、浓硫酸、偏磷酸	天津市天大化学试剂厂
植物组织可溶性糖试剂盒	南京建成生物工程研究所

3.3 试验测定指标及方法

在厌氧发酵过程中,发酵原料及接种物的 TS、VS 是衡量发酵潜能的重要指标,TS、VS 的测量方法采用质量法;另外,pH 值也是分析发酵系统特性的重要指标,pH 值利用 pH 计(PHSJ-3F)进行测定。

3.3.1 气体成分及产量的测定

发酵过程中产生的沼气是一种可燃性混合气体,主要成分是 CH_4 和 CO_2,还含有少量的 N_2、H_2S、NH_3 和 H_2 等气体。沼气的成分取决于发酵原料的种类及总固体的质量分数,同时还会随着发酵条件及发酵阶段的不同而发生改变。CH_4 含量的高低直接影响生物气的品位,同时还反映出厌氧发酵反应器的运行状况。

整个试验所产生的气体采用气体采样袋收集,以排水法对产气量进行测定,并折算为标准状态下的体积。气体成分及含量采用外标法进行测定。标定方法如下:用 5 个梯度的混合气进行标定,混合气体浓度表如表 3-4 所示。

表 3-4 标准混合气体浓度梯度

浓度梯度	氢气/%	氮气/%	甲烷/%	二氧化碳/%
1	11	39.7	9.8	39.5
2	33.2	19.9	26.9	20
3	26.3	5.5	37.6	20.4
4	15	14	61.4	9.6
5	5	9.7	80.3	5

用排水法测量生物气体的体积,气相组分通过 GC-6890N(安捷伦,美国)气相色谱法测定。色谱条件为:色谱柱型号为 TDX-01,柱温 170 ℃,运行时间为 2.3 min,总流量为 30.8 mL/min,进样口温度为室温,TCD 检测器温度为 220 ℃,载气为氩气,尾吹气为氮气。具体操作方法:采用外标法确定气体成分和含量,采用 5 个梯度的混合物用于校准,按照标准曲线的绘制步骤,标准曲线如图 3-4 所示。

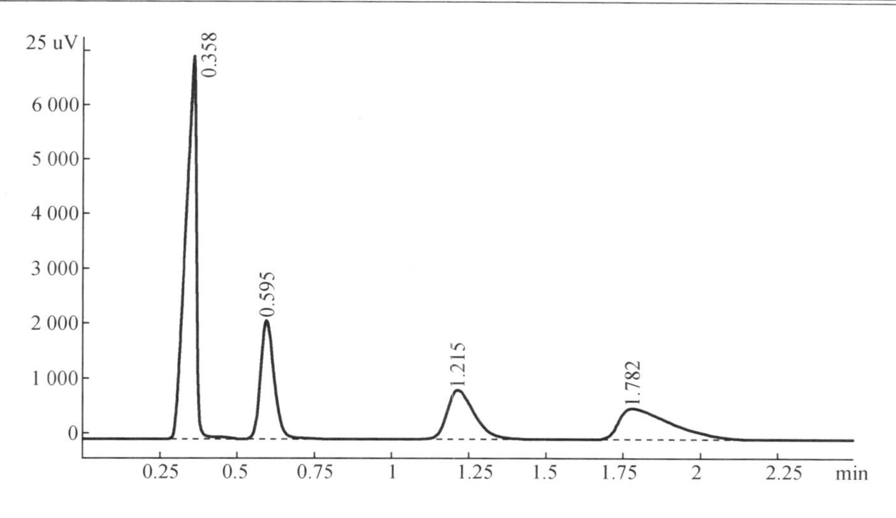

图 3-4　标准混合气体的气相色谱图

收集的沼气采用排水法测量其体积，利用理想气体定律将所测的气体体积转化为标准温度和压力下的体积。具体计算公式为

$$V_{STP}=\frac{V_T\times273\times(760-p_w)}{(273+T)\times760} \tag{3-1}$$

式中　V_{STP}——标准温度(273 K)和压力(760 mmHg)的气体体积，mL；

V_T——在温度 T(℃)下测量的气体体积，mL；

p_w——实际气体压力，mmHg；

T——实验室环境空间的温度，℃。

3.3.2　VFAs 的测定

厌氧发酵过程中微生物代谢所产生的乙醇和 VFAs 的浓度通过 GC-6890N(安捷伦，美国)气相色谱法测定，色谱条件：毛细管柱型号 HP-INNOWAX(19091N-133)、氢火焰离子化检测器(FID)、氮气作为载气和尾吹气(尾吹气流量为 30 mL/min)；采用分流进样。进样量 1 μL，分流比 20∶1，进样压力为 100 kPa，进样口温度为 220 ℃，检测器温度为 250 ℃，程序升温为 60 ℃并保持 2 min，然后以 15 ℃/min 升温至 110 ℃，再以 10 ℃/min 升温至 180 ℃。具体测定方法如下。

(1)VFAs 的浓度和组成用外标法测定，测定乙醇、乙酸、丙酸和丁酸(色谱纯)每个样品的保留时间，其中乙醇、乙酸、丙酸及丁酸的分析纯密度分别为 0.79 g/mL、1.049 g/mL、0.992 g/mL和 0.959 g/mL。制备乙醇、乙酸、丙酸和丁酸的标准混合溶液，并用去离子水稀释至 5 种不同浓度。将混合溶液的保留时间与单个物质样品的保留时间进行比较，根据已知标准样品的浓度计算并确定各成分的含量及绘制标准曲线。标准混合样品的气相色谱图如图 3-5 所示。

(2)试验样品在转速 12 000 r/min 的条件下离心 10 min，取上清液与 25% 的磷酸溶液以10∶1的比例混合，然后在转速 12 000 r/min 的条件下离心 10 min，再取上清液通过 0.45 μm的滤膜，取 1 μL 滤液进行测定。每个样本取 3 个平行样本，再取其平均值。

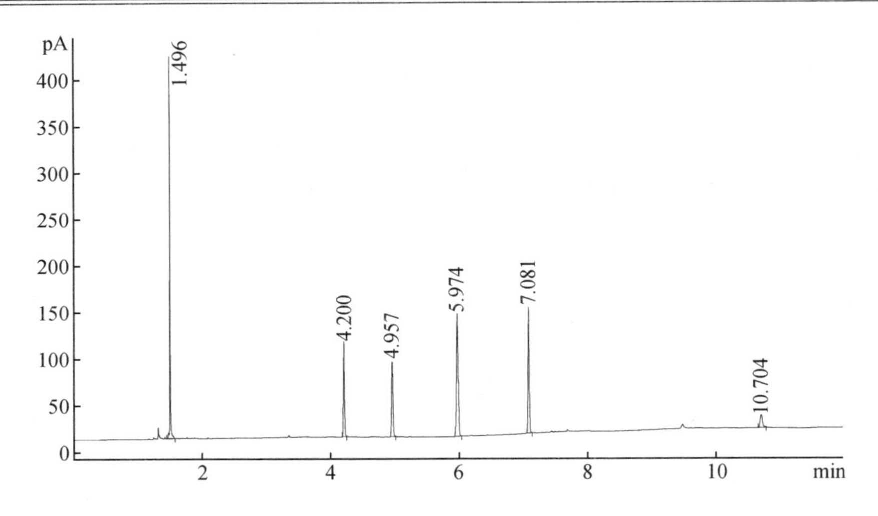

图3-5　标准混合样品的气相色谱图

3.3.3　TS、VS 的测定

TS、VS通过烘干法测定，将瓷坩埚洗涤后在600 ℃马弗炉中灼烧1 h，待炉温降至100 ℃后，取出瓷坩埚并于干燥器中冷却、称重，重复以上步骤至恒重，称重为 a。取发酵液充分混合的样品 b 置于坩埚，然后将含有样品的坩埚放入干燥箱，在(105±2) ℃下干燥至恒重，质量记为 c。将干燥后样品的坩埚在通风橱内燃烧至不再冒烟，然后放入马弗炉，在600 ℃下灼烧2 h，待炉温降至100 ℃时，取出坩埚再放干燥器内冷却后称重，质量记作 d。

$$\text{TS}=\frac{c-a}{b-a}\times 100\% \tag{3-2}$$

$$\text{灰分}=\frac{d-a}{b-a}\times 100\% \tag{3-3}$$

$$\text{VS}=\text{TS}-\text{灰分} \tag{3-4}$$

3.3.4　COD 的测定

本试验采用密封催化消解法测定COD值，分别吸取3 mL蒸馏水(作空白)、混合均匀的水样和发酵料液用蒸馏水经适当的稀释后，取稀释后水样在6 000 r/min下离心10 min后的上层清液后置于已清洗干净的反应管中。每支反应管内加入掩蔽剂1 ml(或补加硫酸汞以使硫酸汞与氯离子的质量比为10:1，但要保持最后待测溶液总体积与标定时的总体积相同)。每支反应管内加入专用氧化剂1 mL，加入专用催化剂5 mL，摇匀。将反应管依次插入炉孔，待温度降低后再升温到165 ℃后进行消解10 min，取出反应管至试管架自然冷却2 min，再水冷至室温，使用100～1 200 mg/L的标准曲线测样，消解后须向反应管内加入2 mL的蒸馏水(若加入的掩蔽剂多于1 mL，应相应减少蒸馏水加入量，两者加入量之和应为3 mL)，摇匀后测量，如有沉淀，应静置后取上层清液，在610 nm下，用比色方法测定出实际水样的吸光度。发酵液经适当的稀释测出吸光度值后，按回归方程计算出稀释样品的COD值，再乘以稀释倍数后即得发酵液的COD值。

3.3.5　pH 值的测定

pH 值是检测系统是否稳定运行的重要指标。产酸菌对酸碱度的适应范围较广，一般 pH 值在 4.5 ~ 8.0。产甲烷菌对酸碱环境变化敏感，要求环境介质在中性附近，一般 pH 值为6.4 ~ 7.8，最适 pH 值为 7.0 ~ 7.2。若 pH 值失常，会使产酸菌和产甲烷菌受到抑制，影响厌氧发酵的进行。pH 值用便携式酸度计（精度：0.01）测定，每天定时测定一次。

3.3.6　料液浓度的测定

本研究料液浓度的计算公式为

$$M_0 = \frac{\sum X_i m_i}{\sum X_i + W} \tag{3-5}$$

式中　M_0——初始料液浓度，%；

W——所增加水量，g；

m_i——固含物含量，%；

X_i——物料质量，g。

3.3.7　木质纤维素的测定

木质纤维素的测定主要包括中性洗涤纤维（NDF）、酸性洗涤纤维（ADF）和酸性洗涤木质素（ADL）三部分，是通过不同溶液的洗涤作用获得质量差来进行计算。

1. NDF 的测定

（1）试剂配制：分别称取 Na_2EDTA、USP、无水 Na_2HPO_4 和 $Na_2B_4O_7 \cdot 10H_2O$，各为 18.61 g、30.0 g、4.56 g 和 6.81 g，均放入烧杯（1 000 mL）中，用量筒量取 10.0 mL $C_6H_{14}O_4$ 也倒入烧杯中，最后加水至 1 000 mL，用磁力搅拌器边搅拌边加热，加快其溶解。待样品全部溶解后测量其 pH 值，使 pH 值在 6.9 ~ 7.1。

（2）测定方法：①将待测样品粉碎后过筛（筛孔 1 mm），再放置烘箱中烘干至恒重，称取约 1 g的样品放入标记好的滤袋中。并记录滤袋及样品质量分别为 w_1 和 w，用封口机封口。取至少一个空白滤袋 c_1，同时做空白测定。②将封好的滤袋放入滤袋架上，每层放 3 个，一次最多放 24 个滤袋，两层之间错开 120°的角度。将滤袋架放入消煮仪中，放上金属锤并加入配好的中性洗涤液拧紧盖子进行洗涤，消煮时间 75 min。③消煮结束后，用蒸馏水（70 ~ 90 ℃）冲洗 3 遍，每次冲洗时间 5 min，然后再用室温蒸馏水洗涤 1 次，时间 5 min。最后取出滤袋架，同时轻压滤袋挤去一些水分后将滤袋放入烧杯中，再倒入丙酮浸泡 5 min，以便清洗滤袋里的水分。取出滤袋，再轻压挤出多余的丙酮后，将滤袋放在通风处晾干。待其完全干燥后将滤袋放入烘箱里烘干 4 h，取出放入干燥皿中，待其冷却后，称其质量记为 w_2。

2. ADF 的测定

（1）试剂配制：称取 49.04 g 的浓 H_2SO_4 倒入 500 mL 烧杯中稀释，用 1 000 mL 的容量瓶进行定容，再称取 10 g CTAB 溶于已定容的硫酸溶液中，用磁力搅拌器搅拌使其溶解。

（2）测定方法：①将测完的 NDF 的滤袋重新放入滤袋架上并放入消煮仪中，放上金属锤后再倒入已配好的酸性洗涤溶液，确保溶液没过滤袋，盖上盖子，拧紧阀门，打开搅拌及加热开关，设定消煮时间为 60 min。②消煮结束后的处理方法和 NDF 的处理方法相同。待其冷却后，称其质量记为 w_3。

3. ADL 的测定

（1）试剂配制：量取 734.69 mL 的浓硫酸（72%）倒入 200 mL 的蒸馏水中，不断搅拌，待其冷却后定容到 1 000 mL 备用。

（2）测定方法：①将酸洗后并烘干称重的滤袋放入大烧杯中，倒入已配好的浓硫酸，以刚好没过滤袋为宜。用小一号的烧杯放入大烧杯中上下提起 30 次，频率大约为 1 次/min。3 h 后将滤袋捞出，并用清水冲洗滤袋，直到 pH 值为 7 左右，再用丙酮清洗滤袋除去多余的水分。将滤袋放在滤纸上放入通风橱自然风干后，再放入烘箱烘干至恒重，记录其质量为 w_4。②将滤袋放入坩埚内后放入马弗炉中，600 ℃下灼烧 2 h，取出放入干燥皿，冷却后称其质量为 w_5。

样品中 NDF、ADF、ADL 的质量分数计算如式（3－6）、式（3－7）及式（3－8）所示。

$$\mathrm{NDF}(\%)=\frac{(w_2-w_1\times c_1)\times 100\%}{w} \tag{3-6}$$

$$\mathrm{ADF}(\%)=\frac{(w_3-w_1\times c_1)\times 100\%}{w} \tag{3-7}$$

$$\mathrm{ADL}(\%)=\frac{[(w_4-w_1\times c_1)-(w_5-w_0)]\times 100\%}{w} \tag{3-8}$$

式中 w_2——冲洗后样品残渣和滤袋质量，g；

w_1——空滤袋质量，g；

w——样品质量，g；

c_1——空白袋子校正系数（烘干后质量/原来质量）；

w_3——酸洗后样品残渣和滤袋质量，g；

w_4——浓硫酸洗后、烘干后滤袋和样品的质量，g；

w_5——灼烧后坩埚和灰分的质量，g；

w_0——坩埚质量，g。

3.3.8 可溶性糖的测定

糖类在浓硫酸的作用下可脱水生成糠醛或羟甲基糠醛，后者再与蒽酮（$C_{14}H_{10}O$）脱水缩合，形成蓝绿色糠醛衍生物，其在可见光区 620 nm 处有最大吸收，且其吸光度值在一定范围内与糖含量成正比。在本试验中，玉米秸秆各部位的可溶性糖采用植物组织可溶性糖测试盒（南京建成生物工程研究所生产）测定。具体的操作步骤及标准液的配制见试剂盒说明。

1. 试剂组成与配制

试剂 1：粉剂 1 瓶，4 ℃避光保存；试剂 2：液体 1 瓶，4 ℃密封保存；试剂 3：1 mg/mL 标准贮备液(0.3 mL)1 支,4 ℃保存;试剂 4:浓硫酸(比重 1.84)。

底物液的配制:向试剂 1 中加入 5 mL 试剂 2,充分溶解,如较难溶解,可微热搅拌或摇晃溶解后待用,配制后在 4 ℃避光下可保存一周。

0.1 mg/mL 标准液的配置:按 1 mg/mL 标准贮备液,标准品稀释液($v:v$) = 1:9 的比例配置。

2. 样本前处理

取 0.1 ~ 0.2 g 待测样本(粉碎并研磨成末),按样本质量(g)与蒸馏水(mL)的比例为 1:10加入蒸馏水,用匀浆器粉碎匀浆成组织匀浆,转移到离心管中,盖上盖,盖上扎一小孔(防止过热,管内因气压大而撑开或炸裂),沸水浴 10 min 后取出(沸水浴过程中,取出混匀 2 次),流水冷却,离心(4 000 r/min)10 min 后取上清液待测。

3. 计算公式

可溶性糖按样品鲜重计算,如公式(3 - 9)所示。

$$\text{可溶性糖含量} = \frac{(\text{测定 }OD\text{ 值} - \text{空白 }OD\text{ 值}) \times \text{标准液浓度} \times \text{样品稀释倍数}}{(\text{标准 }OD\text{ 值} - \text{空白 }OD\text{ 值}) \times \text{匀浆液浓度}} \tag{3-9}$$

式中:可溶性糖含量,mg/g;标准液浓度,0.1 mg/mL;匀浆液浓度,g/mL。

3.3.9　秸秆吸水率的测定

玉米秸秆在空气中的吸湿性及在水溶液中的吸水性是木质纤维材料的物理性能指标,这种性质与材料的组织结构、有机成分构成有关,同时与材料表面的化学性质和微结构有关,如多毛细孔,其吸湿及吸水能力就比较强,除此之外还和毛细孔的直径有关。在秸秆厌氧发酵过程中分析其沉降性,就要考虑秸秆吸水性能,二者密切相关,秸秆吸水的这种性质用吸收能力进行表征,吸收能力用吸水溶液倍率来度量,即吸水率(或膨胀度),如公式(3 - 10)所示,秸秆属于木质纤维类材料,吸水性按木材的吸水性进行测定(GB/T 1934.1—2009)。

$$A = \frac{m - m_0}{m_0} \times 100 \tag{3-10}$$

式中　A——秸秆的吸水率,%;

m_0——秸秆全干时的质量,g;

m——秸秆吸水后的质量,g。

3.3.10　厌氧发酵产气过程模型及参数测定

在厌氧发酵过程中,原料的理论甲烷产量是用来评价发酵原料潜力的重要参数,根据测定方法的不同可分为理论产甲烷潜力和实际产甲烷潜力。理论产甲烷潜力通过测定底物的化学元素组成或有机组分,然后根据相应的公式计算得出,而实际产甲烷潜力则是通过厌氧发酵试验来测定数据再进行拟合得出。在原料及预处理条件一定的情况下,试验测定结果较为接近,但因原料成分及试验条件的差异性,获得的数据结果也会有较大的差异,本试验所采用的模型如下。

1. **理论甲烷产量(TMP)**

原料 VS(挥发性固体含量)的理论甲烷产量(TMP)通过 Buswell 公式进行计算,其方程式如式(3-11)和式(3-12)所示。

$$C_nH_aO_bN_c+\left(n-\frac{a}{4}-\frac{b}{2}+\frac{3c}{4}\right)H_2O\longrightarrow\left(\frac{n}{2}+\frac{a}{8}-\frac{b}{4}-\frac{3c}{8}\right)CH_4+\left(\frac{n}{2}-\frac{a}{8}+\frac{b}{4}+\frac{3c}{8}\right)CO_2+c\,NH_3 \tag{3-11}$$

$$TMP\left(\frac{mLCH_4}{gVS}\right)=\frac{22.4\times1\,000\times\left(\frac{n}{2}+\frac{a}{8}-\frac{b}{4}-\frac{3c}{8}\right)}{12n+a+16b+14c} \tag{3-12}$$

2. **生物降解能力**

根据试验测定的实际甲烷产量(BMP)和理论甲烷产量(TMP),通过公式(3-13)计算出不同底物有机质的生物降解能力。

$$B_d(\%)=\frac{BMP}{TMP}\times100\% \tag{3-13}$$

3. **产甲烷动力学模型**

本研究根据产甲烷潜力测试的数据采用修正的 Gompertz 模型和 First-order 模型对产气量进行拟合,甲烷产量模型方程如式(3-14)和式(3-15)所示。

采用方程(3-14)所示的 Gompertz 方程拟合厌氧发酵累积甲烷产量曲线。

Gompertz:

$$P(t)=P_m\times\exp\left\{-\exp\left[\frac{R_m\times e}{P_m}(\lambda-t)+1\right]\right\} \tag{3-14}$$

式中 P_∞——t 时刻的累积产甲烷量,mL/gVS;

P_m——最大 VS 产甲烷潜能,mL/gVS;

R_m——最大产甲烷速率,mL/(gVS·d);

e——欧拉常数,2.718 282;

λ——延滞期,d;

t——发酵时间,d。

First-order 模型 :

$$B(t)=B_m[1-\exp(-k_H(t-L_P))] \tag{3-15}$$

式中 $B(t)$——t 时刻的累积产甲烷量,mL/gVS;

B_m——最大 VS 产甲烷潜能,mL/gVS;

k_H——水解常数,d^{-1};

t——发酵时间,d;

L_P——延滞期,d。

4. **有效挥发性固体(VS)降解率**

原料的 VS 降解率公式为

$$\eta=\frac{VS_0-VS_t}{VS_0}\times100\% \tag{3-16}$$

式中　η——VS 降解率，%；

VS_0——厌氧发酵开始时的 VS 浓度，%；

VS_t——厌氧发酵结束时的 VS 浓度，%。

5. 有效挥发性固体(VS)产气量计算

(1)试验开始时，将厌氧反应器、原料及接种物冷却至室温并精确称重至恒重为止，将反应器、原料及接种物的质量和标记为 m_1，单位：g。

(2)厌氧发酵结束后冷却至室温称重至恒重为止，将反应器、原料及接种物的质量和标记为 m_2，单位：g。

(3)在整个厌氧发酵周期内沼气的累积总体积为 V，单位：L。

(4)发酵周期内，VS 质量损失与水分蒸发的总和即为 $m_1 - m_2$，扣除水蒸气的质量即为发酵周期内 VS 的损失量，单位：g。

其中沼气中水蒸气的质量流率可用 Ashare 等推出的公式(3－17)进行计算，公式为

$$W_w = \frac{0.804(V \cdot \gamma_v)X_w}{f(1 - X_w)} \tag{3-17}$$

式中　W_w——流出发酵反应器的水蒸气的质量流率，g/d；

V——发酵反应器的有效容积，L；

γ_v——甲烷的体积产率，%；

X_w——沼气中水蒸气的分子分数，%；

f——沼气中甲烷体积分数(干基)，%。

其中 X_w 公式为

$$X_w = 1.27 \times 10^6 \exp\left(\frac{-5\ 520}{t + 273}\right) \tag{3-18}$$

式中　t——反应器中发酵液的温度，℃。

3.3.11　扫描电子显微镜观测秸秆各部位结构

通过扫描电子显微镜(scanning electron microscope，SEM)观察和拍摄玉米秸秆髓、皮及叶的空间结构。具体操作步骤如下。

(1)洗涤，将待测玉米秸秆的髓、皮及叶样品单独存放在蒸馏水中，分别冲洗 3 次，每次 10 min。

(2)脱水，采用不同浓度的乙醇溶液进行脱水，乙醇稀释液的浓度分别为 50%、70%、90%、100%，每次脱水 10～15 min；100% 的乙醇脱水 3 次，每次脱水 10～15 min。

(3)置换，乙醇(100%)：叔丁醇＝1∶1；纯叔丁醇 1 次，每次 15 min。

(4)干燥，将样品置于临界点干燥器中干燥。

(5)粘样，将样品粘贴在扫描电镜样品台上，观察样品排列是否合适，以紧密排列不重叠为宜。

(6)镀膜，在样品的表面镀上一层 1 500 nm 厚的金膜，用 E－1010 型离子溅射镀膜仪实现。

(7)观察，镀膜后，采用 SEM 对秸秆各部位的表面结构进行观测。

3.3.12 红外光谱(FTIR)的测定

FTIR 图使用美国珀金埃尔默公司的 Spectrum One B 衰减全反射傅里叶红外光谱仪对样品官能团进行表征。样品处理:粉碎后的样品干燥后研磨成粉末状并冷冻干燥待用,试验时取冷冻干燥后的粉末状待测样品与 KBr 混匀研磨,二者以比例 1:300 ~ 1:100 进行压片。测量条件:温度 20 ℃,扫描范围 4 000 cm^{-1} ~400 cm^{-1},扫描步长 2 cm^{-1}。在进行测试前,样品首先在真空干燥箱(45 ℃)中干燥 24 h,然后进行 ATR - FTIR 扫描分析。

3.3.13 菌群的测定

菌群的种类和多样性的分析采用 16S 扩增子测序的方法,由第三方测序机构——天昊生物公司代理完成。扩增子测序就是通过对基因组目的区域进行 PCR 扩增,将目标区域 DNA 扩增富集后进行高通量测序,然后将得到的序列与特定数据库比对,确认物种。确认后进行生物信息分析的研究策略。16S rDNA 测序是 16S rRNA 为原核生物核糖体的 RNA 的一个亚基,16S rDNA 就是编码该亚基的基因,存在于所有细菌基因组。16S rDNA 大小适中,约 1.5 Kb,16S rDNA 具有 10 个保守区和 9 个高变区(V1 ~ V9),其中保守区在细菌间差异不大,高变区具有高度的特异性。因此,通过一个高变区 V4 进行测序,可以对细菌群落结构及多样性进行分析。

第 4 章　厌氧发酵反应器试验研究

厌氧发酵是一个由多种微生物参与并协同作用的复杂的生物过程,所以研究人员在长达几十年的厌氧发酵实践和设计中,始终围绕着保持微生物数量、增强微生物活性、改善微生物生长繁殖的环境条件,在加强微生物与基质的传质效果等方面对厌氧发酵的过程进行改进和完善,使厌氧发酵的效率大大提高。而反应器的处理效率也影响产气量的变化,并且反应器的结构直接影响发酵空间体系的变化,因此,需要通过试验对比分析,选出最优的反应器结构,使反应器的处理效率达到最优。

4.1　不同高径比反应器对产气特性的影响

影响一个反应器处理效率的因素有很多,除了底物的性质和处理负荷外,主要还包括反应器的结构、搅拌方式和强度、循环周期、处理温度。高径比(*H/D*)是反应器最主要的一个结构特征参数,它对污泥的沉降效果影响较大。Sung 和 Dague 曾采用 *H/D* 值分别为 0.61、0.93、1.83、5.6 的四个容积都为 12 L 的反应器进行了对比研究,结果表明,*H/D* 值大的反应器能保留具有较大零沉降速度的颗粒污泥,并在排水时洗出分散的絮状污泥,而*H/D* 值小的反应器能保留更多的污泥量。Timur 利用 ASBR 反应器进行试验,发现 *H/D* 值越大越有利于颗粒污泥的分选和培养,形成的颗粒污泥的粒径也越大,利于厌氧发酵的进行。本试验是拟通过设计不同的 *H/D* 反应器,探讨 *H/D* 对牛粪发酵液产气特性的影响。

4.1.1　试验设计

以往研究的试验都是采用 5 L 玻璃广口瓶作为发酵罐,它利于观察反应外观现象的变化,同时传热性也很好。但是这样的发酵罐体积太小,试验过程中系统误差相对较大,可能影响试验结果的真实性。将反应器的 *H/D*、浓度、接种物作为影响 COD 去除率、总产气量和容积产气率的三个因素,利用单因素来研究厌氧发酵过程中的影响效果。在进行产气潜力和产气特性的试验时,采用批量发酵工艺,即一次性接种投料,运转周期内不添加新料液,逐日记录累计产气量,当发酵满 20 天时,发酵结束。采用的 *H/D* 分别为 2.18、4.66、5、6.66,有效容积分别为 29 L、9 L、26 L 和 14 L 四个反应器进行试验,其中 *H/D* 为 5 和 6.66 的反应器高度相同,*H/D* 为4.66 和6.66 的反应器直径相同。试验分四组,相同的进料浓度和接种物,每天监测 pH 值 、产气量、可溶性 COD 指标,进、出料时测定总 COD 值,据此判断反应运行情况。试验周期设置为 15 天。

4.1.2 试验结果与分析

1. 不同 H/D 反应器对 COD 去除率的影响

COD 去除率代表发酵系统中有机物的去除率,凡是能够被强氧化剂氧化的物质都能表现出 COD,因此测得的实际 COD 既包括了有机物,也包括了无机物,并且有机物中又可分为易被生物降解的和难被生物降解的。通常的厌氧发酵主要是使易被生物降解的有机物发生分解和转化。牛粪厌氧发酵是多种微生物协同代谢的过程,各种厌氧菌群的共同作用有助于有机质的降解和转化,其中包含碳水化合物、蛋白质,脂肪等多种复杂有机质的分解代谢。在各厌氧菌群的代谢过程中,产生的大量甲酸、乙酸和原子氢等中间产物,使 VFA (volatile fatty acid)的浓度增高。这在一定程度上会影响 COD 去除率,使 COD 去除率在反应过程中不总是随着反应的进行逐渐降低。有研究认为蛋白质水解酸化后 COD 去除率并不降低反而增加。并且在常温下,产酸菌(其中包括丁酸梭菌和其他梭菌、乳酸杆菌和革兰氏阳性小杆菌等)的代谢速度比甲烷菌的代谢速度快得多,有可能在发酵周期结束时,仍剩余一部分有机酸未被转化而影响 COD 去除率,所以在发酵开始时必须慎重选择发酵液浓度和污泥量,使挥发性脂肪酸的生成和消耗能够保持平衡,不致发生酸积累。因此本试验的发酵液浓度定为6%、接种物浓度占30%,在整个试验过程中都没有发生酸败的现象。

如表 4-1 所示,可以看出,四组的去除率都不是很高,都小于 40%,其原因可能是四组试验所选用接种物中沼渣的含量过多,发酵液中不可降解的有机物质所占的比例过大,影响了 COD 去除率;另外与牛粪本身也有一定的关系,牛粪中木质素、纤维素、半纤维素含量很高,其中木质素很难被生物所降解,影响了 COD 去除率。在发酵 15 天后进行数据分析,得出以下结论:四组发酵后的 COD 去除率差异达到极显著水平($P<0.01$),1 组 COD 去除率高于其他三组,且容积产气率也远高于其他三组。对 2 组与 4 组试验结果进行分析,结果表明两组的 COD 去除率差异达到显著的水平($0.01<P<0.05$),可见在反应器直径相同的情况下,高度同样影响着反应器处理效果。而 3 组和 4 组试验结果表明,两组的 COD 去除率差异也达到了显著的水平($0.01<P<0.05$),在高度相同、直径不同的反应器中进行相同试验时,直径同样影响反应器处理效果。

表 4-1 不同 H/D 情况下的试验结果

试验号	反应器	高径比 H/D	进料 TS /%	进料 COD/(mg/L)	出料 COD/(mg/L)	COD 去除率 /%
1	Ⅰ	2.18	6	64 896	39 962	38.42
2	Ⅲ	4.66	6	64 847	46 217	28.75
3	Ⅱ	5	6	64 584	43 329	32.91
4	Ⅳ	6.66	6	64 694	49 568	23.38

2. 不同 H/D 反应器对 pH 值的影响

由于牛粪的厌氧发酵过程是一个多菌群相互交替作用的复杂过程,参与代谢的微生物菌群也相当复杂,有水解性细菌、还原乙酸细菌、产甲烷菌等,产酸菌利用水解菌产生的可溶性底物产生 VFA,产甲烷菌利用 VFA 产生 CH_4,这种过程是一种动态平衡过程,厌氧消化体系的酸碱性受复杂微生物反应和化学反应控制,体系的 pH 值是气、液相间的 CO_2 平衡、液相内的酸碱平衡以及固、液相间的溶解平衡共同作用的结果。在厌氧发酵中,产酸过程里有机酸的增加会使 pH 值下降,含氮有机物分解产物氨的增加,会引起 pH 值升高。pH 值主要取决于代谢过程中 VFA、碱度、CO_2、氨氮、氢之间自然建立的缓冲平衡。pH 值应该在6~8比较适宜,如果 pH 值明显降低、VFA 大量积累的同时产气量也降低,则标志着发酵系统失败。在厌氧发酵初期,由于碳水化合物和蛋白质在厌氧过程中能释放出很多的能量,有利于微生物更快地生长,所以其代谢产生的大量甲酸、乙酸和原子氢等中间产物,使系统中 VFA 浓度增高,刺激甲烷菌的不断繁殖生长。有机酸在一定范围内的增加不会对甲烷菌产生很大的影响,因为在厌氧发酵过程中,蛋白质和氨基酸分解的同时产生NH_4-N、碳酸氢盐等碱度,能够缓解发酵过程产生的过量的酸,使 pH 值没有明显的降低,pH 值的变化是 VFA 和碱度综合作用的结果。但是在常温厌氧发酵中,甲烷菌的活性降低,即使20 ℃下甲烷菌的活性达到最佳也还是没有中温甲烷菌的活性高。如果在有机负荷量较大时不采取有效的措施(如增加菌种密度等),甲烷菌就可能无法与产酸菌形成动态平衡(即产酸菌产生的酸,不能及时被甲烷菌完全利用),而系统的缓冲能力也是有限的,大量积累的有机酸势必会超出允许的范围,使 pH 值明显降低,而甲烷菌最适宜 pH 值为6.5~7.5,并且甲烷菌对 pH 值的波动十分敏感,即使在其最适生长的 pH 值范围内,pH 值突然改变也会引起菌种活力的明显下降。甲烷菌活性越低,有机酸的利用就越少,这样形成恶性循环,以致系统酸败,整个反应周期内都很难恢复正常发酵状态。经验表明,一旦发酵液中的 pH 值降至6.0,系统所需要的恢复时间会很长,有可能在整个发酵周期内都难以恢复。

如图4-1所示,0天时的 pH 值表示进料时牛粪发酵混合液的 pH 值,从整体看,四组的 pH 值变化趋势是相同的,都是先降低然后再升高。四组的 pH 值都在6.6~7.7波动,1、2组的 pH 值始终高于3、4组。pH 值的变化将直接影响产甲烷菌的生存与活动。一般来说,反应器的 pH 值应保持在6.5~7.8,最佳 pH 值为6.8~7.2。1组从开始进料到第3天是牛粪发酵料水解酸化的高峰期,产酸菌生长繁殖速度很快,根据以往所做的试验,在第3天酸化达到峰值,发酵料液中 VFA 的含量最大,pH 值最低为6.9,也是在最佳的范围内,在这个范围内,产甲烷菌的活性最高,生长繁殖的速度也最快,结合不同 H/D 对容积产气率的影响,如图4-2所示,在第4天容积产气率达到了最大值。随着发酵液中 VFA 被产甲烷菌降解生成甲烷,发酵液的 pH 值也逐渐升高,但一直在适宜的范围内,利于沼气发酵的进行。2、3组 pH 值的变化比较平稳,没有太大的波动,在第4天达到最小值,从整个变化曲线来看,产酸与分解酸产生甲烷的速度处于一个相对平衡状态,在发酵液内,既无过多的有机酸积累,又可以保持较高的甲烷产率。4组在整个试验过程中 pH 值波动最大,pH 值在第5天才达到最小值,可见,其水解酸化的速度比较慢。我们采用的是外层水浴保温,由于是中温发酵,反应器温度高于室温,因此反应器向四周散热,导致水浴的温度降低,直接影响反应器外层料液的发酵温度。4组采用的是直径为150 mm 的反应器,反应器横截面积最小,温度影响的范围很大,也就是说发酵液温度变化频繁,温度发生波动会给发酵带来一定的影响,直接影响产气量。对于瞬时温度波动对发酵的不利影响只是暂时的,温度一经恢复正常,发酵的效果也随之恢复。但是过频的温度波动一定会影响发酵的结果,特别是产甲烷菌对温度变化要求很高。在恒温发酵时,在 1 h 内温度上下波动不宜超过 ±(2 ~3)℃。从总体来说,四组试验 pH 值都在正常的发酵范围内。

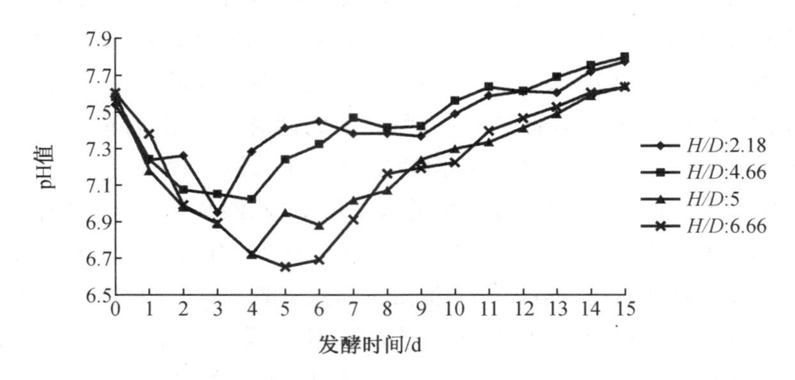

图 4 -1 不同 *H/D* 对 pH 值的影响

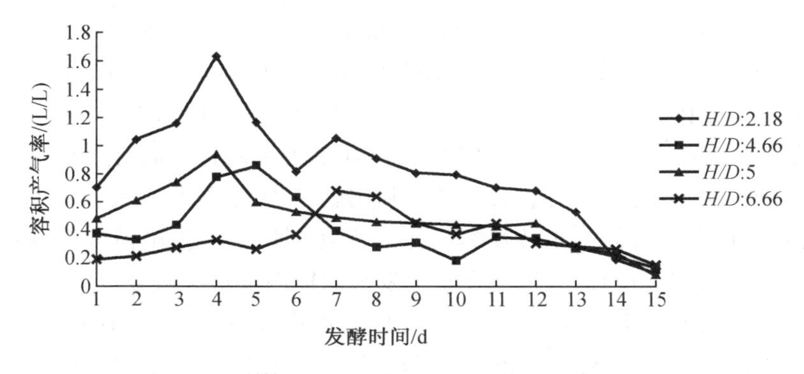

图 4 -2 不同 *H/D* 对容积产气率的影响

3. 不同 *H/D* 反应器对容积产气率的影响

容积产气率是指在厌氧发酵周期内,每天单位容积的产气量。本试验是在发酵液浓度、接种物浓度相同且一定的情况下,进行反应器 *H/D* 影响发酵效果的试验,利用容积产气率能反映反应器中发酵效果的好坏,容积产气率是标志厌氧发酵系统中反应器处理效果的重要参数,容积产气率低说明反应器的处理效果和转化的速率低,结构不是很合理。虽然有时增加发酵液浓度在一定程度上能够增加发酵周期内的总产气量,但单位体积的产气量却不一定与总产气量一样,随着发酵液浓度在一定范围内的增加而增大。生产实践中,在相同的发酵温度、试验底物与浓度时,说明一个反应器处理效果如何都以容积产气率作为评价标准。

如图 4 -2 所示,四组的容积产气率变化曲线趋势相同,都是先升高后降低,然后再升高最后降到最小。1 组和 2 组容积产气率波动范围比较大,前 4 天,1 组容积产气率从 0.7 快速上升到 1.71。结合图 4 -1,说明前 3 天产氢菌、产酸菌的活性达到了最大值,根据以往所做的试验可知发酵液中 VFA 达到了最大值,由于菌群中的反馈抑制,高浓度的 VFA 抑制了产酸菌的生长繁殖，而发酵液中的VFA提供了产甲烷菌生长繁殖充足的底物，使产甲烷菌快速生长繁殖，根据以往所做的试验，在第4天产甲烷菌的数量达到了峰值，同时它们的活性也达到了最大。实际上，厌氧生物处理反应器可以看成是一个人工创建的微生物生态系统，而生物处理实质上是污染物在微生物体内的生化代谢过程。在反应器内，发酵性细菌所分泌的胞外酶水解复杂有机物转化为可溶性的糖、肽、氨基酸和脂肪酸后，再将上述可溶性物质吸收进细胞后，分解发酵成有机酸和醇类，除甲酸、乙酸和甲醇外，均不能被产甲烷菌所利用，必须由产氢产乙酸菌将其分解转化为乙酸、氢和二氧化碳。丙酸、丁酸、乙醇、乳酸降解生成乙酸和氢气，除乳酸外均是吸热反应。而产甲烷菌代谢甲酸、甲醇、乙酸、H_2和CO_2都是放热反应，能进行计算，整个厌氧发酵过程都伴随着能量的变化，最终是放热反应。当反应器内部发酵液温度达到稳定时，反应器中心处温度成梯度向四周递减分布。我们采用的是中温厌氧发酵，反应器外壁要向四周散发热量，这使反应器的内部发酵液温度降低，而反应器上放置的温度传感器，它测量的是发酵液的实际温度。温度传感器的触头放在了内壁边缘处，当它检测的发酵液温度低于设定的温度时（从触头向反应器中心各处的发酵液温度都略高于设定的温度），热水器中的水就会流入反应器的夹层内补充能量的损失，也就是说只有外层的发酵液需要能量的补充。发酵液温度变化幅度很小，产甲烷菌活性高，利于产甲烷菌的繁殖生长。1组所采用的反应器高径比最小，有效体积为29 L，横截面积比其他三组大得多。1组的发酵液温度波动范围所占的比例小，另外*H/D*值小的反应器能保留更多的污泥量，污泥量越多各种菌的活性越大，利于产氢产酸菌、产甲烷菌的生长和繁殖，同时他们的活性高、能快速降解牛粪发酵液中的有机物质，也能很好地利用降解后的底物，可见，1组的发酵效果最好，其次是3组。

如图4-3所示，发酵15天后进行数据分析，得出以下结论：四组处理的平均容积产气率差异达到极显著水平（$P<0.01$），1组的反应器进行厌氧发酵后，平均容积产气率远高于其他三组的平均容积产气率。

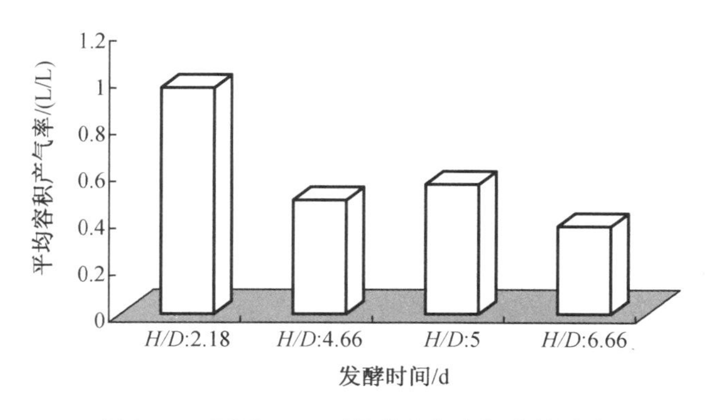

图4-3　不同*H/D*对平均容积产气率的影响

2组和4组采用相同直径（*D*）、不同高度（*H*）的反应器进行试验，两组平均容积产气率差异达到显著水平（$0.01<P<0.05$），可见，反应器在相同*D*的情况下，*H*影响发酵效果，反应器发酵液的压力影响沼气脱离液相，但在整个发酵过程中，我们每天都要从不同的取样口取出发酵液，在各取样的位置就会引起液体的流动，发酵液中产生的沼气随着发酵液的

流动很容易上升到液面,及时收集到集气罐中。所以说在没有搅拌的情况下,反应器 H 越大,底部的压力越大,发酵液流动幅度也越小,则发酵液中产生的沼气要脱离液相难度就会增大,直接影响产气的效果,所以,2 组的平均容积产气率要高于 4 组。

3 组和 4 组采用相同 H、不同 D 的反应器进行试验,两组平均容积产气率差异达到显著水平($0.01 < P < 0.05$)。反应器在相同 H 的情况下,D 影响产气率,这两组发酵液距反应器底部相同的高度时,他们的压力相同,则发酵液中产生的沼气脱离液相的难度相同,不是引起产气率不同的直接原因。3 组的有效积容积大约是 4 组有效容积的 2 倍,而温度波动范围所占的体积只是 4 组的 1.2 倍,发酵过程中温度稳定性好、系统误差小,3 组的处理效果要优于 4 组。

研究结果表明:1 组的发酵效果最好,其次是 3 组。这两组 COD 去除率差异达到显著水平($0.01 < P < 0.05$),说明 H/D 会影响反应器的处理效果。

4. 沼气成分定量分析

所有试验所得沼气均按 3.3.1 节中的方法进行定量与定性分析。不同 H/D 反应器处理试验沼气主要成分及体积含量如表 4-2 所示。

表 4-2 沼气主要成分及体积比

时间/d	H/D:2.18		H/D:4.66		H/D:5		H/D:6.66	
	CH_4/%	CO_2/%	CH_4/%	CO_2/%	CH_4/%	CO_2/%	CH_4/%	CO_2/%
1	70.87	28.28	67.62	31.69	67.27	31.42	66.38	33.07
2	75.07	24.41	72.63	24.17	69.95	29.36	73.25	25.73
3	79.79	19.54	78.33	18.74	79.77	18.78	77.39	21.58
4	77.68	21.87	76.42	21.19	77.15	22.19	79.61	19.30
5	83.79	15.54	68.47	31.09	82.47	16.95	87.62	11.69
6	82.47	16.95	78.36	21.13	87.24	11.69	79.16	20.53
7	89.09	10.40	89.09	10.39	82.99	16.08	85.07	13.99
8	92.43	7.01	79.50	20.00	90.92	7.79	82.28	16.30
9	89.82	9.68	86.60	12.87	88.23	10.44	85.14	13.78
10	89.07	10.33	81.45	17.59	92.71	6.41	78.07	20.70
11	84.26	15.74	82.74	16.28	90.46	8.80	83.23	15.85
12	89.45	10.55	85.93	13.22	93.38	5.81	85.35	13.35
13	90.79	8.54	89.50	10.01	89.55	10.35	94.78	4.41
14	93.50	5.28	91.16	6.69	95.21	3.65	89.98	9.45
15	95.89	3.23	96.42	1.19	98.92	—	97.09	2.14

4.1.3 不同 H/D 试验结果验证

目前已知 H/D 为 2.18、4.66、5、6.66 四种反应器厌氧发酵的处理效果,其中 H/D 为

2.18的平均容积产气率最高,其次是 *H/D* 为 5 反应器的处理效果。为了验证以上试验结果是否可靠,利用发酵效果最佳的两组,*H/D* 为 2.18 和 5 的反应器进行试验来验证以上结论,同样采用进料浓度为6%,接种物为上一轮发酵过的沼液。

如表4-3 所示可知,1 组的 COD 去除率明显高于2 组,说明1 组降解得比2 组好,发酵效果较好。

表 4-3　不同 *H/D* 情况下的试验结果

组别	*H/D*	进料 TS /%	进料 COD/(mg/L)	出料 COD/(mg/L)	COD 去除率 /%	接种污泥
1	2.18	6	56 584	30 917	45.36	沼液
2	5	6	56 804	35 411	37.66	沼液

pH 值变化如图 4-4 所示,0 天时的 pH 值同样表示进料时发酵液的 pH 值,两组的进料时 pH 值相同;两组 pH 值变化曲线趋势相同,都是先降低后升高,1 组变化范围是 6.59 ~ 7.68 ,2 组在 6.7 ~7.71 波动。1 组从进料开始到第 5 天 pH 值几乎呈直线降低,表明这几天是产氢产酸菌生长繁殖的高峰期,结合图 4-5,在前 5 天的产气量比较稳定,说明产甲烷菌繁殖的速度低于产酸菌;第 5 天达到最低值后又呈直线快速上升,随着 1 组中发酵液中 VFA 的增多,产酸菌受到反馈抑制作用,抑制了产酸菌的生长繁殖,使发酵液中产甲烷菌得到了快速生长繁殖,使产气量增大,随着产甲烷菌抑制的解除,并在第 9 天产气量达到了最大值,而产甲烷菌的活性最高生长繁殖达到峰值;从第 11 天到发酵结束,pH 值变化比较稳定,产氢产酸菌与产甲烷菌生长繁殖速度平衡,产生的 VFA 都能及时被产甲烷菌所消耗掉。2 组 pH 值在第 2 天到第 3 天从 7.29 快速波动到 6.75,从第 3 天达到最低值后直到第 7 天,pH 值没有什么变化,这几天是产酸菌的快速生长繁殖的高峰期;第 8 天到第 9 天上升的幅度比较大,结合图 4-5,在第 9 天达到了最大值;从第 9 天开始 pH 值变化比较平稳。

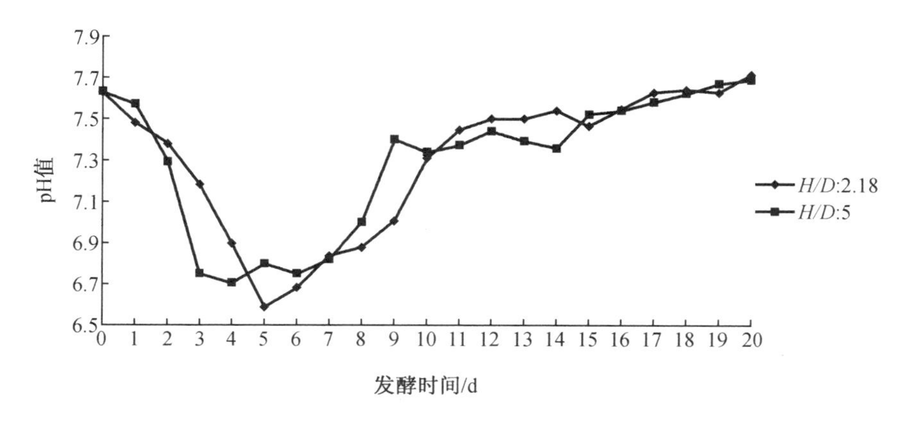

图 4-4　不同 *H/D* 对 pH 值的影响

如图 4-5 所示,可以看出,两组容积产气率的曲线变化趋势有所不同,但前 12 天几乎相同,在前5天产气都是比较平稳,从第5天开始,容积产气率逐渐升高并在第9天达到产气高峰,之后几天产气率开始降低直到第12天。1组在第14天有一个波谷,之后逐渐升高在第18天出现第二个产气高峰期。2组在第12天以后,产气量变化幅度不大,只有在第14天和第18天有两个小的产气高峰之外,产气都比较平稳。如图4-6,结合表4-2可以看出1组的发酵效果明显高于2组,两组的COD去除率及平均容积产气率差异达到显著水平($0.01 < P < 0.05$)。这两组的试验结果通过分析验证了*H/D*的影响发酵效果。得出了相同的结论:利用不同*H/D*反应器处理牛粪发酵液时,*H/D*小的发酵效果要优于*H/D*大的发酵效果。

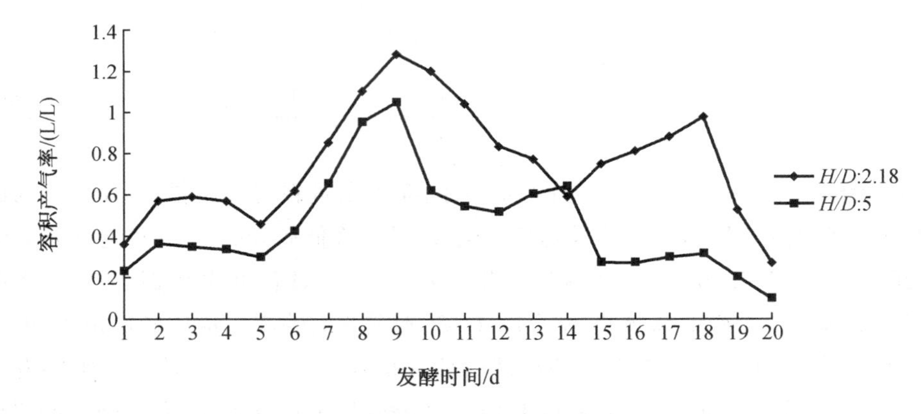

图4-5　不同*H/D*对容积产气率的影响

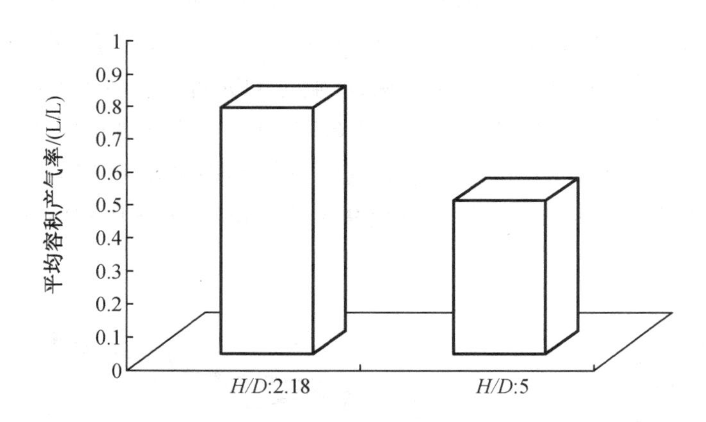

图4-6　不同*H/D*对平均容积产气率的影响

4.2　不同高度发酵液各参数的变化情况

采用不同的发酵工艺发酵效果有所不同,在工程实践中两段厌氧发酵要优于单相工艺发酵效果。目前研究人员已经掌握了单相厌氧发酵的基本参数,但是并不了解产酸阶段反应器中发酵液不同高度时各参数的变化规律,所以为了研究在不同发酵时间以及同一时间不同高度的发酵液各参数的变化情况，在反应器的不同高度设置了多个取样口，通过监测各取样口发酵液的 pH 值、可溶解性 COD 去除率含量的变化，间接说明不同发酵时间以及同一时间，不同空间的发酵液菌群的变化规律，为两段厌氧发酵的产酸阶段提供有利基础参数。

4.2.1　试验设计

通过不同 *H/D* 反应器对产气特性的影响，我们考虑选用最佳 *H/D* 反应器Ⅰ或反应器Ⅱ作为以下试验的反应装置，反应器Ⅱ的高度大于反应器Ⅰ的高度，更能反映不同空间发酵液的各参数的变化规律，选用反应器Ⅱ进行此次试验，各样口示意图如图 4－7 所示，各样口距离反应器Ⅱ底部的高度见表 2－2，配制发酵液浓度为 7.5%，总质量为 26 150 g，接种污泥为上一轮发酵后的沼液，接种污泥占总质量的 35%。发酵周期为 20 d，每天监测各项指标：发酵液的 pH 值、可溶性 COD 去除率含量、总 COD 去除率、容积产气率并对气体成分进行定量和定性分析。COD 去除率是在试验开始和结束时测定的。

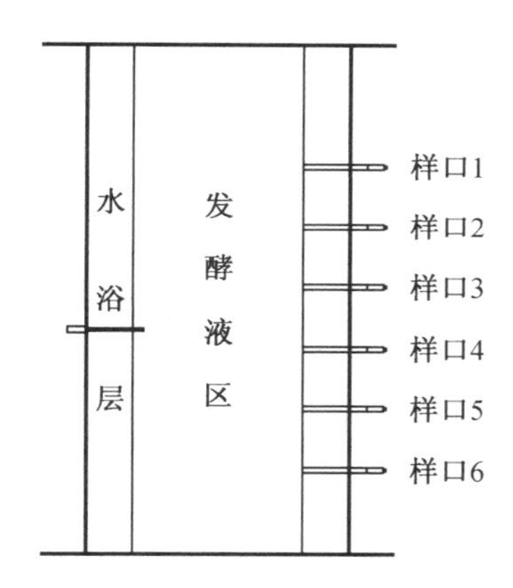

图 4－7　反应器不同高度各取样口示意图

4.2.2　试验结果与分析

1. pH 值的变化情况

厌氧发酵过程中搅拌能促进微生物和基质之间充分接触从而提高处理效率，但为了促进颗粒污泥的形成，不宜连续搅拌。搅拌也并非必不可少，Massé 在利用 ASBR 处理养猪场废物时发现，在没有搅拌的情况下，系统仍然运行得很好。所以为了确定不同高度发酵液的各参数的变化情况，在整个发酵过程中采用不搅拌方式。如图 4－8 所示，进料的 pH 值较高，因为刚取回来的鲜牛粪中含有尿液显弱碱性，同时选用上一轮发酵过的沼液作为接种物，沼液也显弱碱性。

如图 4－8 所示，入料后第 1 天和第 2 天各样口发酵液的 pH 值变化很大，范围是从进料时的 7.57 下降到 6.75。鲜牛粪和接种物中生物相很丰富，进料后反应器中各种菌通过竞争抑制，在反应器运行过程中，综合生态因子满足水解产酸菌群所需的生态条件，接种物中存在的大量水解产酸菌群能很快在与其他弱小菌群的竞争中占有生态位从而成为优势菌群，加快水解酸化速度，所以 pH 值变化比较快；第 3 天时各样口处发酵液的 pH 值之间的差值变化明显，特别是样口 1、样口 2 和样口 3 处发酵液 pH 值之间的差值最显著，由于水解产酸菌成为优势菌群抑制了产甲烷菌的活性，并没有因为发酵液中丰富的 VFA 而使产气量增加，液相中产生的沼气不足以使整个发酵液发生完全搅拌，同时较大 *H/D* 的反应器中污泥具有良好的沉降性能，使反应器下部分成了优势菌种污泥床活动区域，所以，样口 4、样口 5 和样口 6 处发酵液的 pH 值之间变化不大，但第 3 天 pH 值达到最低值；从第 4 天开始反应器内发酵液的 pH 值开始回升，发酵液中随着 VFA 的逐渐增多使产酸菌发生了反馈抑制作用，使发酵液中的产甲烷菌活性增大，加快了生长繁殖速度，如图 4－9 所示，产气量在第 5 天开始上升，使各样口处发酵液的 pH 值之间的差值逐渐拉近；发酵液中产甲烷菌通过抑制竞争，适应了生长的环境成为优势菌群，发酵液中提供了充足的养分使产甲烷菌降解了 VFA 使发酵液的 pH 值升高，液相中过多沼气完全起到了搅拌的作用，在第 7 天使各样口处发酵液的 pH 值相接近；从第 7 天到第 8 天各样口处发酵液的 pH 值从 7 快速上升到 7.4，并在第 8 天产气量达到最大值；从第 8 天到第 13 天各样口处发酵液的 pH 值变化不大，处于平稳期，菌群中产酸菌与产甲烷菌的生长繁殖处于平衡状态；从第 14 天开始直到反应结束，各样口处发酵液的 pH 值缓慢上升，但是幅度不大，维持在 7.55～7.75。

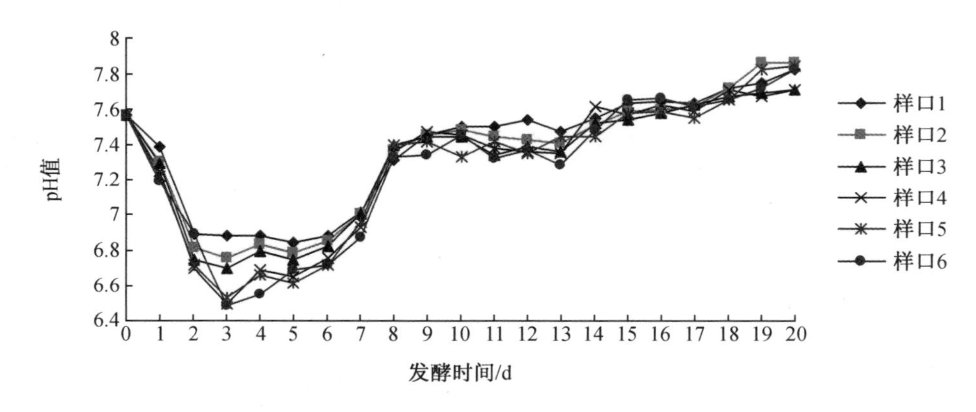

图 4－8　不同高度料液的 pH 值变化情况

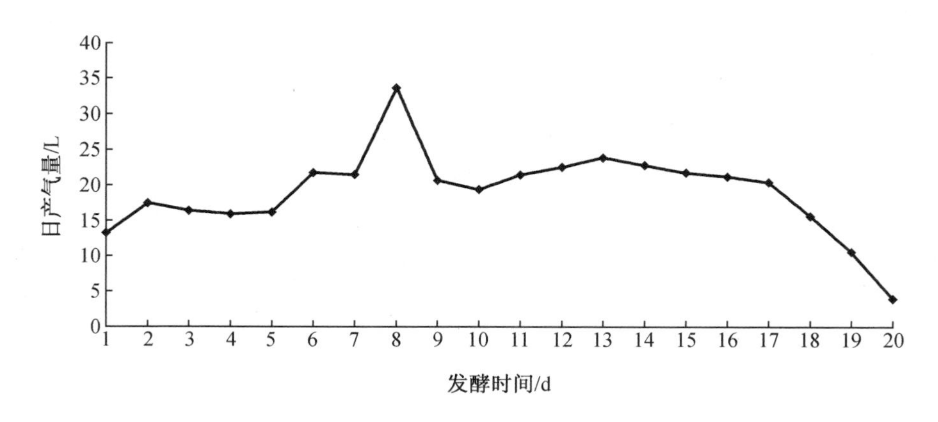

图 4－9　日产气量的变化情况

由图 4－9 可知，因为第 1 天到第 5 天是水解酸化活动的高峰时期，产酸菌占主导作用，所以产气量趋于平稳，变化不大；结合图 4－8，从第 5 天开始产甲烷菌的活性升高产气量开始上升，第 8 天反应器内发酵液的 pH 值从 7 快速上升到 7.4，是产甲烷菌活动的高峰期，所以这一天产气量达到最大值；第 10 天至第 17 天的产气量比较稳定，第 18 天以后直至反应结束，容积产气率呈直线快速降低。

如图 4－10 所示，可以看出，酸化阶段从第 2 天到第 7 天各样口处 pH 值变化有较大差异，除图(a)、(b)略有不同，其余各图变化趋势相同，都是随着高度的增大 pH 值也逐渐增大，大致呈线性关系，特别是(b)、(c)两图，随着反应器高度升高 pH 值也跟着增大且幅度很大。根据以往所做的试验，这表明这两天是产酸菌活动的高峰期，使发酵液中积累了大量的 VFA 并有可能达到了最大值。发酵液中随着产甲烷菌消耗掉了一些 VFA，使发酵液的 pH 值上升，如图 4－10 的(e)(f)所示，这两天不同高度的 pH 值之间的差值很小，因为这两天的产气量有所增加，沼气从液相脱离起到了一定的搅拌作用，使各取样口的 pH 值相接近。

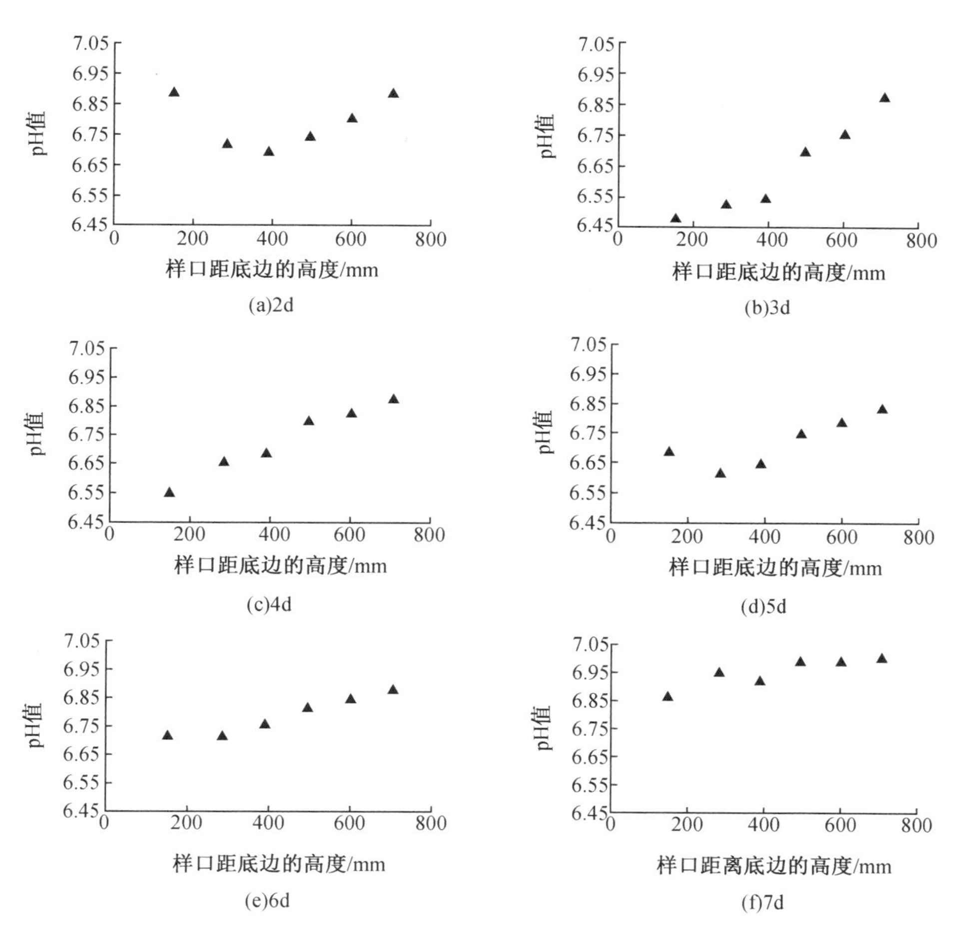

图 4－10　酸化阶段不同高度的 pH 值变化情况

2. COD 去除率值的变化情况

如图 4－11 所示，可以看出，各样口处发酵液的可溶性 COD 去除率值整体变化趋势是先快速增加达到最大值后逐渐降低，但同一时间各样口处发酵液的可溶性 COD 去除率值变化不大。图中0天所表示的是进料时的可溶性COD去除率值,入料后由于微生物菌群的作用,反应器内发酵液中的多糖、蛋白质和脂类开始被发酵性细菌水解酸化,产生了大量可溶性的糖、肽、氨基酸和脂肪酸,使发酵液中可溶性COD去除率值逐渐增加;第3天的pH值最低,是水解产酸菌活动的高峰期,发酵液中可溶性的COD去除率含量快速增加,并在第4天达到最大值;发酵液中提供了充足的养分使产甲烷菌生长繁殖速率增大,发酵液中可溶性有机酸和醇类被甲烷菌所利用,从第5天开始,可溶性COD去除率值逐渐降低直至反应结束。

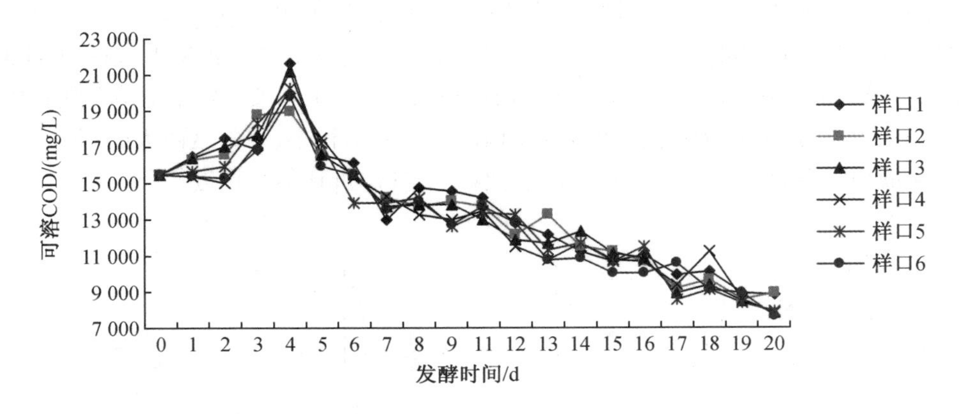

图4-11　不同高度的发酵液可溶性COD的变化

发酵液中总COD去除率值如图4-12所示,各样口处的总COD去除率值有所不同,除样口1、样口2外,其余四个样口处总COD去除率值整体走势相同,都是在进料后略有增加但幅度不大,然后逐渐降低。进料前我们用粉碎机把发酵液充分打碎、搅匀,增大了发酵液黏度,使发酵液中大颗粒物质下降的阻力增大,前几天各样口处COD去除率值相差不大,随着发酵性细菌、产氢产酸菌及产甲烷菌的协调作用使发酵液中可溶性的黏性物质减少,发酵液略有分层,同时测得样口1、样口2处的TS、VS浓度低于其他样口的浓度,使反应器上部发酵液总COD去除率值就有所降低。另外随着水解、酸化、产气的进行,使样口1、样口2处的总COD去除率值也逐渐降低,而发酵液中比较大的颗粒及难降解的木质素等在重力的作用下在反应器的中、下部分布,总COD去除率值没有很大变化,但随着水解、酸化、产气的进行,总COD去除率值略有降低。

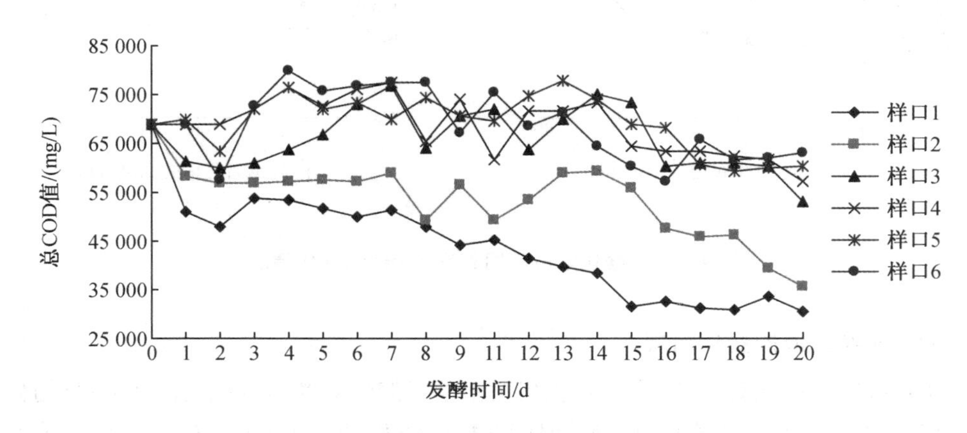

图4-12　不同高度的发酵液COD去除率的变化

4.3　不同接种物对产气特性的影响

有资料表明，厌氧微生物的生长率比好氧菌要低得多，因此厌氧反应器系统有足够的接种量要比好氧系统更重要，30% ~50% 的接种菌液（污泥）可以大大缩短启动所需要的时间；初始接种细菌的活性越高（即活性悬浮固体含量高），生长的废物越复杂，则系统中消化池的启动就越容易。据潘云霞的研究，发酵 20 天后的发酵液里含有多种微生物且其活性较高，向牛粪发酵液中加入发酵 20 天后的发酵液可提高容积产气率。

发酵原料是产沼气的物质基础，有资料表明，用人畜粪便、秸秆和杂草这些原料进行沼气发酵，从营养成分来看是比较安全而丰富的，一般不需要添加什么营养物质。本试验想通过对牛粪发酵液添加不同接种物（发酵后发酵液）的产气率等各项指标的对比，找出牛粪厌氧发酵比较好的发酵环境。同时，通过增大反应器高度（反应器Ⅱ）做相同的试验来验证试验结果的可靠性，为以后的试验提供有效参数。

4.3.1　试验设计

试验分四组，前两组使用反应器 I 进行试验，后两组使用反应器Ⅱ进行试验，前两组各取牛粪 7 756 g，1 组在牛粪发酵液里加入 7 756 mL 发酵 20 天的发酵沼液、沼渣混合物，2 组在牛粪发酵液里加入 7 756 mL 发酵 20 天后的沼液，用水各稀释成发酵浓度为 6% 的发酵液，1、2 组的有效容积不同；后两组各取牛粪 6 953 g，3 组在牛粪发酵液里加入 6 953 mL 发酵 20 天的发酵沼液、沼渣混合物，4 组在牛粪发酵液里加入 6 953 mL 发酵 20 天后的沼液，用水各稀释成发酵浓度为 6% 的发酵液，3、4 组的有效容积也是不同的。然后分别测定总 COD 去除率值、pH 值、产气量等指标并据此判断反应运行情况。

4.3.2　试验结果及分析

如表 4 -4 所示，可以看出，四组试验中以沼液为接种物的牛粪发酵液的 COD 去除率要高于以沼液、沼渣混合物为接种物的牛粪发酵液，说明 2 组和 4 组降解的较好；2 组总产气量明显高于 1 组，4 组总产气量明显高于 3 组，说明其降解的产物中较大一部分转化成了甲烷菌能够利用的底物，从而形成了甲烷气体。这说明以沼液为接种物组的发酵效果要比以沼液、沼渣混合物组为接种物的好。但是，从平均容积产气率可以看出，1 组明显高于 2 组，同时 3 组也高于 4 组，说明以沼液、沼渣混合物为接种物的牛粪发酵液降解迅速，启动时间短，缩短了试验周期，在最短时间内完成了发酵全过程，利于实践生产。

表 4 -4　牛粪发酵液不同情况下的试验结果

组别	反应器	进料 TS /%	进料 COD/(mg/L)	出料 COD/(mg/L)	COD 去除率 /%	接种污泥
1	I	6	64 896	43 207	33.42	沼液、沼渣

表 4-4(续)

组别	反应器	进料 TS /%	进料 COD/(mg/L)	出料 COD/(mg/L)	COD 去除率 /%	接种污泥
2	Ⅰ	6	56 584	30 917	45.36	沼液
3	Ⅱ	6	65 584	46 579	28.91	沼液、沼渣
4	Ⅱ	6	56 804	35 411	37.66	沼液

1. 不同接种物对 pH 值变化的影响

如图 4-13 所示,结果表明,在整个试验过程中两种处理的情况其 pH 值整体变化趋势不同,pH 值也有较大的差异,只有 2 组 pH 值低于 6.8,且比 1 组迟了 2 天才达到最小值。说明两组的水解酸化速率不同,这是因为在沼渣中含有较多的絮状悬浮体,细菌吸附在其周围使接种物中菌数较多,产酸菌快速生长繁殖,使发酵液的 pH 值快速降低。如图 4-14 所示,4 组从第 3 天到第 7 天 pH 值持续在 6.7 附近,但在甲烷菌生长繁殖的范围内,没有产生酸败现象,只是持续酸化的时间比较长,没有使 pH 值快速升高,反应器 Ⅰ 和反应器 Ⅱ 所得的 pH 值图虽然有些不同,但都是在第 4 天后,以沼液、沼渣为接种物处理组 pH 值高于沼液处理组。

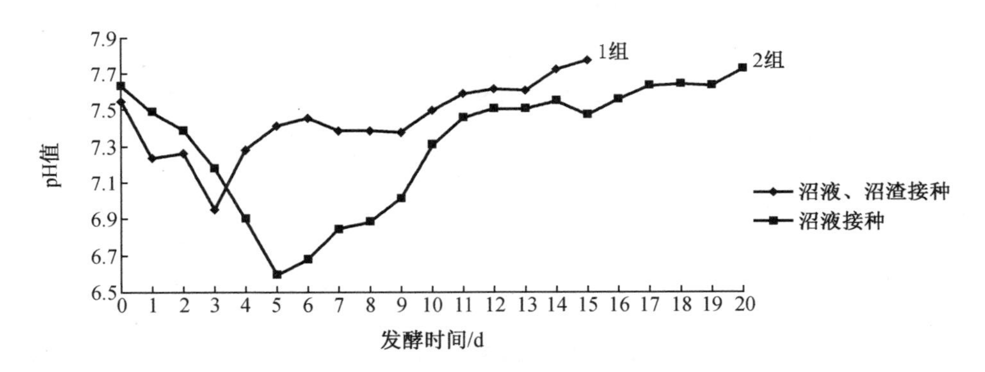

图 4-13　不同接种物对 pH 值的影响(1 组与 2 组)

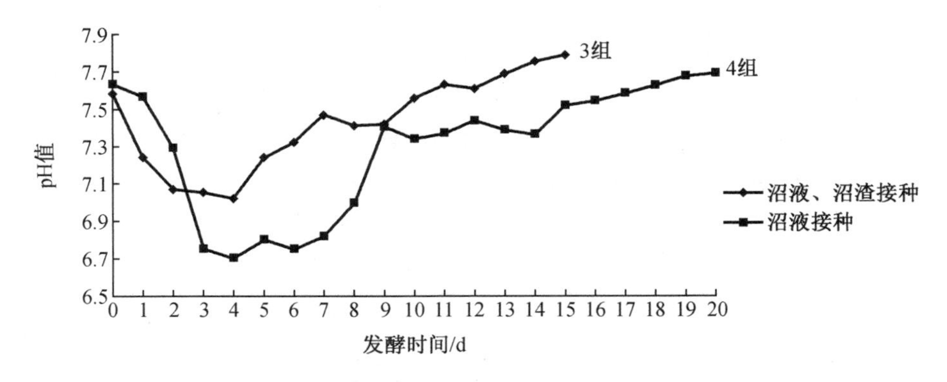

图 4-14　不同接种物对 pH 值的影响(3 组与 4 组)

2. 不同接种物对容积产气率的影响

如图 4－15 所示,前两组的容积产气率变化趋势是相接近的,都是先升高达到最大值,然后降低再升高,最后再降低,在整个发酵过程中的前 7 天内,1 组的数值一直高于 2 组,说明 1 组接种物中各种菌的活性高于 2 组,1 组是以发酵 20 天后的沼液、沼渣混合物为接种物的,接种物中的细菌在发酵之前经过了驯化过程,已经富集了产甲烷菌(沼渣一般沉降在反应器的下部分,反应器下部分是发酵液发酵的反应区,大部分细菌都集聚在反应区),产甲烷菌在开始就利用 VFA 作底物产生甲烷,而且随着 VFA 的增加,其产气量也在逐渐升高,但随着产甲烷菌利用 VFA 产生甲烷气体,底物降解的进行使 VFA 逐渐降低,所以产气量开始降低,随后由于 VFA 的降低,对产甲烷菌抑制的解除,产气量又开始回升,最后由于发酵液中的 VFA 逐渐被产甲烷菌降解而减少,产气量开始降低直至反应结束。2 组是以发酵 20 天后的沼液为接种物,接种物中的细菌在发酵之前也是经过了驯化过程,也富集了一部分产甲烷菌,所以产甲烷菌在开始也利用了 VFA 作底物产生甲烷,产气量有所升高,但是幅度不大,因为 2 组中单位体积内的细菌数量远少于 1 组,同时产甲烷菌的世代时间比产酸菌要长,也就是说产酸菌比产甲烷菌生长繁殖速率快,产酸菌的快速繁殖使发酵液中 VFA 含量逐渐增多,过多的 VFA 抑制了产甲烷菌产甲烷过程,容积产气率随着 VFA 的升高缓慢降低,随着 pH 值的升高对产甲烷菌的抑制也缓慢解除,而且富集了甲烷菌,容积产气率又快速回升。3 组和 4 组的容积产气率如图 4－16 所示,这两组产气率的变化规律与前两组很相似,都是以沼液、沼渣混合物为接种物的处理组首先快速达到了产气高峰期,之后产气比较平稳直到反应结束;沼液接种物处理组前 5 天产气变化平稳,在整个发酵过程中,也出现了一个产气高峰和两个小波峰。验证了反应器Ⅰ试验结果。

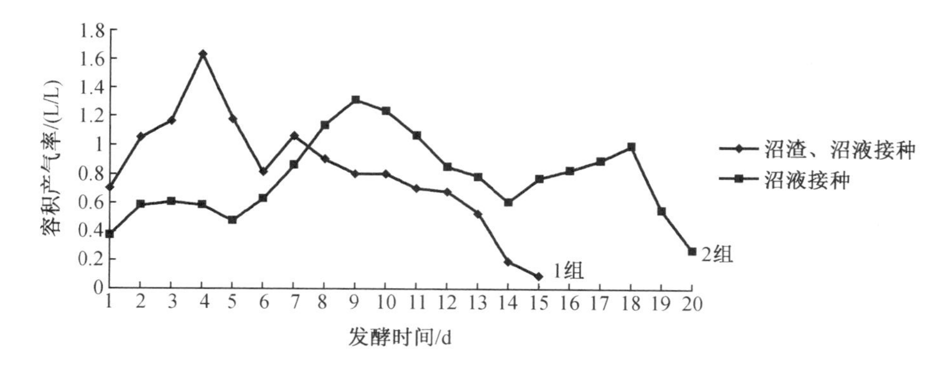

图 4－15　不同接种物对容积产气率的影响(1 组与 2 组)

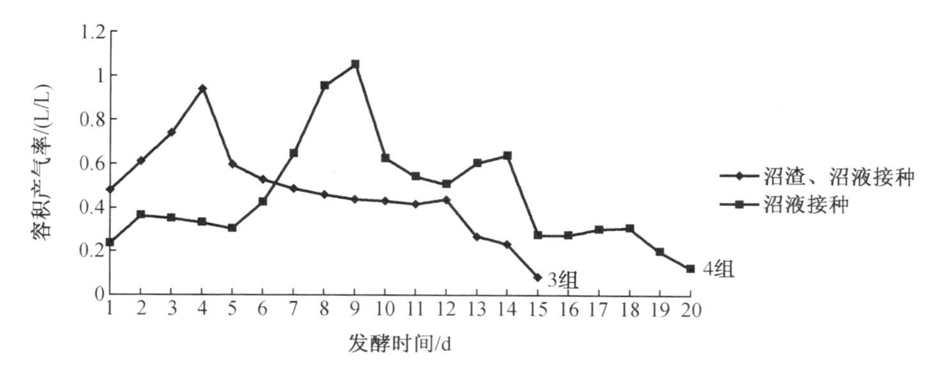

图 4－16　不同接种物对容积产气率的影响(3 组与 4 组)

3. 不同接种物对总产气量的影响

如图 4 – 17 所示,从图(a)可以看出,两组的总产气量相差明显。结合 COD 去除率和容积产气率分析,可以得出结论:1 组加入沼液、沼渣混合物为接种物后,开始时细菌活性相对就较高,容积产气率比较高,但是由于过多的沼渣影响了降解性,总产气量不是很高;2 组开始时细菌的活性较低,反应器启动缓慢,启动后,细菌活性升高,水解后的产物降解得比较好,总产气量较高,但是反应时间较长。两个发酵组的水解产酸阶段中末端产物的类型可能有所不同,2 组水解发酵后,更多的产物被产甲烷菌利用,所以总产气量很高。通过增大反应器高度,利用反应器 Ⅱ 做相同的试验,总产气量见图 4 – 17(b),同样验证了反应器 Ⅰ 所做出的结果。

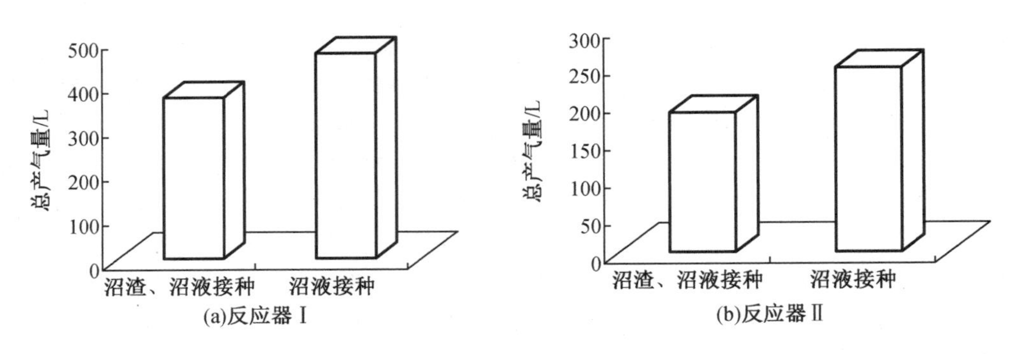

图 4 – 17　不同接种物对总产气量的影响

4. 不同接种物对平均容积产气率的影响

如图 4 – 18 所示,从图(a)可以看出,两对照组的平均容积产气率相差明显,由于接种物为沼液、沼渣混合物组,细菌的活性很高,降解快速,发酵周期短,而接种物为沼液组的反应器启动缓慢,发酵周期长,虽然总产气量很高,但是平均容积产气率却很低。所以从经济性考虑接种物为沼液、沼渣混合物组利于沼气生产。反应器 Ⅱ 的平均容积产气率如图 4 – 18(b)所示,验证了反应器 Ⅰ 所做的结果。

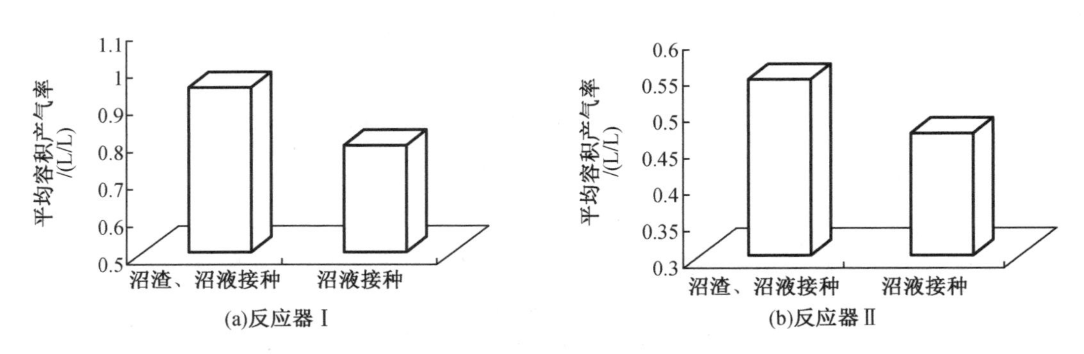

图 4 – 18　不同接种物对平均容积产气率的影响

4.4　不同浓度发酵液的厌氧发酵特性

厌氧微生物的生长繁殖需要一定的有机物,同时也需要适宜的水分,若发酵液中水分含量过多,营养物质含量就少,从而影响微生物的生长;若发酵液中水分含量较少,发酵液浓度过大,会造成有机酸积累,产生酸败现象,抑制产甲烷菌的生长,使产气过程终止。据王丽丽的研究,发酵液浓度分别为 2%、4%、6% 和 8% 进行厌氧发酵试验,试验结果表明:发酵液浓度为 6% 的发酵效果最好,其次是浓度为 8% 的发酵液。本试验探求在中温条件下,不同浓度的发酵液对产气特性的影响,在发酵液浓度 6%、8% 之间是否有个最优的发酵液浓度,它的发酵效果更好,以期找出适宜的发酵液浓度来提高产气量。

4.4.1　试验设计

本试验接种污泥是上一轮的发酵后的发酵液。采用反应器Ⅱ进行试验。试验分为两组,各取牛粪 6 953 g、发酵 20 天后的发酵液 6 953 mL ,1 组用水稀释成发酵浓度为 7.5% 的发酵液,2 组用水稀释成发酵浓度为 6% 的发酵液。然后分别测定 COD、pH 值、容积产气率等指标并据此判断反应运行情况。试验周期设置为 20 天。

4.4.2　试验结果及分析

如表 4－5 所示,从两组的容积产气率、总产气量、COD 去除率可以看出:2 组的容积产气率、总产气量要明显高于 1 组的;而 1 组的 COD 去除率高于 2 组,说明 1 组降解的比 2 组好,其降解的产物中较大一部分转化成了产甲烷菌能够利用的底物,从而形成了甲烷气体。

表 4－5　不同发酵液浓度的试验结果

组别	反应器	进料 TS /%	进料 COD/(mg/L)	出料 COD/(mg/L)	COD 去除率 /%
1	Ⅱ	6	56 804	35 411	37.66
2	Ⅱ	7.5	74 029	48 488	34.50

1. 不同发酵液浓度对发酵体系 pH 值的影响

如 4－19 所示,两组的 pH 值变化趋势是相同的,pH 值都是先降低后升高最后趋于平稳,变化范围在 6.7～7.8,这同厌氧发酵过程中水解—产酸—产甲烷过程相一致。2 组处理项从第 3 天到第 6 天 pH 值达到最低且趋于稳定,这与中间产物的过度积累有关。从第 7 天开始 pH 值已开始上升,这是因为蛋白质和氨基酸的分解产生的碱度引起 pH 值上升。

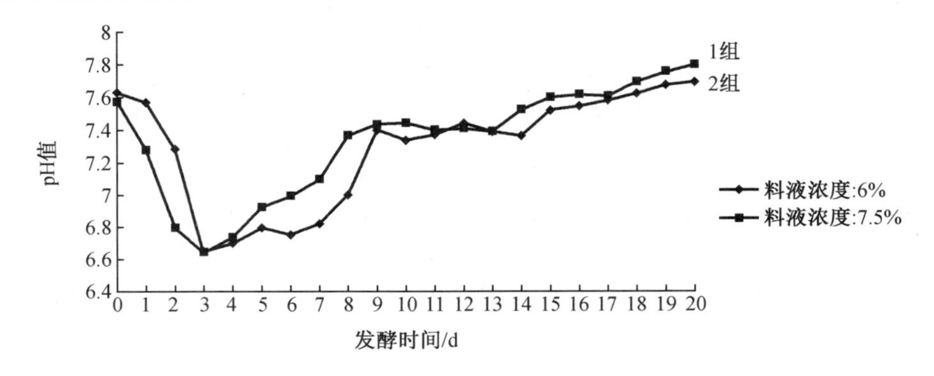

图 4 – 19　不同发酵液浓度对发酵体系 pH 值的影响

对 1 组处理项,虽然碱度增加,但由于在酸性条件下,非离子化 VFA 比例偏高,造成了酸轻度中毒,对产甲烷菌产生抑制,随着中间产物的积累,又对产酸菌和水解菌产生了反馈抑制,使有机物的水解、产酸速率降低,所以随着 pH 值升高,非离子化的 VFA 变成以离子形式存在 VFA,毒性消除,对产甲烷菌产生的抑制消除,又在短时间内恢复了其活性。

2. 不同发酵液浓度对发酵体系容积产气率的影响

如图 4 – 20 所示,两组试验的容积产气率变化趋势是相同的,都是先升高然后降低再缓慢回升。前 6 天,两组的容积产气率变化趋势完全相同,原因是两组试验的接种物都是上一轮发酵后的沼液,沼液的细菌在发酵之前经过了驯化过程,已经富集了一部分产甲烷菌,产甲烷菌在开始就利用 VFA 作底物产生甲烷,容积产气率有所增加。第 2 天到第 5 天,各组的容积产气率不变,因为沼气发酵过程中,刚进料时反应器内有空气,原料、水本身也携带有溶解氧,这对接种物中的产甲烷菌是有害的,同时,牛粪发酵液中也有一些有毒物质,使接种物的产甲烷菌活性受到一定的抑制,生长繁殖的速度比较缓慢(或产甲烷菌死亡的数目刚好接近于繁殖的数目),这时发酵液中 VFA 作底物产生甲烷就不会增多。另外,由于发酵液中产酸菌中的那些需氧和兼性厌氧微生物的活动及通过各种厌氧微生物有顺序地交替生长和代谢活动,逐步将氧消耗掉,为产甲烷菌生长和产甲烷创造适宜的厌氧环境。而产酸菌的繁殖速度大约是产甲烷菌的 15 倍,这就使牛粪发酵液中 VFA 不断积累,酸的积累可抑制产酸菌继续产酸,并且积累浓度越高反馈抑制作用越强,产甲烷菌的不断繁殖生长,在菌群中占主导作用,快速降解 VFA,使容积产气率达到最大值。随着 VFA 的降低对产甲烷菌的抑制的解除,产气量又开始回升。1 组和 2 组有机质含量都很高,发酵结束时,两组降解得都不彻底,都积累一些有机酸。但 2 组有机质含量高于 1 组,所以 2 组的总产气量高于 1 组。在整个反应周期内,2 组只出现了一个大的波峰,产气较为平稳,产气率也很高,产酸菌和产甲烷菌的代谢速度能够保持平衡,所以从整体效果来看,发酵液浓度为 7.5% 时的发酵效果较好。

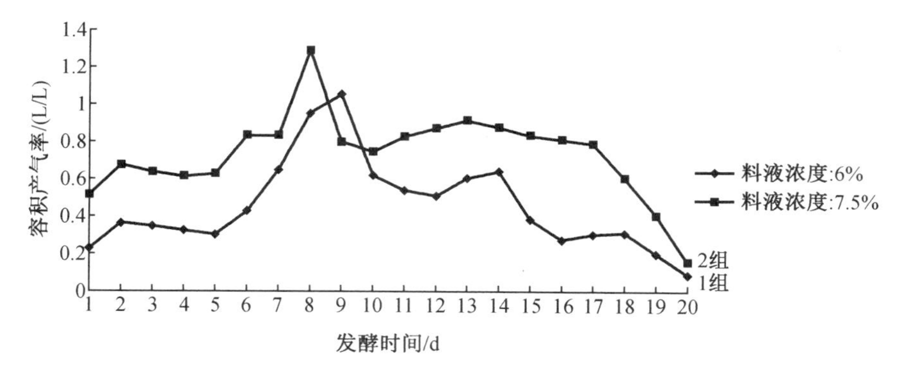

图4-20　不同发酵液浓度对容积产气率的影响

3. 不同发酵液浓度对发酵体系平均容积产气率的影响

在厌氧发酵过程中，发酵液浓度对总产气量有不同程度的影响，增加发酵液浓度，即增加发酵系统的有机负荷量，能够大幅度增加发酵周期内的总产气量，但增加到一定程度时，产酸速度过快，引起酸积累，就会破坏厌氧微生物的生长环境，抑制甲烷菌的活性，总产气量也随之降低，进而影响了平均容积产气率。本试验研究的是发酵液浓度为6%、7.5%对平均容积产气率的影响。如图4-21所示，2组的平均容积产气率明显高于1组，两组处理的平均容积产气率差异达到显著水平($0.01 < P < 0.05$)，这说明选择7.5%的发酵液浓度，对简化反应工艺、增加产气量是有益的，发酵液浓度太稀，消耗的稀释水多，这对节约用水是不利的，同时，发酵液浓度稀，消耗热量高，这在经济上也不合算；两组COD去除率都不高，说明牛粪发酵液中产甲烷菌不活跃，发酵液没有得到充分利用。

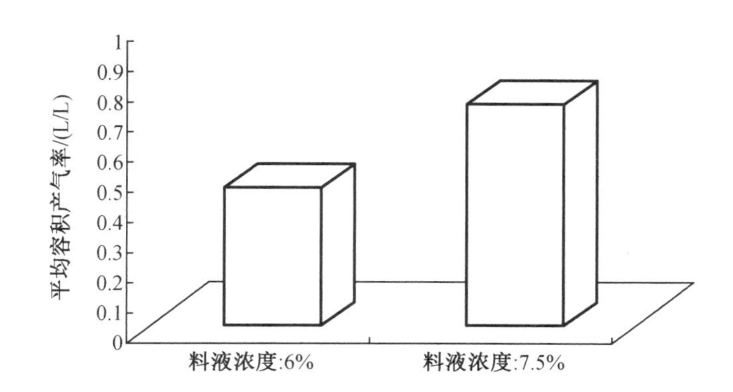

图4-21　不同发酵液浓度对发酵体系平均容积产气率的影响

两组处理中沼气主要成分及体积含量如表4-6所示。

表4-6　沼气主要成分及体积含量

时间/d	发酵液浓度:6%		发酵液浓度:7.5%		H/D:2.18（沼液接种物）		H/D:5（沼液接种物）	
	CH_4/%	CO_2/%	CH_4/%	CO_2/%	CH_4/%	CO_2/%	CH_4/%	CO_2/%
1	65.07	33.99	77.73	21.64	67.16	31.53	56.38	43.07
2	69.87	29.28	75.12	23.63	69.95	29.36	63.25	15.73
3	77.39	21.58	84.24	15.01	79.77	18.78	77.39	21.58
4	77.68	21.87	78.92	20.06	77.15	22.19	79.61	19.30
5	79.79	19.54	78.24	21.15	81.17	17.87	74.17	6.99
6	90.46	8.80	80.91	18.81	90.46	8.80	87.42	11.76
7	82.99	16.08	85.59	13.68	82.99	16.08	84.37	14.91
8	89.92	9.79	88.59	10.6	79.34	19.94	62.28	36.30
9	91.71	7.41	81.87	17.17	85.23	13.44	80.19	19.02
10	80.87	19.13	88.89	10.09	92.71	6.41	93.50	5.28
11	78.26	20.74	91.64	7.59	85.59	13.68	86.74	11.93
12	82.45	16.55	89.46	9.578	93.38	5.81	89.43	9.73
13	85.21	13.89	90.66	8.51	87.47	11.64	89.51	9.41
14	91.40	8.28	89.87	9.38	90.29	8.69	91.66	6.11
15	91.64	7.59	87.32	12.01	88.59	10.6	85.96	12.99
16	88.34	11.78	95.74	3.44	92.78	16.84	79.52	14.39
17	90.92	7.79	93.26	6.25	85.92	13.79	95.89	3.23
18	95.23	3.44	93.29	5.65	93.92	5.34	87.42	11.48
19	88.71	10.93	90.51	8.95	89.99	9.78	93.44	5.84
20	92.57	6.31	97.73	1.89	99.21	—	88.74	10.33

4.5　本章小结

（1）在发酵液浓度、接种物一定的条件下，H/D 为2.18的反应器发酵效果最优，COD去除率最高且平均容积产气率也最大，它可加快反应速度、增加产气量、提高COD去除率，H/D为6.66的反应器处理效果差，不利于产气的进行。

（2）进料后随着反应器内发酵液开始水解酸化，各样口处发酵液的pH值开始快速降低，在水解酸化高峰期间，同一时间各样口处pH值有所不同，并在pH值降到最小值时，各样口处pH值差异最明显，从反应器底部向上不断升高，pH值也跟着逐渐增大；而当容积产气率达到峰值后，各样口处pH值相接近。从整体上看，同一时间各样口处发酵液中可溶性COD去除率值变化趋势相同，都先增大后逐渐降低且可溶性COD去除率值相接近；而样口

1、样口 2 处总 COD 去除率值明显降低，但其余样口处的总 COD 去除率值变化不大。

（3）不同接种物与发酵液浓度同样影响有机物的降解。接种物为沼液、沼渣混合物和只有沼液的处理在反应周期内总产气量及 COD 去除率差异很大，但在前 15 天，接种物为沼液、沼渣混合物处理组的容积产气率明显高于沼液的处理组，这对缩短系统反应周期是有利的。

（4）在中温 35 ℃条件下，接种物浓度相同而发酵液浓度分别为 6% 和 7.5% 的两处理组，两组处理平均容积产气率差异达到显著水平；发酵液浓度为 7.5% 的处理组 COD 去除率不高，但从整个反应过程变化趋势来看，发酵液浓度为 7.5% 的处理组产气率大，产气效果好。

第5章　35 ℃时高浓度发酵料液处理工艺研究

厌氧发酵是一个由多种微生物参与并协同作用的复杂的生物过程，所以在几十年的厌氧发酵实践和设计中，始终围绕着保持微生物数量、增强微生物活性、改善微生物的生长繁殖的环境条件，在加强微生物与基质的传质效果等方面对厌氧发酵过程进行改进和完善，使厌氧发酵的效率大大提高。ASBR 反应器在空间上是完全混合式反应器，搅拌的目的在于使不同料液相互充分接触，加速相间传质，提高反应效率，缩短周期。有机负荷是影响 ASBR 工艺的一个重要参数，不同的有机负荷对产气量和处理效果影响很大。ASBR 反应器对于处理高浓度或低浓度废水均能取得较好的处理效果。ASBR－SBR 技术利用 ASBR 反应器的低能耗、高效率的优点，兼顾 SBR 脱氮除磷功能，在厌氧中温、好氧常温条件下对高浓度有机废水进行处理。

5.1　试验设计

5.1.1　ASBR 处理工艺研究

试验采用 *H/D* 为 5，总容积为 30 L 和有效容积为 26 L 的 ASBR 反应器进行试验。首先进行 ASBR 反应器的启动。成功启动后，对 ASBR 反应器测试了 8 种负荷，有机负荷从 1～8 gVS/(L·d)，通过使用不同的水力停留时间来改变有机负荷。在测试有机负荷 1～7 gVS/(L·d)时，给反应器足够的时间运行，直到产气量和出水水质稳定后再进行下一个有机负荷的测试。每天监测产气量、气体成分、出料 pH 值、COD、SCOD、TS、VS 指标，据此判断反应运行情况。以此方式运行，进行不同进料浓度的试验，进料浓度分别为 30 gVS/L、46.06 gVS/L 和 61.2 gVS/L。每天监测各项指标，分析不同浓度对 ASBR 反应器处理效果的影响。然后根据试验得出的最佳有机负荷进行不同搅拌方式的试验，搅拌设计为间歇搅拌方式，以三种方式进行试验，分别是 3 min/h、1.5 min/30 min 和 1 min/20 min。每天监测各项指标，得出最佳搅拌方式。在处理试验数据过程中，除每日产气量外，其他数据采用平均值法，即使用三次试验数据的平均值。分析用的试验结果采用稳定期七天数据的平均值。

5.1.2　ASBR－SBR 处理工艺研究

试验反应周期为 12 h，四个阶段时间分配分别为进料 5 min，出料 5 min，沉淀 2 h，反应 9 h 50 min。ASBR 反应器温度控制在(35±1)℃，有机负荷为 6 gVS/(L·d)运行，有机负荷的选择是根据先前的研究结果所选取的。SBR 反应器的总容积为 5L 和有效容积为 3L，温度控制在(20 ±1)℃，周期是 12 小时，每天进出料两次，SBR 反应器曝气装置为养鱼用加氧气泵改制，SBR 反应器曝气采用间歇曝气方式，曝气时间由数字时间控制器控制。曝气时间如表 5 -1 所示。每天监测 ASBR 反应器和 SBR 反应器出料 COD、SCOD、TS、VS、TN、NH_3-N、NO_2-N、NO_3-N、pH 的数值。在处理试验数据过程中，除每日产气量外，其他数据采用平均值法，即使用三次试验数据的平均值。分析用的试验结果采用稳定期七天数据的平均值。

表 5 -1 SBR 的进料时间分配

↓进料		↓进料		↓进料		出料↑
闭气	曝气	闭气	曝气	闭气	曝气	闭气
1.5 h	2 h	1.5 h	2 h	1.5 h	2 h	1.5 h

碳元素是抑制反硝化反应的主要原因。尽管 SBR 中含有足够多的有机物，但大多是相对较难消化的，容易消化的有机物在 ASBR 中已被基本消化，使得 SBR 中无足够的碳元素被反硝化菌利用。因此要想通过反硝化反应完全脱氮则需要添加碳元素。由于牛粪混合液中含有大量的 SCOD，而且 SCOD 大多是容易生物降解的，因此，选择进料混合液做添加碳源。牛粪混合液静置 24 h 后，取表层液体测其 COD、SCOD。将取到的表层液体稀释至与 SBR 进水的 SCOD 相同，然后按 SBR 进水体积的 15% 加入 SBR 进水中。

5.2 ASBR 反应器处理牛粪的研究

筛过的牛粪料液由蠕动泵定量进入 ASBR 反应器，搅拌由微电脑时间控制器按周期自动搅拌，经过反应和沉淀阶段，出料由蠕动泵泵出，ASBR 完成一个工作周期的运行，并进入下一个工作周期。

ASBR 反应器是在温度为(35 ±1)℃和有机负荷为 1 gVS/(L · d)浓度的条件下启动的，试验用接种物已在厌氧反应器培养了 2 个月。ASBR 反应器的启动是让厌氧微生物增殖，产生各种厌氧微生物种群，适应新的环境，建立新的生态系统，达到稳定的去除效果。ASBR 启动试验研究的主要内容是在温度(35 ±1)℃条件下，反应器的启动运行特性，确定启动的参数、条件及运行措施。由于试验条件和时间的限制，所以在本试验中，未把颗粒污泥量作为启动成功的标志。ASBR 反应器启动成功的标志为在一周的时间内，每天沼气产气率变化小于 5% 。

如图 5 -1 所示为 ASBR 反应器启动阶段产气量逐日变化曲线。由图 5 -1 可知，在 ASBR 反应器启动初期的 1 ~9 d，反应器产气量虽有小幅波动，但整体呈上升趋势，反应器产气量由启动第 1 天的 4.07 L/d 上升到 9.42 L/d。随着启动时间的增加，反应器中的微生物逐渐适应了新的环境，微生物的活性逐渐增加，从而使反应器的效能逐渐提高。产气量逐渐稳定在较小的范围内波动,在 8.53 ~8.88 L/d 波动。

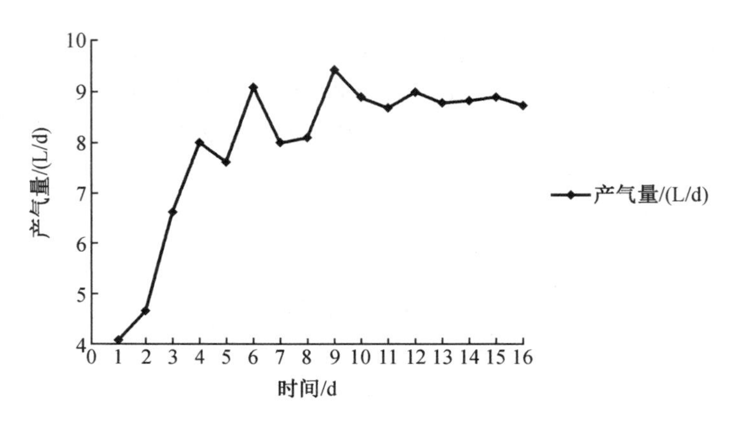

图 5 -1　日产气量的变化

如图 5 -2 所示为 ASBR 反应器启动阶段 pH 值逐日变化曲线。由图 5 -2 可知,pH 开始时波动较大,但整体呈上升趋势。pH 值的变化与产气量有一定的关系,但略迟滞于产气量的变化。当产气有恶化趋势时,随后的 pH 才会降低。在整个启动阶段,反应器内 pH 值在 6.9 ~7.2 变化,处于产甲烷菌生长的最佳 pH 范围。因此,从 pH 值判断,启动过程中厌氧污泥消化状况良好。

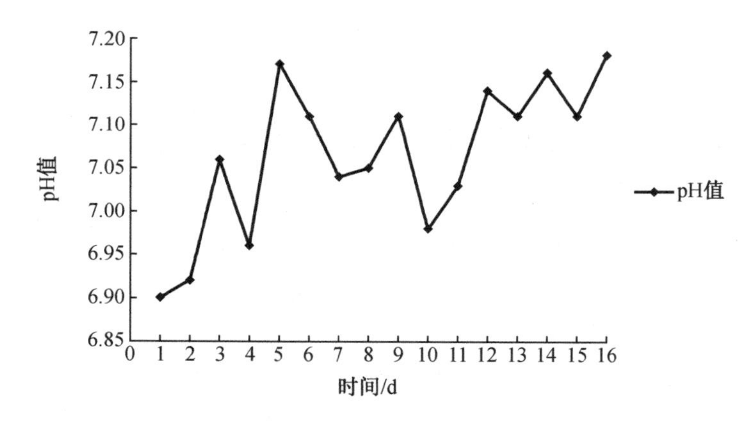

图 5 -2　每日 pH 值的变化

在启动过程中同时对 ASBR 反应器内 pH 进行监测。由于牛粪的厌氧发酵过程是一个多菌群相互交替作用的复杂过程,参与代谢的微生物菌群也相当复杂,有水解性细菌、还原乙酸细菌、产甲烷菌等,产酸菌利用水解菌产生的可溶性底物产生挥发性脂肪酸(VFA),产甲烷菌利用 VFA 产生 CH_4,这种过程是一种动态平衡。产气量低、pH 明显降低、VFA 的大量积累就标志着发酵系统失败。在厌氧发酵初期,由于碳水化合物和蛋白质在厌氧过程中能释放出很多的能量,有利于微生物更快的生长,所以其代谢产生的大量甲酸、乙酸和原子氢等中间产物,使系统中 VFA 浓度增高,刺激甲烷菌不断繁殖生长。有机酸在一定范围内的增加不会对甲烷菌产生很大的影响,因为在厌氧发酵过程中,蛋白质和氨基酸分解的同

时产生 NH_4-N、碳酸氢盐等增加了碱度，能够缓解发酵过程产生的过量的酸，使 pH 值没有明显的降低，pH 值的变化是 VFA 和碱度综合作用的结果。

通常情况下，厌氧处理时应控制 pH 值在 6.5 ~ 7.8，这也是产甲烷菌保持最佳活性的 pH 范围。反应器内 pH 维持在这一范围是非常重要的，因为在厌氧反应时，产酸菌的产酸速率要高于产甲烷菌的产甲烷速率，如果进水中的碳水化合物较多则由于产酸菌的快速反应而使反应器内的挥发酸不断积累，从而不可避免地引起整个反应系统的酸化，导致 pH 值的下降。当 pH 值降到 6.2 ~ 6.5 以下时，就会抑制产甲烷菌的生物活性。

5.3　有机负荷对处理效果的影响

5.3.1　单位 VS 产气量的变化

如图 5 - 3 所示，随着有机负荷的增加，单位 VS 产气量先小幅上升然后逐渐下降，虽然在有机负荷为 5 ~ 6 gVS/(L · d) 时有小幅上升，但总体呈下降趋势。有机负荷从 1 gVS/(L · d) 上升到 2 gVS/(L · d) 时，单位 VS 产气量从 0.34 L/gVS 增加到 0.38 L/gVS，增幅最大。有机负荷为 5 ~ 6 gVS/(L · d) 时，单位 VS 产气量小幅上升，分别为 0.33 L/gVS 和 0.35 L/gVS。随着有机负荷继续增加，单位 VS 产气量迅速下降到 0.22 L/gVS。单位 VS 产气量是衡量进料产气效果的重要指标，单位 VS 产气量越高说明产气效果越好，发酵越充分。但是评价最优有机负荷还需和其他的指标综合分析。

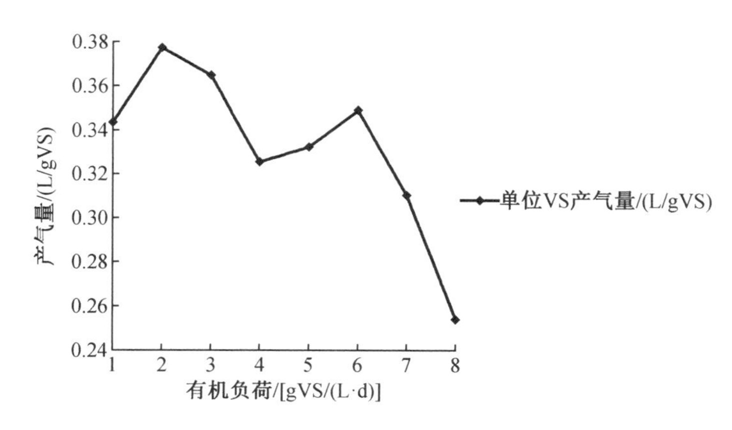

图 5 - 3　ASBR 反应器不同有机负荷下的单位 VS 产气量

5.3.2　日产气量的变化

如图 5 - 4 和图 5 - 5 所示，随着有机负荷的增加，日产气量逐渐上升，在有机负荷为 7 gVS/(L · d) 时到达产气最高峰。有机负荷从 1 gVS/(L · d) 上升到 2 gVS/(L · d) 时，日产气量从 8.93 L/d 增到 19.63 L/d，增幅最大。随着有机负荷的每次上升，日产气量增幅较稳定，当有机负荷达到 6 gVS/(L · d) 时，日产气量已经接近最高峰值。有机负荷从

6 gVS/(L·d)增加到7 gVS/(L·d)时，日产气量从54.46 L/d增到56.42 L/d，日产气量仅增加不到2 L/d，说明6 gVS/(L·d)的有机负荷已经接近反应器的最大有机负荷，单位空间的产酸菌、产甲烷菌等菌群的密度已经到达饱和，不能继续增加，导致产气量增幅很小。当有机负荷从7 gVS/(L·d)增加到8 gVS/(L·d)时，日产气量开始下降，而且达到稳定后也没有上升到有机负荷为7 gVS/(L·d)时的水平。

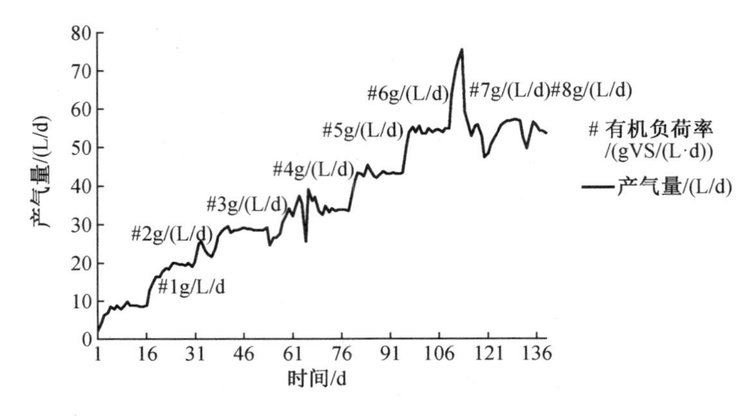

图5-4　ASBR反应器不同有机负荷下的日产气量

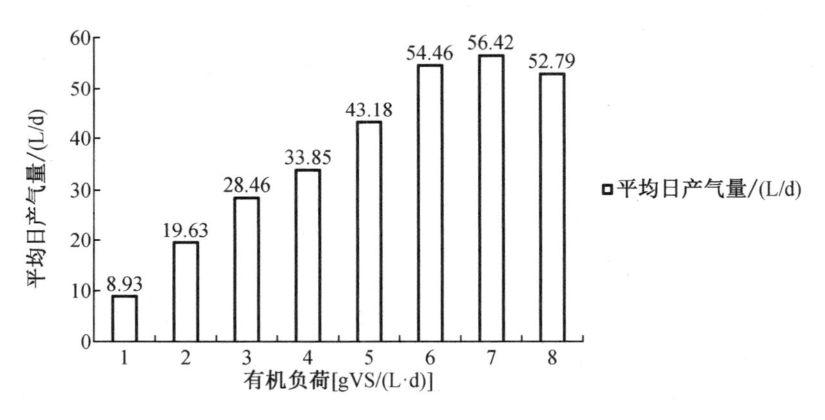

图5-5　ASBR反应器不同有机负荷的平均日产气量

5.3.3　容积产气率的变化

容积产气率是标志厌氧发酵系统中反应器处理效果的重要参数，容积产气率越高说明反应器的处理效果越好和转化的速率越快，经济性越好。生产实践中，在相同的发酵温度、试验底物与浓度时，说明一个反应器处理效果如何都以容积产气率作为评价标准。

如图5-6所示，随着有机负荷的增加，容积产气率稳步上升，在有机负荷为6 gVS/(L·d)以后开始平缓增加，在有机负荷为7 gVS/(L·d)时达到顶峰，然后缓慢走低。容积产气率从有机负荷为1 gVS/(L·d)时的0.34 L/L一直增加到有机负荷为6 gVS/(L·d)时的2.09 L/L，有机负荷为7 gVS/(L·d)时达到最高容积产气率2.17 L/L。如果从产气量和经济性方面综合分析，最佳有机负荷应为6 gVS/(L·d)，但是还要结合其他指标分析处理效果才能确定 ASBR 反应器的最佳有机负荷。

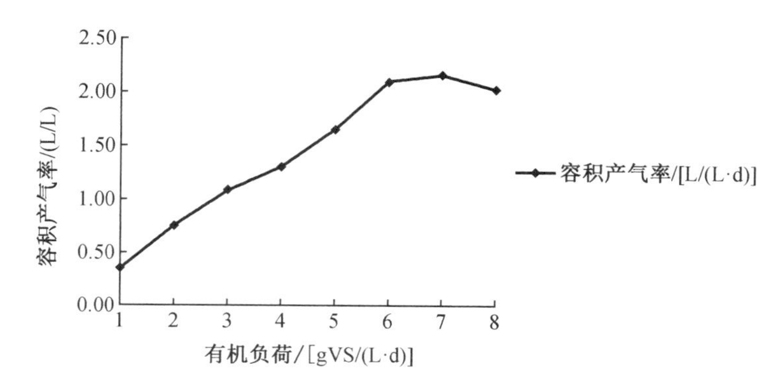

图 5-6 ASBR 反应器不同有机负荷下的容积产气率

5.3.4 气体成分的变化

从图 5-7 可以看出,不同有机负荷下的气体成分变化不大。CH_4的含量从有机负荷为 1 gVS/(L·d)时的 70.82% 缓慢增加到有机负荷为 5 gVS/(L·d)时的 75.7%,在有机负荷为6 gVS/(L·d) 时含量较高为 82.10%,在有机负荷为 7 gVS/(L·d)时又下降到71.23%。CO_2的含量成缓慢下降趋势,从有机负荷为 1 gVS/(L·d)时的 28.28% 下降到有机负荷 6 gVS/(L·d)时为 15.62%,在有机负荷 7 gVS/(L·d)时有增加到 26.8%。水的含量较低在0.9% ~2.27% 变化。其他气体含量非常低,总量小于 0.018%。

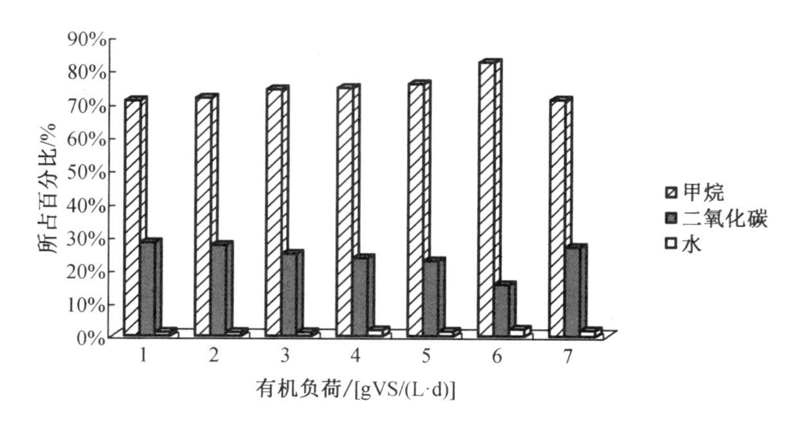

图 5-7 ASBR 反应器不同有机负荷下的气体成分

5.3.5 pH 值的变化

如图 5-8 所示,随着有机负荷在适合的范围内增加,pH 值的总体趋势是平稳的,波动范围比较小。在有机负荷为(1 ~6) gVS/(L·d)时 pH 值变化很小,pH 值波动范围也基本相同。这说明在这几种有机负荷情况下,产酸与分解酸产生甲烷的速度处于一个相对平衡状态,反应器稳定运行,说明此时的有机负荷比较适合。在有机负荷为 7 gVS/(L·d)时,

pH 值波动范围突然增大,说明反应器内的产酸与分解酸产甲烷的平衡不稳定,此时有机负荷已经接近反应器稳定运行的极限。在有机负荷为 9 gVS/(L·d)时,pH 值持续下降,说明反应器内产酸与分解酸产甲烷的平衡已经被破坏,有机酸大量积累,这时的有机负荷已经太大。

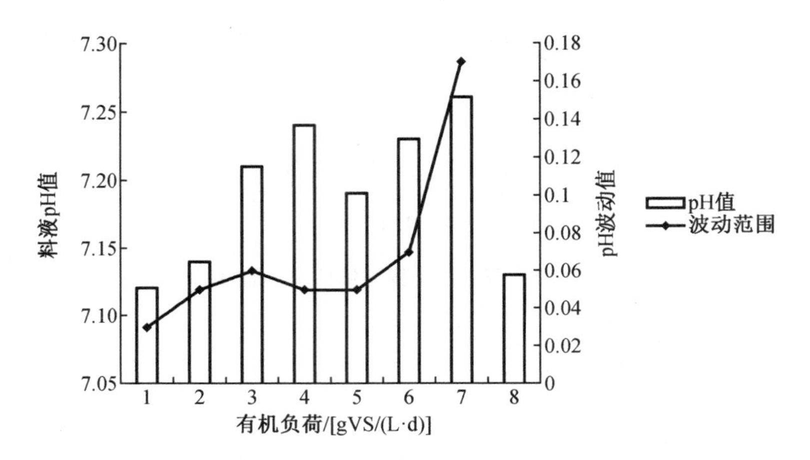

图 5-8　ASBR 反应器不同有机负荷下 pH 值及波动范围的变化

厌氧消化液的实际 pH 值主要由溶液中的酸性物质及碱性物质的相对含量决定,而其稳定性则取决于溶液的缓冲能力。在厌氧发酵过程中会产生各种酸性和碱性物质,它们对消化液的 pH 值往往起支配作用。消化液中产生的酸性物质主要为挥发性脂肪酸和溶解的碳酸。挥发性脂肪酸是碳水化合物和脂类物质经发酵细菌和产氢产乙酸细菌的共同作用而形成的不同层次的代谢产物。绝大多数为乙酸、丙酸、丁酸,它们的电离常数比较接近,产生的酸碱效应相差不大。消化液中形成的碱性物质主要是氨氮,它是蛋白质、氨基酸等含氮物质在发酵细菌脱氮基作用下形成的。微生物对 pH 值有一个适应范围,并且对 pH 值的波动十分敏感。一般而言,微生物对 pH 值的变化的适应要比其对温度变化的适应慢得多。产酸菌自身对环境 pH 值的变化有一定的影响,而产酸菌对环境 pH 值的适应范围相对较宽,一些产酸菌可以在 pH 值为 5.5~8.5 的环境下生长良好,有时甚至可以在 pH 值为 5.0以下的环境中生长。产甲烷菌的最适 pH 值随甲烷菌种类的不同略有差异,适宜范围大致是 6.6~7.5。pH 值的变化将直接影响产甲烷菌的生存与活动。一般来说,反应器的 pH 值应维持在 6.5~7.8,最佳范围在 6.8~7.2。

5.3.6　COD、SCOD 去除率的变化

如图 5-9 所示,随着有机负荷在适合的范围内增加,SCOD 去除率变化较大;COD 去除率变化不太大,总体趋势随着有机负荷的增加而减小。在有机负荷为 1~2 gVS/(L·d)时,COD 去除率和 SCOD 去除率变化不大,分别为 48.64%~44.54% 和 41.53%~36.52%。有机负荷为 3 gVS/(L·d)时 SCOD 去除率达到最高为 74.14%,COD 去除率也达到了 46.71%。随后 COD 去除率在有机负荷为(4~7)gVS/(L·d)时变化比较平稳,在33.46%~36.67%的范围波动。

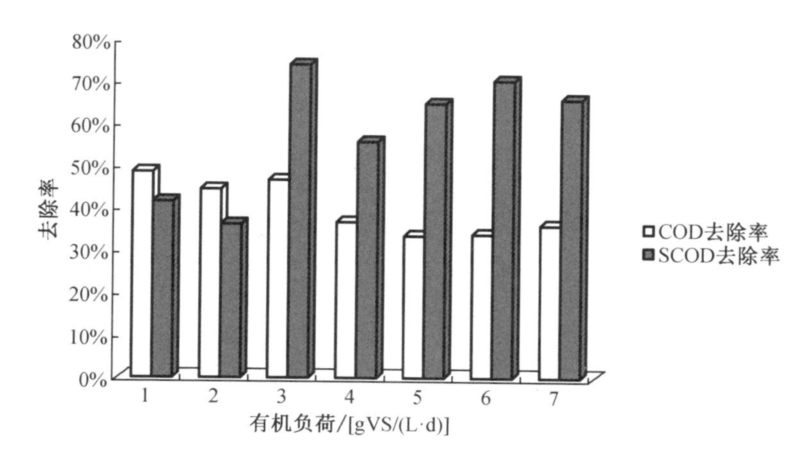

图 5－9　ASBR 反应器不同有机负荷下的 COD 和 SCOD 去除率变化情况

SCOD 去除率在有机负荷为 4 gVS/(L·d)时表现较差,仅为 55.73%。COD 去除率和 SCOD 去除率随着有机负荷增加有所回升,在有机负荷为 6 gVS/(L·d)时,SCOD 去除率达到 70.43%。继续增加有机负荷,SCOD 去除率下降至 65.95%。

COD 去除率代表发酵系统中有机物的去除率,凡是能够被强氧化剂氧化的物质都能表现出 COD,因此测得的实际 COD 既包括了有机物,也包括了无机物,并且有机物中又可分为易被生物降解的和难被生物降解的。通常的厌氧发酵主要是使易被生物降解的有机物得到分解和转化。牛粪厌氧发酵是多种微生物协同代谢的过程,各种厌氧菌群的共同作用有助于有机质的降解和转化。在各厌氧菌群的代谢过程中,产生的大量甲酸、乙酸和原子氢等中间产物,使 VFA 的浓度增高。这在一定程度上会影响 COD 去除率,使 COD 去除率在反应过程中不总是随着反应的进行而逐渐降低。蛋白质水解酸化后,COD 去除率并不降低反而增加。并且在常温下,产酸菌(其中包括丁酸梭菌、其他梭菌、乳酸杆菌和革兰氏阳性小杆菌等)的代谢速度比甲烷菌的代谢速度快得多,有可能在发酵周期结束时,仍剩余一部分有机酸未被转化而影响 COD 去除率。反应器在较高有机负荷下出水 COD 去除率仍然表现较好。如果从出水质量考虑,有机负荷为 3 gVS/(L·d)最好,如果结合产气量则有机负荷为 6 gVS/(L·d)综合表现最好。

5.3.7　TS、VS 去除率

本试验测试了在有机负荷为 6 gVS/(L·d)和 7 gVS/(L·d)稳定运行时的 TS、VS 去除率。有机负荷为 6 gVS/(L·d)时,TS、VS 去除率分别达到了 31.16% 和 34.46%,有机负荷为 7 gVS/(L·d)时,TS、VS 去除率分别达到了 27.36% 和 30.65%。

5.4　进料浓度对处理效果的影响

进料浓度对 ASBR 反应器的处理效果有着显著的影响,不仅表现在有机物的去除,更表现在产气量的高低。试验测试了三种不同的进料浓度,分别是 30 gVS/L、46 gVS/L、61.2 gVS/L,料液均是兑水稀释并用 2×2 mm 钢网筛过的。以下是对试验数据的分析。

5.4.1 日产气量的变化

如图 5-10 和图 5-11 所示,随着进料浓度的增加,日产气量显著增加,从 30 gVS/L 时的 45.57 L/d,增加到 61.2 gVS/L 时的 54.46 L/d。这是由于不同浓度的进料会形成不同的水力停留时间,这使料液在反应器内停留的时间也不一样,一般来说发酵时间越长,发酵越彻底,产气量越高。但是过高浓度会导致料液混合不充分,搅拌困难并在搅拌时泡沫增多,而这些又会影响发酵和产气效果。

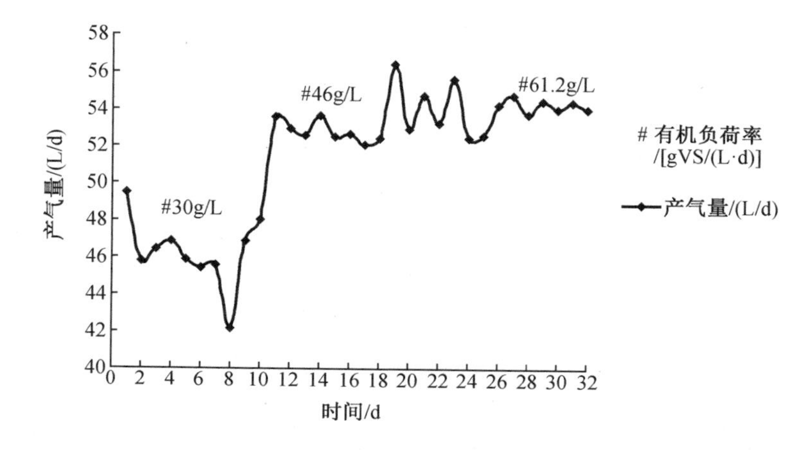

图 5-10 不同进料浓度时日产气量的变化

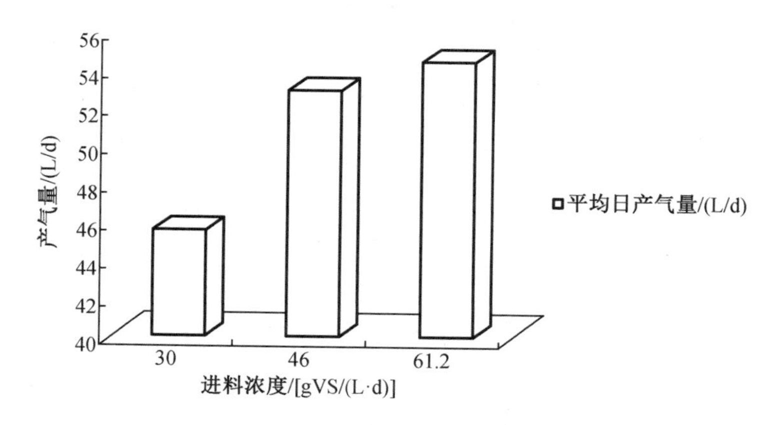

图 5-11 不同进料浓度稳定时平均日产气量的变化

5.4.2 气体成分的变化

如图 5-12 所示,进料浓度分别为 30 gVS/L 和 46 gVS/L 时,沼气中的成分相差很小,甲烷含量分别为 81.73% 和 82.10%,而在 61.2 gVS/L 时甲烷含量下降为 79.63%。水的含量变化不大,其余体积基本被二氧化碳所占据,其他气体含量甚微。

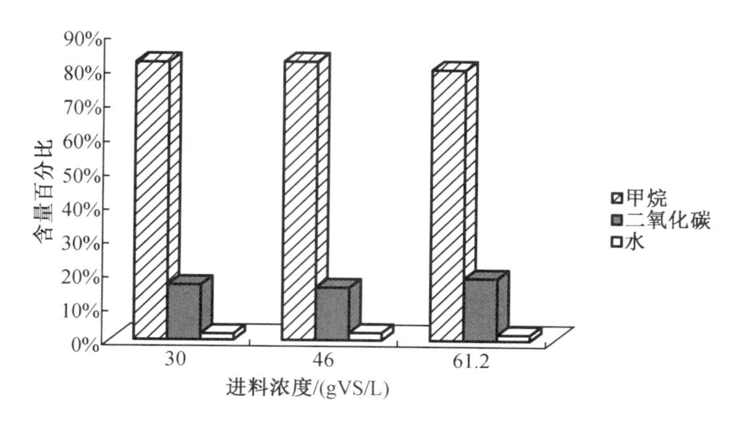

图5－12　不同进料浓度稳定时气体成分的变化

5.4.3　单位VS产气量的变化、去除率的变化

如图5－13所示，单位VS产气量呈逐渐上升的趋势，从进料浓度为46 gVS/L到61.2 gVS/L的增幅比较小，在进料浓度为61.2 gVS/L时达到了0.35 L/g，这说明此时发酵效果较好。如图5－14所示，COD去除率和SCOD去除率没有太大的变化，只是在进料浓度为61.2 gVS/L时略有降低，COD去除率从35.29%下降到31.25%，SCOD去除率从70.58%下降到63.26%。TS去除率和VS去除率却随着进料浓度的增大呈上升的趋势，TS去除率从5.54%上升到31.16%，VS去除率从11.07%上升到34.46%。

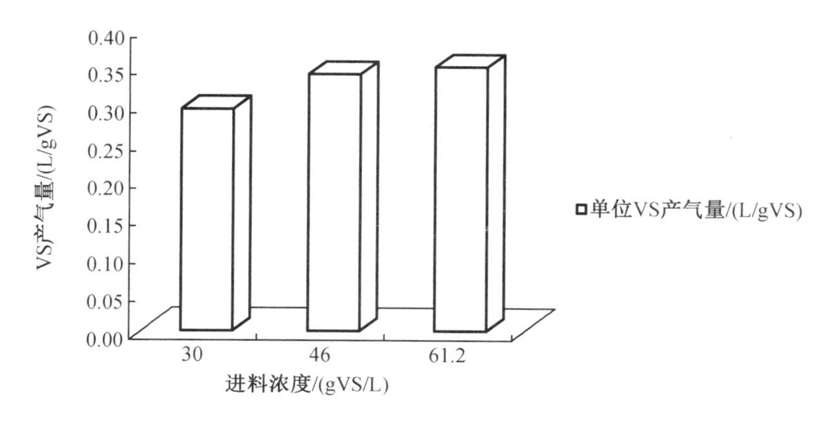

图5－13　不同进料浓度单位VS产气量的变化

5.4.4　pH值的变化

如图5－15所示，pH值在进料浓度为30 gVS/L到46 gVS/L时变化较小，pH值在进料浓度为61.2 gVS/L时升高到7.32。pH值波动范围在进料浓度为30 gVS/L时波动最大，在46 gVS/L波动最小。这可能是由于进料浓度低时，进料量比较大，对ASBR反应器内的微生物环境以及pH值冲击较大，造成pH值波动范围较大。在进料浓度高时，由于搅拌效果的变差导致产酸的局部积累，使pH值波动范围变大。

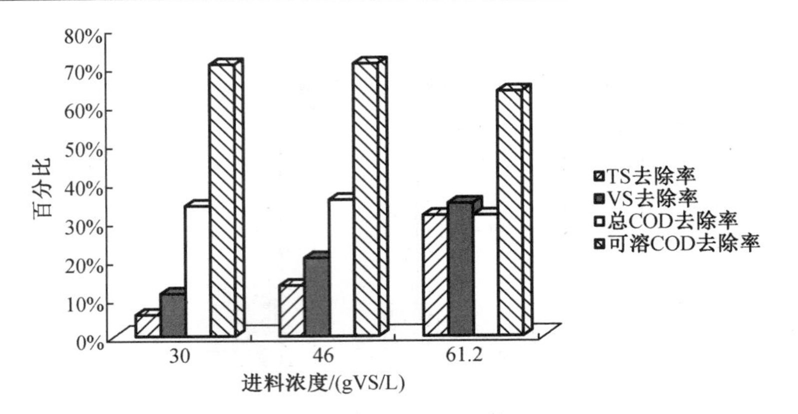

图 5-14　不同进料浓度去除率的变化

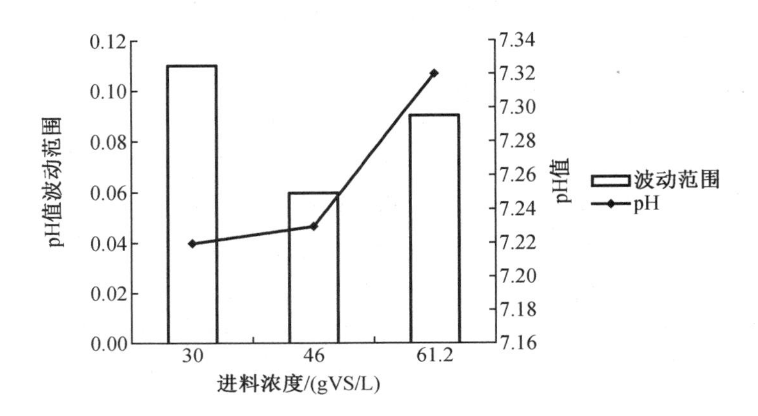

图 5-15　不同进料浓度气体 pH 值及波动范围的变化

5.4.5　产气速度的变化

如图 5-16 所示,不同的进料浓度,其产气速度都是逐渐减小的。在反应初始,COD 去除率得以很快地降解,主要是由于 ASBR 反应器是一种理想的时间序列推流式反应器装置,在这种理想的推流式反应器中无反混现象,因而在反应器起始的时候由于 COD 去除率浓度大,所以反应速率也大,单位容积转化率高。在进料浓度为 30 gVS/L 时变化曲线较圆滑,没有较大波动。

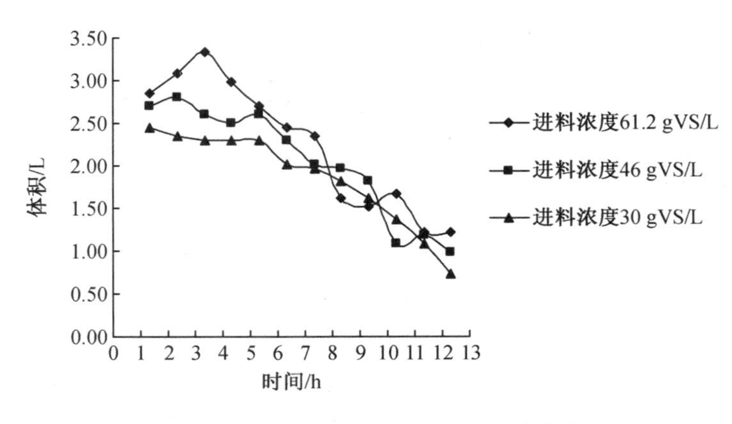

图 5-16　不同进料浓度时产气速率的变化

在进料浓度为 46 gVS/L 和 61.2 gVS/L 时,变化曲线波动较大,产气速度不稳定。在前 7 个小时中,进料浓度高的产气量高于浓度低的产气量,在随后的时间里变化规律不明显。这是因为在反应的最初阶段,原料中丰富的有机物为适应环境快且代谢能力强的产酸细菌提供了生长繁殖的良机,将有机物迅速转化为脂肪酸;而适应环境慢及代谢能力弱的甲烷细菌无法将这些脂肪酸吸收利用,致使脂肪酸积累起来,导致溶液的 pH 值降低。其后,随着甲烷细菌对环境的逐渐适应,利用脂肪酸的速率逐渐增大;更重要的是由于之后分解的含氮有机物开始分解(氨化作用),溶液中氨氮含量迅速增加;基于以上两方面的原因,溶液的 pH 值下降趋势受到抑制,并转而出现上升趋势。此后,溶液中有机物量逐渐减少,而甲烷细菌利用脂肪酸的能力并未因此而减弱。其结果使 pH 值慢慢上升,越过 7.0,最后达到较高值。

5.5　搅拌对处理效果的影响

本试验以三种方式在温度为 35 ℃、有机负荷为 6 gVS/(L·d)下进行试验,分别测试搅拌频率为 3 min/h,1.5 min/30 min,1 min/20 min 的搅拌效果的差异。试验数据如表 5-2 所示。试验结果表明,三种搅拌方式对产气量的影响差异不显著,而 3 min/h 的搅拌方式下 VS 去除率略低。由于气泵的频繁开启会影响使用寿命,所以采用 1.5 min/30 min 的搅拌方式。

表 5-2　在不同搅拌频率下的试验结果

搅拌时间	产气量/(L/d)	TS 去除率/%	VS 去除率/%	COD 去除率/%	SCOD 去除率/%
1 min/20 min	54.29	31.10	33.56	32.91	71.31
1.5 min/30 min	53.91	30.87	33.27	31.83	70.11
3 min/h	53.75	29.54	30.34	32.67	70.5

5.6　ASBR-SBR 系统处理高浓度发酵料液研究

ASBR-SBR 系统的试验数据如表 5-3 所示。从试验结果可以看出,ASBR-SBR 工艺获得了较高的污染物去除率。COD 去除率在两个阶段的表现都很好,达到了 58.72%。SCOD 在 ASBR 阶段表现很好,在 SBR 阶段却有所上升。TS、VS 去除率在两个阶段都有明显的增加,但是在 SBR 阶段去除率没有预期的好。TN 去除率在好氧阶段,去除率达到预期的效果,只有 63.94%。NH_3—N 的去除率较高,达到了 94.37%。SBR 出料中 NO_2-N、NO_3-N 的含量比较理想,分段进料和适当添加适量的碳元素对降低 SBR 出料中 NO_2-N、NO_3-N 的含量起到了明显的效果。因为碳元素的不足是抑制 SBR 中反硝化反应的主要原因，通过反硝化反应完全脱氮，需要添加碳元素。在 SBR 的进料中添加体积为进料 15% 的牛粪混合液的表层液体，分 3 次进料，几乎可完全的实现氨氮完全硝化和反硝化转换，并可获得较高的 COD、TN 去除率。

表 5－3　ASBR－SBR 系统的试验结果

检测项目	ASBR		SBR 三次分段进料	
	进料/(g/L)	出料/(g/L)	出料/(g/L)	去除率/%
COD	97.16	49.70	40.11	58.72
SCOD	22.03	5.24	5.90	73.22
TS	75.47	57.52	51.21	32.15
VS	61.21	40.12	35.67	41.73
TN	5.63	5.63	2.03	63.94
NH_3-N	2.13	2.36	0.12	94.37
NO_2-N	0	0	38	—
NO_3-N	0	0	45	—
pH	6.80	7.33	8.60	—

5.7　本章小结

(1)在试验的条件下对指标的分析可以看出，如果侧重处理效果来评价有机负荷，那么很显然有机负荷为 3 gVS/(L·d)是最优，因为此时的 SCOD 去除率最高为 74.14%，而且 COD 去除率也比较高，达到了 46.71%，单位 VS 产气量也比较高，达到了 0.36 L/g。如果侧重经济性兼顾处理效果来评价，则有机负荷为 6 gVS/(L·d)是最优，因为此时容积产气率达到了 2.09 L/(L·d)接近最大值，而且 SCOD 去除率最高为 70.43%，COD 去除率较高，达到了 33.74%，单位 VS 产气量也比较高，达到了 0.35 L/g。

(2)从对牛粪混合料液的综合处理效果上，进料浓度为 46 gVS/L 和 61.2 gVS/L 时明显优于低浓度组。进料浓度为 46 gVS/L 和 61.2 gVS/L 时，甲烷的产量基本相同。在同等条件下，选择相对较高的混合料液浓度比较符合实际。

(3) ASBR 可以很好地去除有机物，SBR 生物脱氮效果明显，两种工艺结合可以很好地互相弥补各自工艺的缺点，ASBR－SBR 工艺获得了较高的污染物去除率，COD 去除率和 SCOD 去除率分别为 58.72% 和 73.22%，NH_3-N 的去除率较高，达到了 94.37%。SBR 出料中 NO_2-N，NO_3-N 含量比较理想。

第6章　高浓度发酵料液处理工艺参数分析

温度是影响微生物生命活动过程的重要因素之一,与所有的化学反应和生物化学反应一样,厌氧生物降解过程也受到温度和温度波动的影响。温度主要通过对厌氧微生物体内某些酶活性的影响而影响微生物的生长速率和微生物对基质的代谢速率,因而会影响到废水厌氧生物处理工艺中污泥的产生量和有机物的去除率;温度还影响有机物在生化反应中的流向和某些中间产物的形成,因而与沼气产量和成分有关;此外温度还可能影响污泥的成分与性状;在废水厌氧生物处理设备运行中,要维持一定的反应温度,因此温度又与能耗和处理成本有关。一般化学反应的速度常随温度的升高而加快,每当温度升高10 ℃,化学反应的速度可增加2~3倍,沼气发酵过程是由微生物进行的生化反应过程,在一定温度范围内也基本符合这个规律。

最适温度是指在此温度附近,参与厌氧消化的微生物有最高的产气速率或者是最佳的有机物消耗率。这是由于厌氧微生物的产气速率与生化速率大致成正相关性,也可以说最适温度就是生化速率最高时的温度。对厌氧微生物的进一步研究表明,厌氧生物的温度适应范围仍然是较窄的。厌氧微生物可分为嗜冷微生物、嗜温微生物和嗜热微生物,分别对应的生长适宜温度为5~20 ℃、20~42 ℃、42~75 ℃。沼气发酵可分为3个温度范围:50~65 ℃称高温发酵;20~45 ℃称中温发酵;20 ℃以下称低温发酵。此外,随自然温度变化的发酵方式称为常温发酵。

对于一个反应器来说,其操作温度以稳定为宜,波动范围一般一天中不宜超过±2 ℃。水温对微生物的影响很大,对微生物和群体的组成、微生物细胞的增殖、内源代谢过程、对污泥的沉降性能等都有影响。在同一温度类型条件下,温度发生波动会给发酵带来一定影响。在恒温发酵时,于1 h内温度上下波动不宜超过2~3 ℃。若短时间内温度升降5 ℃,沼气产量会明显下降,波动的幅度过大时,甚至停止产气。然而,温度波动不会使厌氧消化系统受到不可逆转的破坏,即温度瞬时波动对发酵的不利影响只是暂时性的,温度一经恢复正常,发酵的效率也随之恢复。

6.1　试验设计

本试验测试了在有机负荷为6 gVS/(L·d)的四个温度下,ASBR反应器的产气量和处理效果,温度分别是35 ℃、30 ℃、25 ℃、21 ℃。为了减少降温对反应器的影响,降温方法采用每天降温1~2 ℃。由于料液在低温时的流动性变差,适宜35 ℃时的搅拌方式不一定适宜21 ℃时的,所以,首先在有机负荷为6 gVS/(L·d)下测试了不同搅拌方式对厌氧发酵的影响,搅拌频率分别是3 min/h、1.5 min/30 min、1 min/20 min。然后以得出的最佳搅拌方式运行，在发酵温度为21 ℃时，对ASBR反应器测试了三种负荷，有机负荷从4～6 gVS/(L·d)，通过使用不同的水力停留时间来变化。每天监测产气量、气体成分、出料pH值、COD、SCOD、TS、VS指标，据此判断反应运行情况，分析不同有机负荷对ASBR反应器处理效果的影响。在处理试验数据过程中，除每日产气量外，其他数据采用平均值法，即使用三次试验数据的平均值。分析用的试验结果采用稳定期七天数据的平均值。

6.2 不同温度时ASBR处理高浓度发酵料液研究

6.2.1 日产气量的变化

试验结果如图6－1所示，本次试验阶段日产气量的总体趋势是随着温度的下降而逐渐下降的。由于每次降温幅度较小，所以当温度稳定时ASBR反应器的日产气量很快稳定下来，这也说明当每日温度变化很小时，ASBR反应器内的菌群还是可以很快适应环境的，在两天之内就可稳定产气。

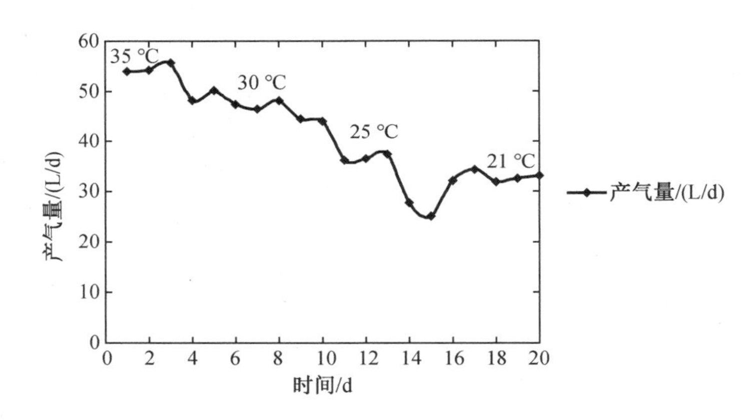

图6－1 ASBR反应器不同温度的日产气量

ASBR反应器不同温度稳定时的平均日产气量如图6－2所示。35 ℃、30 ℃、25 ℃、21 ℃所对应的平均日产气量分别是53.28 L/d、47.59 L/d、36.80 L/d、26.69 L/d。从试验结果可以看出，在这四个温度中，30 ℃时与35 ℃时的平均日产气量相差较小，为5.69 L/d，而30 ℃时比25 ℃时的平均日产气量多10.79 L/d，25 ℃时比21 ℃时多10.11 L/d。从这四个温度下平均日产气量的差距对比可以看出，本试验条件下，在低于35 ℃时最佳净产能温度为30 ℃。

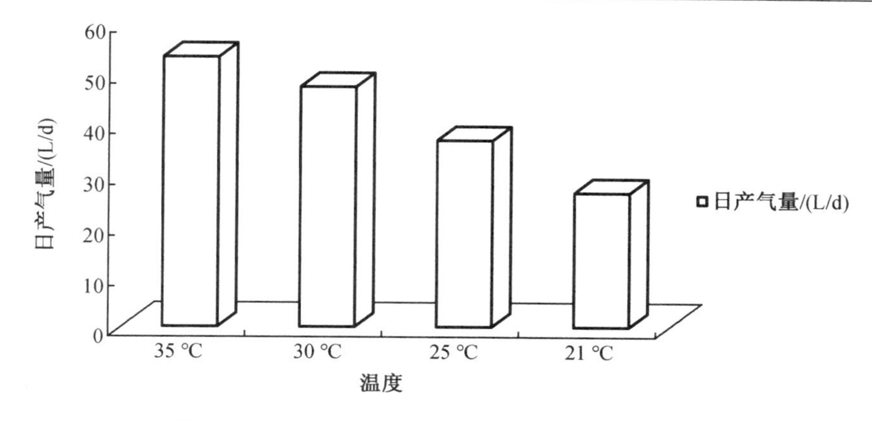

图 6－2　ASBR 反应器不同温度的平均日产气量

6.2.2　单位 VS 产气量的变化

单位 VS 产气量是衡量进料产期效果的重要指标，如图 6－3 所示，在每个温度稳定时，平均单位 VS 产气量的总体趋势是随着温度的下降的。35 ℃、30 ℃、25 ℃、21 ℃所对应的平均单位 VS 产气量分别是 0.34 L/gVS、0.31 L/gVS、0.24 L/gVS、0.17 L/gVS，四个温度的平均单位 VS 产气量差值依次为 0.03 L/gVS、0.07 L/gVS、0.07 L/gVS。

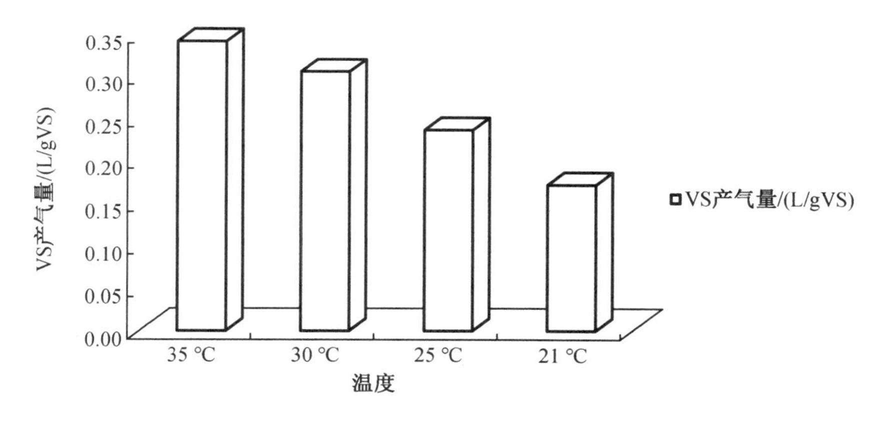

图 6－3　ASBR 反应器不同温度的单位 VS 产气量

从试验结果中可以看出，35 ℃时与 30 ℃时的平均单位 VS 产气量差值最小，也就是说 30 ℃时与 35 ℃时的料液的处理效果相差最小。25 ℃与 30 ℃时、21 ℃与 25 ℃时的平均单位 VS 产气量差值均为 0.07 L/gVS。

6.2.3　容积产气率的变化

容积产气率是标志厌氧发酵系统中反应器处理效果的重要参数，容积产气率越高说明反应器的处理效果好、转化的速率快且经济性好。生产实践中，在相同的发酵温度、试验底物与浓度时，说明一个反应器处理效果如何都以容积产气率作为评价标准。

如图 6－4 所示，ASBR 反应器不同温度稳定时的平均容积产气率随着温度的下降也迅速下降。35 ℃、30 ℃、25 ℃、21 ℃所对应不同温度稳定时的平均容积产气率分别是2.05、1.83、1.41、1.03。35 ℃下降到30 ℃时所对应的平均容积产气率下降趋势要比从30 ℃下降到21 ℃时的下降趋势要平缓一些。

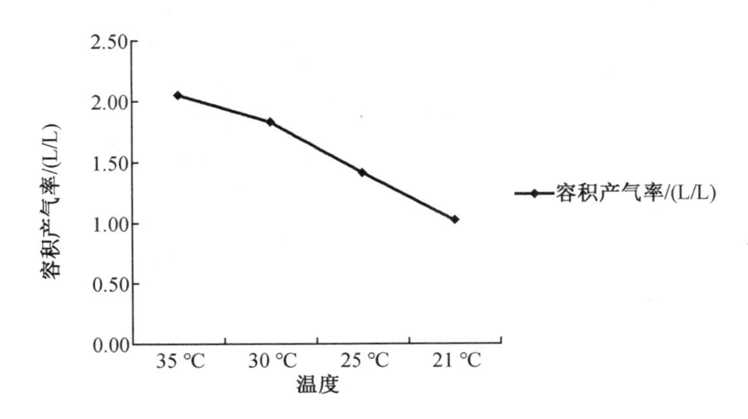

图6－4　ASBR反应器不同温度的容积产气率

6.2.4　气体成分的变化

如图6－5所示，ASBR反应器不同温度稳定时的平均气体成分，CH_4含量随温度的降低而降低，在21 ℃时又略有上升，但是变化不大。35 ℃时CH_4含量最高，为79.63%，25 ℃、30 ℃、21 ℃时CH_4含量分别为73.54%、70.32%、75.00%。

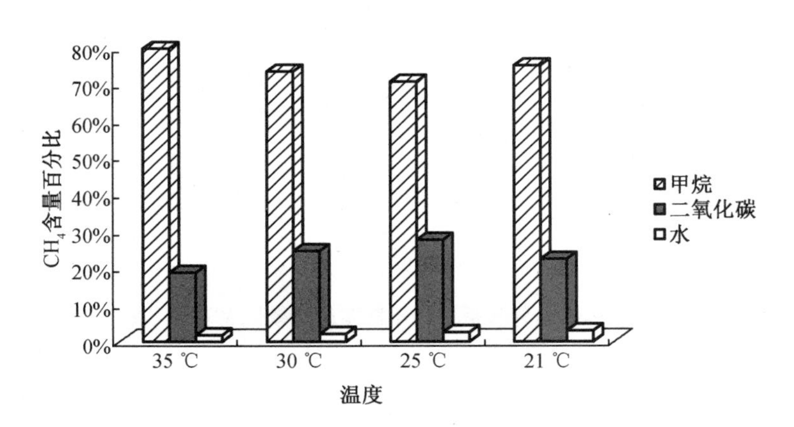

图6－5　ASBR反应器不同温度的气体成分

6.2.5　pH值的变化

如图6－6所示，ASBR反应器在不同温度时，pH值随着温度的下降而下降，波动范围除在25 ℃时的波动范围较大外，其他温度还是随温度降低而减小。说明对于ASBR反应器在35 ℃时正常运行的有机负荷，在低温时就有些大了，特别是ASBR反应器在20 ℃运行时，此时的pH值已经降到了7.02，接近7.0的警戒线。低温时pH值的降低，说明了有机酸已经积累,一方面由于系统负荷过大,另一方面由于低温时产甲烷菌对 pH 值的适应能力较差。

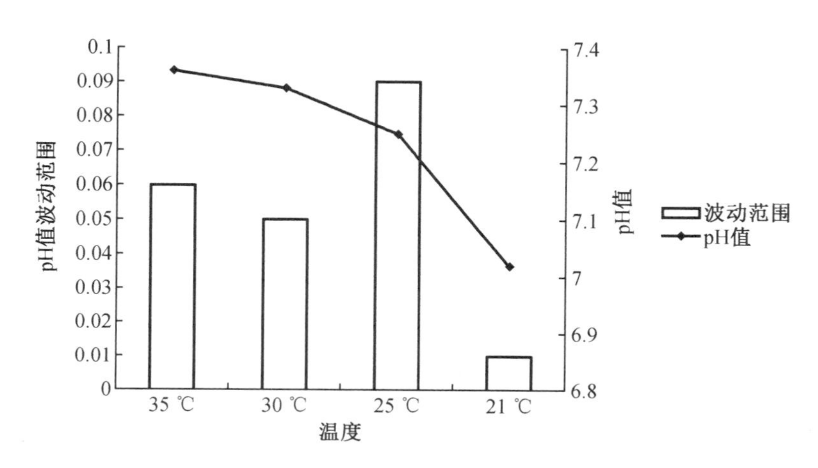

图 6-6　ASBR 反应器不同温度 pH 值及波动范围的变化

6.2.6　COD、SCOD 去除率和 TS、VS 去除率的变化

如图6-7 所示,ASBR 反应器在35 ℃、30 ℃、25 ℃、21 ℃变化时,COD、SCOD 去除率和 TS、VS 去除率变化的总体趋势是先缓慢降低,在 25 ℃时除 SCOD 外各项去除率均最低,然后在 21 ℃时略有上升。ASBR 反应器在 30 ℃时和 35 ℃时去除率相差不多,COD、SCOD 去除率和 TS,VS 去除率分别为 35.08%、69.41% 和 17.05%、20.7%。ASBR 反应器在 21 ℃时去除率和 25 ℃时略有上升外,除 SCOD 去除率,其他相差不多,21 ℃时的 COD、SCOD 去除率和 TS、VS 去除率分别为 32.52%、42.6% 和 11.48%、16.34%。从以上试验结果可以看出,降温后各指标的去除效果在 30 ℃时还是比较好的,在 21 ℃时综合去除率要比 25 ℃时综合去除率好一些。

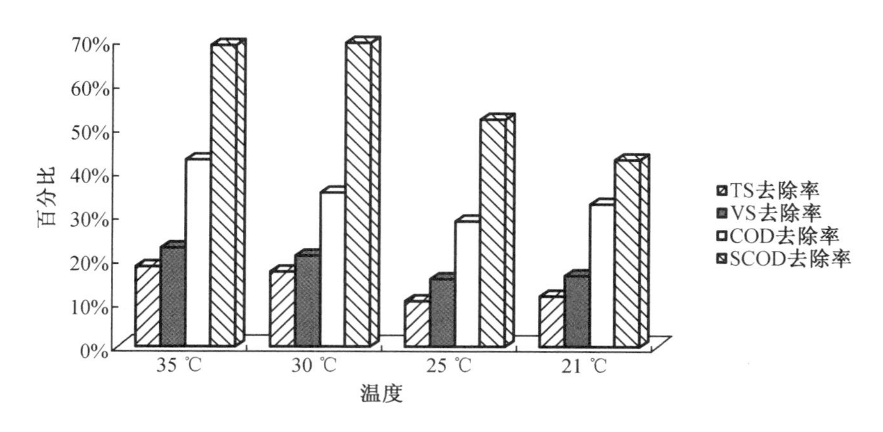

图 6-7　ASBR 反应器不同温度时去除率的变化

6.3 室温时 ASBR 处理高浓度发酵料液研究

6.3.1 搅拌对处理效果的影响

本试验以三种方式在 21 ℃有机负荷为 6 gVS/(L·d)时进行试验,分别测试3 min/h、1.5 min/30 min 和 1 min/20 min 三种方式搅拌效果的差异。试验数据如表 6-1 所示。试验结果表明,搅拌方式 3 min/h 对产气量的增加有一定的帮助,但是 TS、VS 去除率偏低。由于气泵的频繁开启会影响使用寿命,所以采用 1.5 min/30 min 的搅拌方式。

表 6-1 在不同搅拌频率下的试验结果

搅拌时间	产气量/(L/d)	TS 去除率/%	VS 去除率/%	COD 去除率/%	SCOD 去除率/%
1 min/20 min	26.56	11.48	16.34.	32.87	59.52
1.5 min/30 min	26.66	12.99	17.72	31.52	61.75
3 min/h	29.4	10.84	12.46	32.67	60.57

6.3.2 有机负荷对处理效果的影响

1. 日产气量的变化

如图 6-8 和图 6-9 所示,21 ℃时,ASBR 反应器在有机负荷为 5 gVS/(L·d)时的日产气量最高。当有机负荷从 6 gVS/(L·d)下降到 5 gVS/(L·d)时,日产气量从 26.5 L/d 增加到 28.12 L/d,这说明在 21 ℃时,对于 ASBR 反应器来说 6 gVS/(L·d)的有机负荷过大,5 gVS/(L·d)的有机负荷比 6 gVS/(L·d)更合适。当有机负荷从 5 gVS/(L·d)下降到 4 gVS/(L·d)时,这时产气量大幅下降,日产气量从 28.12 L/d 下降到 19.45 L/d,这说明此时的有机负荷已经小于反应器的最大有机负荷,反应器内的细菌营养物质不足,不能达到像有机负荷为 5 gVS/(L·d)时的产气量。

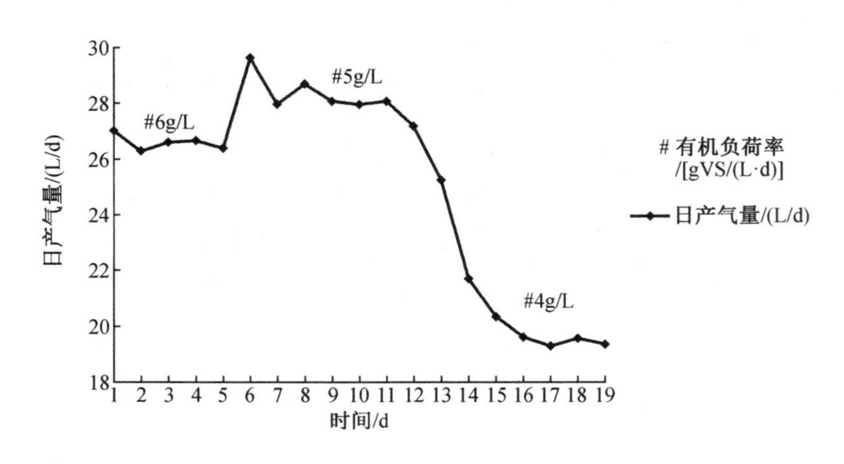

图 6-8 ASBR 反应器不同有机负荷下的日产气量

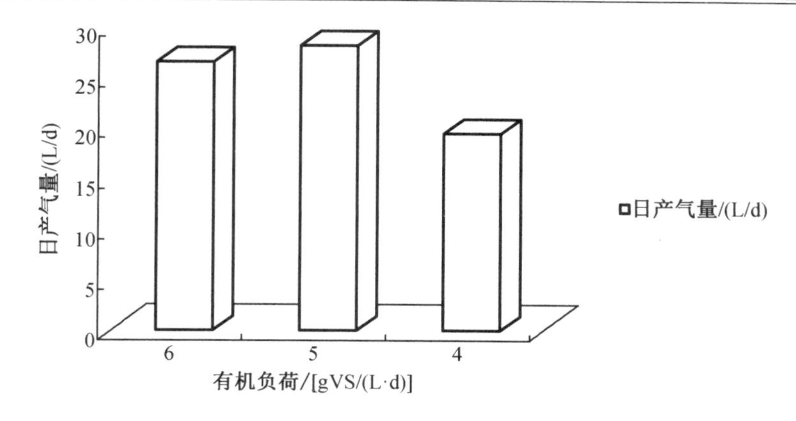

图6-9 ASBR反应器不同有机负荷的平均日产气量

2. 单位VS产气量的变化

如图6-10所示,21 ℃时ASBR反应器在有机负荷为5 gVS/(L·d)时单位VS产气量最高。当有机负荷从6 gVS/(L·d)下降到5 gVS/(L·d)时,单位VS产气量从0.17 L/gVS增加到0.18 L/gVS,这说明在21 ℃时,对于ASBR反应器来说6 gVS/(L·d)的有机负荷过大,5 gVS/(L·d)的有机负荷比6 gVS/(L·d)更合适。当有机负荷从5 gVS/(L·d)下降到4 gVS/(L·d)时,单位VS产气量大幅下降,单位VS产气量从0.18 L/gVS下降到0.12 L/gVS,这说明此时的有机负荷已经小于反应器的最大有机负荷,反应器内的细菌营养物质不足,引起中间产物的变化,使甲烷菌代谢能力减弱,导致单位VS产气量的下降。

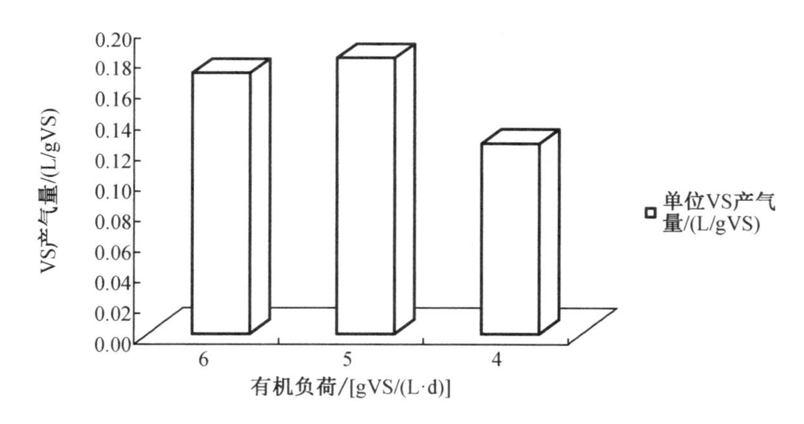

图6-10 ASBR反应器不同有机负荷下的单位VS产气量

3. 容积产气率的变化

容积产气率是标志厌氧发酵系统中反应器处理效果的重要参数,容积产气率越高说明反应器的处理效果越好且转化的速率越快,从而经济性越好。

如图6-11所示,21 ℃时ASBR反应器在有机负荷为5 gVS/(L·d)时容积产气率最高。当有机负荷从6 gVS/(L·d)下降到5 gVS/(L·d)时,容积产气率从1.02 L/L增加到1.08 L/L。当有机负荷从5 gVS/(L·d)下降到4 gVS/(L·d)时,容积产气率大幅下降,容积产气率从1.08 L/L下降到0.77 L/L。如果从产气量和经济性方面分析，最佳有机负荷应为5 gVS/(L·d)，但是还要结合其他指标分析处理效果才能确定ASBR反应器的最佳有机负荷。

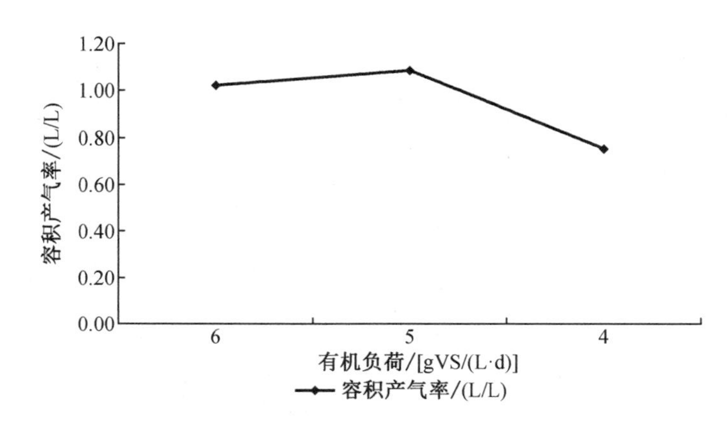

图6-11 ASBR反应器不同有机负荷下的容积产气率

4. 气体成分的变化

如图6-12所示，有机负荷为5 gVS/(L·d)时CH_4的含量最高，有机负荷为6 gVS/(L·d)和4 gVS/(L·d)时气体成分相差不大。CH_4的含量从有机负荷6 gVS/(L·d)时的70.82%缓慢增加到有机负荷为5 gVS/(L·d)时的75.7%，在有机负荷为5 gVS/(L·d)时含量较高，为82.10%，在有机负荷为4 gVS/(L·d)时又下降到71.23%。CO_2的含量呈缓慢下降趋势，从有机负荷为6 gVS/(L·d)时的28.28%下降到有机负荷为5 gVS/(L·d)时的15.62%，在有机负荷为4 gVS/(L·d)时又增加到26.8%。水的含量较低，在0.9%~2.27%变化。其他气体含量非常低，总量小于0.018%。

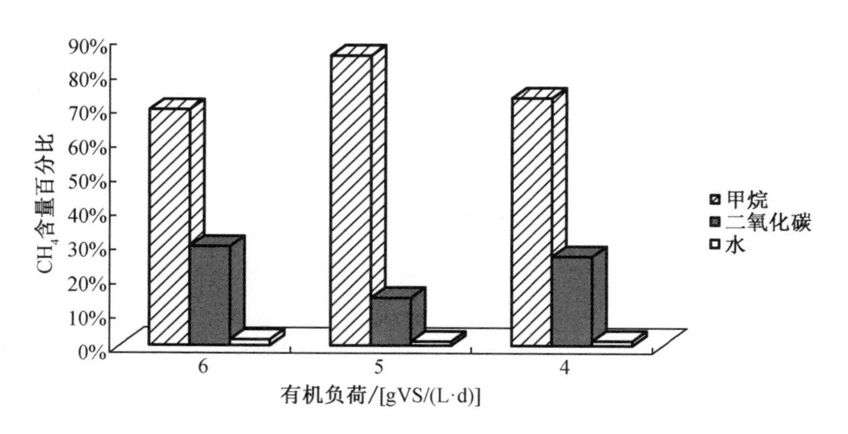

图6-12 ASBR反应器不同有机负荷下的气体成分

5. pH值的变化

如图6-13所示的结果表明，在有机负荷为5 gVS/(L·d)时pH值很稳定，在有机负荷为6 gVS/(L·d)时pH值波动最大。这说明在有机负荷为5 gVS/(L·d)时,产酸与分解酸产甲烷的速度处于一个相对平衡状态,反应器稳定运行,此时的有机负荷比较适合。在有机负荷为6 gVS/(L·d)时,pH值波动范围较大,说明反应器内的产酸与分解酸产甲烷的平衡被破坏,导致厌氧微生物代谢过程中所产生的CO_2、挥发性脂肪酸、氨及硫酸盐等对环境中的酸碱平衡起到了不同程度的作用。

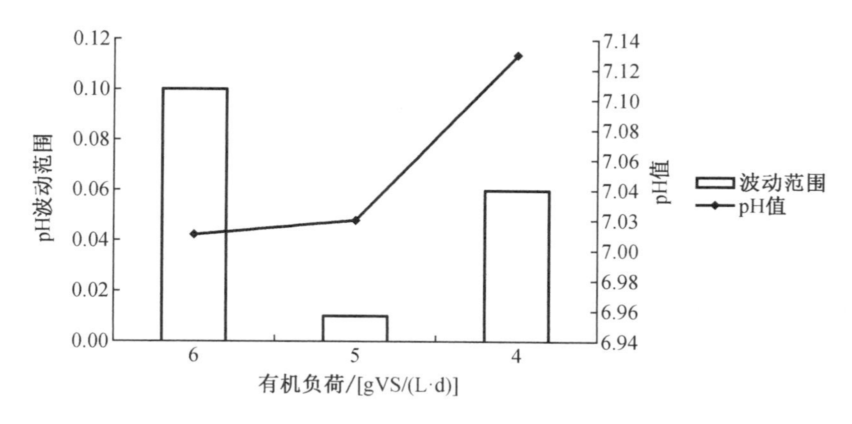

图6-13　ASBR反应器不同有机负荷下pH及波动范围的变化

6. COD、SCOD、TS和VS去除率的变化

如图6-14所示的结果表明,随着有机负荷的减小,TS、VS去除率缓慢增大,COD去除率逐渐降低,SCOD去除率先降低后持平。TS、VS去除率在有机负荷为6 gVS/(L·d)时分别为12.99%和16.20%,在有机负荷4 gVS/(L·d)时增加到17.57%和21.02%。COD去除率由有机负荷6 gVS/(L·d)时的34.66%下降到有机负荷4 gVS/(L·d)时的21.13%,SCOD去除率在有机负荷6 gVS/(L·d)时为53.47%,而在其他两个负荷下变化很小,分别为39.60%和38.58%。

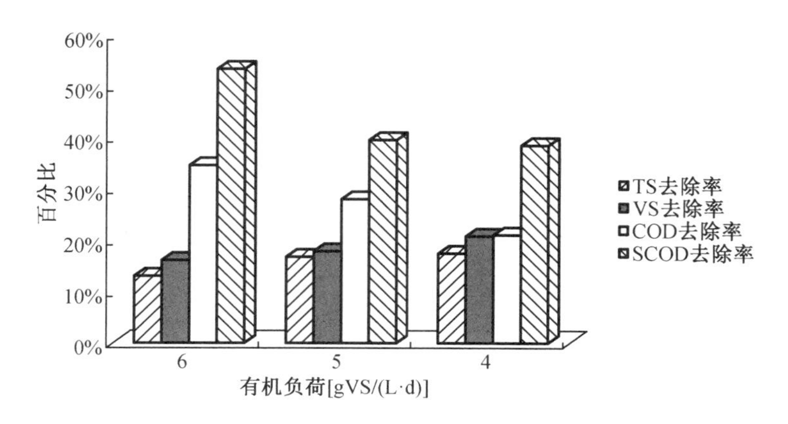

图6-14　ASBR反应器不同有机负荷下的去除率变化情况

6.4 本章小结

(1)探讨了 ASBR 反应器在 35 ℃、30 ℃、25 ℃、21 ℃变化时处理牛粪的不同效果和产沼气情况,30 ℃时各指标的去除率接近 35 ℃时的处理效果,21 ℃时的各指标的去除率除 SCOD 去除率外均略优于 25 ℃时的。各个温度的适用性应根据具体情况来选择,如果想降低能量消耗的同时保证处理效果,那么 30 ℃时的 ASBR 反应器的运行效果最好;如果是以降低能量消耗为主,那么 21 ℃时的 ASBR 反应器的运行效果要比 25 ℃时的要好。

(2)21 ℃时 ASBR 反应器在有机负荷为 5 gVS/(L·d)时,日产气量最高而且处理效果较好。在有机负荷为 5 gVS/(L·d)时,日产气量、单位 VS 产气量、容积产气率最大分别为 28.12 L/d、0.18 L/gVS、1.08 L/L,pH 稳定在 7.02 左右基本不变,CH_4的含量最高。而当有机负荷为 4 gVS/(L·d)时,日产气量下降到 19.45 L/d,比有机负荷为5 gVS/(L·d)时的日产气量下降了 30.83%,单位 VS 产气量也下降了 0.06 L/gVS。

第7章　牛粪两相厌氧发酵特性研究

厌氧发酵处理技术以其高负荷率、低能耗、低运行成本、低污泥产率等突出优势，逐渐成为处理农业废弃物的有效途径之一。1971年，Ghosh和Pohland提出了两相厌氧生物处理工艺，此技术的提出是该领域革命性的变革。两相厌氧生物处理工艺的本质特征是实现了生物相的分离，即通过一定的调控手段，使产酸相和产甲烷相成为两个独立的处理单元，各自形成产酸发酵微生物的最佳生物条件，实现完整的厌氧发酵过程，从而大幅度提高系统的处理能力和反应器的运行稳定性。

由于水解酸化菌繁殖较快，产酸作用将酸化液pH值降低，这样在该反应器内就足以抑制产甲烷菌的活动。产甲烷菌繁殖速度慢，常成为厌氧发酵的限速步骤。对于两相厌氧发酵处理系统而言，产酸相效能的高低直接影响着整个工艺系统的处理能力和运行的成败，在一定条件下甚至成为整个处理工艺过程的限制性阶段。本试验是想通过两相厌氧发酵的相关参数研究，探讨温度、料液浓度、料液的粉碎程度等因素对于牛粪水解酸化阶段的VFA和两相厌氧发酵产气特性等因素的影响。

7.1　中高温酸化对产酸相和产气特性的影响

7.1.1　试验设计

本试验采用的恒温发酵控制装置如图7－1所示。试验用鲜牛粪取自哈尔滨市香坊区某奶牛场，入罐前用粉碎机打碎，使得牛粪和水充分搅匀；产酸相不用接种物，产甲烷相的接种污泥取自哈尔滨市幸福乡经年池塘，开始是经发酵过60天后的牛粪料液，之后每次都是上一轮发酵过的料液。牛粪和污泥经测定TS和VS后备用。

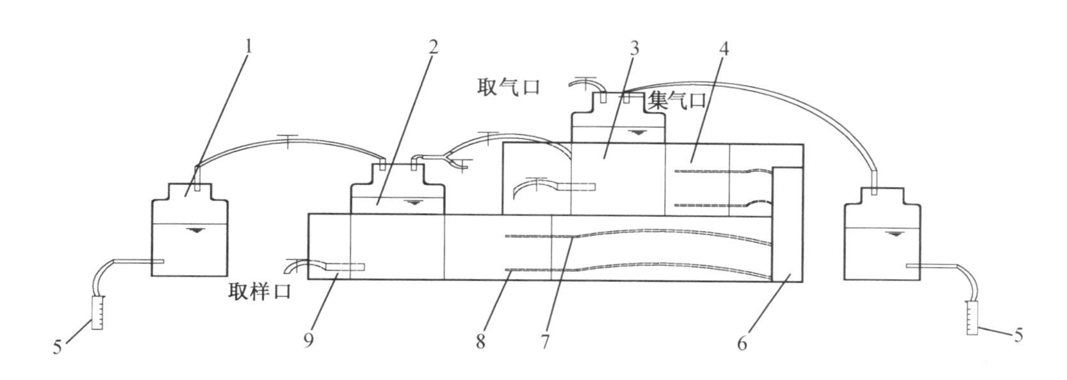

1—集气瓶；2—产甲烷相反应器；3—产酸相反应器；4—试验台上层恒温水箱；5—量筒；6—配电箱；7—温度传感器；8—加热器；9—试验台下层恒温水箱。

图7－1　恒温控制发酵装置

控制装置的主体是配电箱,通过控制外部水箱的水温来控制发酵装置的温度,使水箱内水温的变化范围不超过±1℃,相关的设备如下。

配电箱:哈尔滨北方正泰电气有限公司。

12WG－8 家用增压泵:上海西山泵业有限公司。

ZCT－15 电磁阀:余姚市神洲电磁阀厂。

温度传感器:上海信慧仪表公司兴化公司。

2000W 潜水式加热器:天津市泰斯特仪器有限公司。

上下层恒温水箱:哈尔滨第四塑料厂,材料为塑料。

发酵罐和集气罐:5 000ml 带上下口的玻璃瓶。

量筒:1 000ml。

试验分为两组:产酸相反应器的运行温度分别为35℃、55℃,相同的进料浓度,每天监测产酸相反应器的 pH 值、VFA、产气量、气体成分,产甲烷相反应器的产气量以及气体成分,据此判断反应的运行情况。在产酸相反应器运行到第3天,每天先从产甲烷相反应器上口处放出1L 发酵后的料液,将该料液进行曝气处理5 min,然后再向产甲烷相反应器输送1L 产酸相反应器上口处放出的料液,同时将曝气处理的料液输送回产酸相反应器,试验周期为17 d。中、高温酸化试验的初始参数如表7－1 所示。本实验中温酸化和高温酸化各做三组平行样品,在进行数据分析时发现中温酸化的一组数据与其余两组差异显著,故将该组数据剔除。所以中温酸化的数据为两组,高温酸化的数据为三组。

表7－1　中、高温酸化试验的初始参数

试验号	产酸相反应器	温度/℃	产酸相进料浓度 TS/%	产甲烷相温度/℃
1	中温酸化1	35	6	35
2	中温酸化2	35	6	35
3	高温酸化1	55	6	35
4	高温酸化2	55	6	35
5	高温酸化3	55	6	35

7.1.2　试验结果与分析

1. 中、高温酸化对 pH 值的影响

如图7－2 所示,0 天的 pH 值表示进料时牛粪料液的 pH 值,这5 条曲线的总体趋势均为先下降再上升。这是因为在反应的最初阶段,原料中丰富的有机物为适应环境快的及代谢能力强的产酸细菌提供了生长繁殖的良机,将有机物迅速转化为脂肪酸;而适应环境慢及代谢能力弱的甲烷细菌无法将这些脂肪酸吸收利用,使脂肪酸积累,导致溶液的 pH 值降低。其后,随着甲烷细菌对环境的逐渐适应,利用脂肪酸的速率逐渐增大,更主要的是由于之后分解的含氮有机物的开始分解(氨化作用),溶液中氨氮含量迅速增加;基于以上两方面的原因,溶液的 pH 值下降趋势受到抑制,并转而出现上升趋势。此后,溶液中有机物量逐渐减少,而甲烷细菌利用脂肪酸的能力并未因此减弱。其结果使 pH 值慢慢上升,pH 值越过 7.0,最后达到较高值。

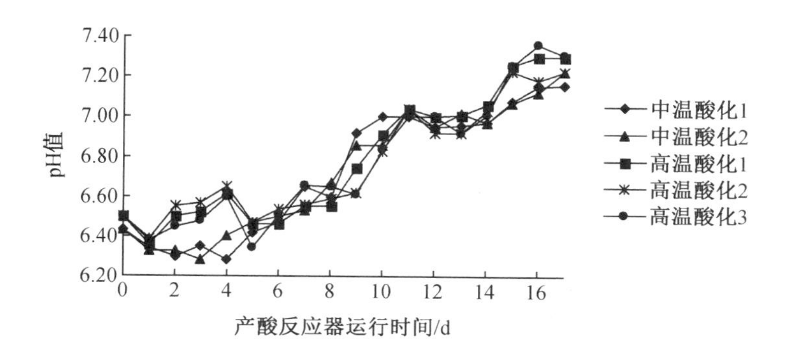

图 7-2　中、高温酸化对 pH 值的影响

在试验开始的前几天,中温酸化的料液 pH 值比高温酸化料液 pH 值低。这是因为一般化学反应的速度常随温度的升高而加快,每当温度升高 10℃,化学反应的速度可增加 1~2 倍,沼气发酵过程是由微生物进行的生化反应过程,在一定的温度范围内也基本符合这个规律。在中温酸化的反应器中产甲烷细菌的生长速度明显慢于高温酸化的生长速度,在试验的前几天,中温反应器内的甲烷细菌的数量少,不能充分利用反应器内的 VFA,造成了 VFA 的积累,中温酸化的反应器 pH 值低于高温酸化的 pH 值。随着试验时间的增加,中温酸化的反应器中产甲烷细菌的数量逐渐增加,足以消耗掉产酸细菌生成的和前几天积累的 VFA,pH 值开始逐渐增加并与高温酸化的 pH 值基本持平。

如图 7-3 所示,5 条曲线前 5 天的变化趋势是不相同的,从第 6 天开始 pH 值的变化趋势大致相同。中温酸化的牛粪料液前 5 天 pH 值处于下降趋势,而高温酸化的牛粪料液前 5 天 pH 值处于先下降后上升的趋势。由于产酸细菌和产甲烷细菌在生长速度上存在着很大的差异,一般来说产酸细菌的世代时间在 10~30min,而产甲烷细菌的生长速度很缓慢,世代时间为 0.5~7.0 d,因此在两相厌氧发酵的前两天,酸化细菌产生的 VFA 不能被产甲烷细菌完全利用掉,料液的 pH 值先下降。由于温度低,中温酸化的反应器内甲烷细菌生长速度慢,甲烷细菌的数量少,不能充分利用产酸细菌产生的 VFA,中温酸化的前 5 天 pH 值较低,并处于下降趋势;高温酸化的温度高,产酸细菌和甲烷细菌的生长速度快,而从第 3 天开始甲烷细菌的数量逐渐增多,可以充分利用产酸细菌产生的和前几天积累的 VFA,高温酸化的 pH 值升高。

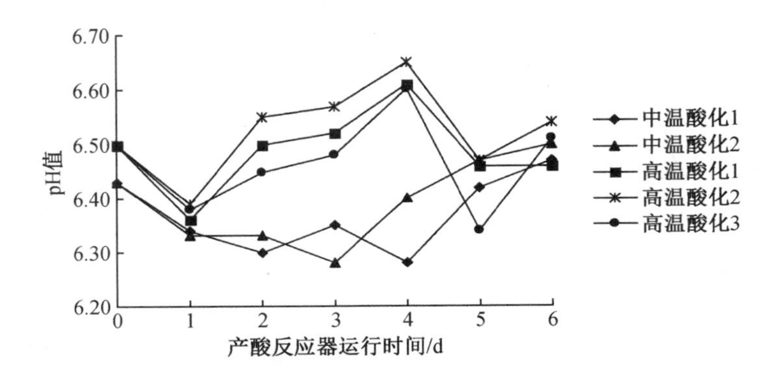

图 7-3　产酸相反应器运行前 6 天的 pH 值的变化

如图 7-3 所示，在厌氧发酵中，产酸过程中有机酸的增加会使 pH 值下降，含氮有机物分解产物氨的增加，会引起 pH 值升高。pH 值主要取决于代谢过程中的 VFA、碱度、CO_2、氨氮、氢之间自然建立的缓冲平衡。由沼气中 CO_2 的体积含量，如表 7-2 所示，在高温酸化的前 4 天产生的气体中，CO_2 含量只有 10%~15%，从第 5 天开始恢复到 20%~25%，第 5 天 pH 值的降低是由于气体中 CO_2 含量增加引起水中碱度变化。厌氧反应器中 CO_2 分压较高的体系中将形成二氧化碳-碳酸氢盐缓冲系统，反应系统的 pH 值主要取决于 CO_2 分压和 HCO_3^- 的相对平衡。系统中挥发酸的浓度提高，可消耗 HCO_3^-，CO_2 分压提高，使 pH 值下降。从第 5 天开始，产酸细菌和产甲烷细菌处于相对平衡的状态，既无过多的有机酸积累，又可以保持较高的甲烷产率。中温酸化和高温酸化的产酸相反应器内料液的 pH 值变化趋势就和单相厌氧发酵类似了。

表 7-2　沼气中 CO_2 的体积含量　　单位：%

天数	中温酸化 1	中温酸化 2	高温酸化 1	高温酸化 2	高温酸化 3
第 1 天	13.57	9.93	15.81	5.83	9.47
第 2 天	17.71	17.51	8.22	14.48	7.28
第 3 天	16.75	18.05	16.35	11.55	14.38
第 4 天	18.77	15.88	14.70	12.81	19.35
第 5 天	27.79	25.75	21.35	21.72	24.05
第 6 天	27.85	27.26	23.94	19.61	23.76
第 7 天	31.29	34.70	28.07	26.01	27.79
第 8 天	34.58	30.82	44.12	38.29	33.72
第 9 天	32.09	26.68	27.09	36.29	34.83
第 10 天	33.06	24.68	32.43	30.63	32.41
第 11 天	28.75	33.37	30.84	26.51	23.88
第 12 天	31.15	24.41	23.13	22.68	24.86

表 7－2(续)　　单位:%

天数	中温酸化 1	中温酸化 2	高温酸化 1	高温酸化 2	高温酸化 3
第 13 天	30.73	18.99	28.46	29.77	13.67
第 14 天	31.29	34.70	28.07	26.01	27.79
第 15 天	31.15	24.41	23.13	22.68	24.86
第 16 天	30.73	33.56	35.35	30.20	32.55
第 17 天	26.84	27.37	25.84	29.87	30.03

2. 中、高温酸化对 VFA 的影响

如图 7－4 所示,5 条 VFA 曲线的变化趋势先上升至第 6 天达到最大值,然后开始逐渐下降。高温酸化的 VFA 低于中温酸化的 VFA,这是因为在高温酸化的产酸相反应器内,产酸与分解酸处于一个相对平衡的状态,在发酵液中无过多的 VFA 积累。中温酸化反应器内产甲烷细菌代谢能力弱,相对积累了一些 VFA。0 天的 VFA 表示的是进料时的挥发性脂肪酸的含量。且产酸反应器运行的前 6 天,中温酸化的 VFA 一般高于高温酸化的 VFA。

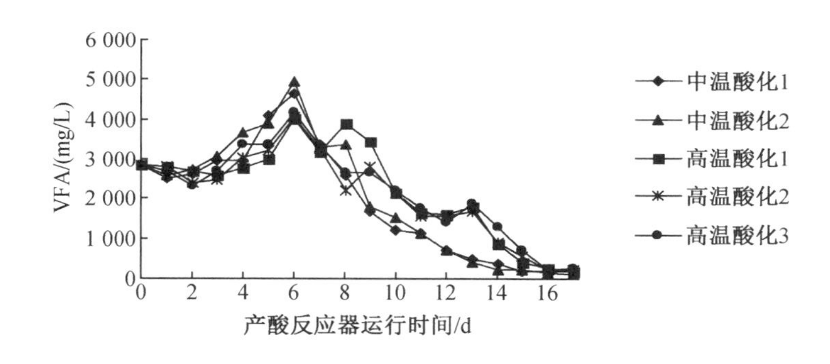

图 7－4　中、高温酸化对 VFA 的影响

产甲烷细菌降解转化有机酸的速率快慢依次为:乙酸 > 乙醇 > 丁酸 > 丙酸。因此,我们需要分析一下 VFA 中的乙酸和丁酸的含量,从而了解其甲烷菌降解时的底物情况。0 天的乙酸和丁酸之和表示的是进料时的乙酸与丁酸之和。从中、高温酸化对乙酸和丁酸之和的影响如图 7－5 所示,5 条乙酸和丁酸之和曲线的变化趋势不一致。在开始的前 6 天里,VFA 中的乙酸和丁酸的含量逐渐上升,这 5 条曲线的变化趋势相同,原因是 VFA 的总量变大,乙酸和丁酸之和也随之升高。之后均开始下降,在第 9 天的时候,中温酸化的乙酸和丁酸之和曲线继续下降,这是因为中温酸化的产气量大,罐内的有机质逐渐减少,导致 VFA 降低,乙酸和丁酸之和的曲线也随之迅速下降;而高温酸化的乙酸和丁酸之和曲线下降缓慢,且高出同期的中温酸化的很多,这是因为产酸相反应器内部发生了变化,结合产酸相反应器的产气量如图 7－6 所示。

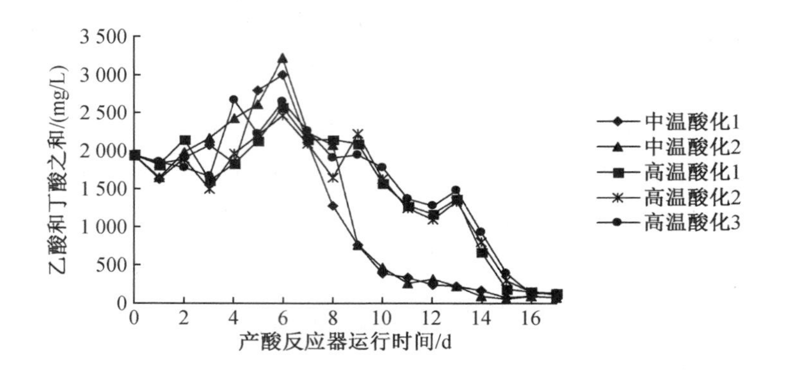

图 7-5　中、高温酸化对乙酸和丁酸之和的影响

由产酸相反应器的日产气量图 7-6 所示，中、高温酸化的产酸相反应器的产气量变化趋势不相同，在反应器运行的前 6 天，二者都处于先下降再上升的趋势，这和总产气量的变化相一致。反应器运行到第 7 天，中温酸化的产酸相反应器的产气量继续上升，产酸细菌和产甲烷细菌处于平衡状态；而高温酸化的产酸相反应器的产气量却基本不变，一直到第 12 天，这是因为高温酸化的反应器内产酸细菌处于优势地位，产甲烷细菌的生长受到了抑制。由图 7-5 可知，在反应运行到第 9 天时，高温酸化的 VFA 比中温酸化高出许多。由产酸相反应器的产气量图 7-6 所示，从第 13 天开始，产酸相反应器的产气量突然上升。与此相对应的是高温酸化的 pH 值在反应运行的第 9 天到第 13 天，连续 4 天上升，pH 值由 6.5 左右上升到 7.0 左右。从这些异常情况可以看出，高温酸化的反应器内部发生了变化，这是由于每天产酸相反应器内的上清液加到产甲烷相反应器内，同时向产酸相反应器内加入曝气处理的产甲烷罐内上层液体，使产酸相反应器内 VFA 降低，产酸细菌的优势地位逐渐丧失。pH 值在 7.0 左右时，产酸相反应器内的环境适合甲烷菌生长，甲烷菌的数量增加；同时由于产酸相反应器内的 VFA 浓度适宜，使甲烷菌可以较快速地利用 VFA 产生沼气，使产酸相反应器的产气量增大。最后，随着反应的进行，产酸反应器内的可降解有机物逐渐减少，产气量也越来越小。

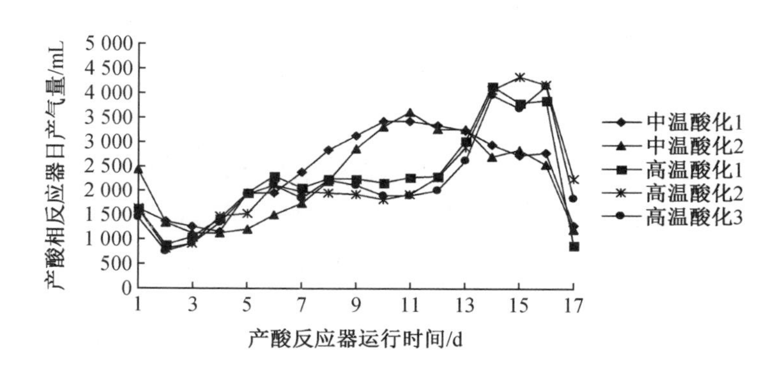

图 7-6　中、高温产酸相反应器日产气量变化情况

3. 中、高温酸化对产气量的影响

日产气量是指每天产酸相反应器和产甲烷相反应器产生的气体之和。如图 7－7 所示，5 条日产气量的曲线的变化趋势相同，都是先下降再升高，最后下降到最小。从启动的第 2 天开始，每天产气量减少了，这可能是由于部分微生物不适应厌氧环境而被淘汰所致。随着运行时间的推移，反应器内的微生物的量逐渐增加。第 3 天开始，每天将产酸相反应器中的 1L 上层清液加入到产甲烷相反应器中，使产甲烷相反应器中的有机物增加，产甲烷相反应器开始产沼气。由图 7－4 所示，挥发性脂肪酸的曲线的变化都是先升高后降低，在反应器运行到第 6 天左右达到最高值，而与此相对应的是日产气量也是先升高后降低，在反应器运行到第 9 天左右达到最大值。由于牛粪中木质素、纤维素、半纤维素含量很高，其中木质素很难被生物降解。这些复杂的有机物大多数在水中不能溶解，必须首先被发酵性细菌分泌的胞外酶分解为可溶性的糖、肽、氨基酸和脂肪酸后，才能被微生物吸收利用。发酵性细菌将上述可溶性物质吸收进细胞后，经发酵作用将它们转化为乙酸、丙酸、丁酸等挥发性脂肪酸和醇类及一定量的氢和二氧化碳。其中丙酸、丁酸、乙醇等又可被产氢产乙酸细菌转化为氢、二氧化碳、乙酸等。这样，产酸细菌通过其生命活动为产甲烷细菌提供了合成细胞物质和产甲烷所需的物质。因此，日产气量的曲线变化晚于 VFA 的曲线变化而到达峰值。

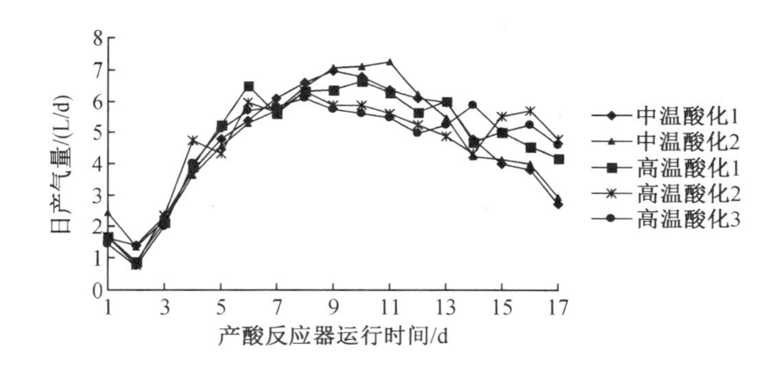

图 7－7　中、高温酸化对日产气量的影响

本试验采用自行设计的试验装置，在半连续进料的情况下，最佳产气效果为容积产气率达到 2.23 L/L，VS 产气率为 0.268 L/g[VS]，TS 产气率 0.216 L/g[TS]。如表7－3所示，可以对比看出，中高温酸化的各组 VS 产气率和 TS 产气率较高，而容积产气率较低。这因为本试验属于批量进料，在反应过程中无新料加入，这样反应器内的料液可以充分利用，VS 产气率和 TS 产气率较高，但是由于料液少、反应时间长就造成了容积产气率较低。

表 7－3　产气量评价指标

产气率	中温酸化 1	中温酸化 2	高温酸化 1	高温酸化 2	高温酸化 3
最大容积产气率/(L/L)	0.873	0.893	0.832	0.791	0.732

表 7－3(续)

产气率	中温酸化 1	中温酸化 2	高温酸化 1	高温酸化 2	高温酸化 3
VS 产气率/(L/g)[VS]	0.373	0.376	0.384	0.373	0.369
TS 产气率/(L/g)[TS]	0.326	0.328	0.335	0.326	0.322

总产气量是指在反应器运行过程中,每个产酸相反应器和其对应的产甲烷相反应器产生的气体体积之和。如图 7-8 所示,高温酸化反应器 1 的总产气量最高,为 81.75 L,高温酸化反应器 3 的总产气量最低,为 78.68 L。利用 SAS 软件 ANOVA 过程进行显著性分析,结果如表 7-4 所示,中温酸化的总产气量和高温酸化的总产气量($p > 0.05$),差异不显著,即中温酸化和高温酸化的总产气量没有明显区别。这是因为本试验是批量发酵,反应器运行的时间较长,大部分有机物都被微生物利用了,进而造成了产气量无明显差异。

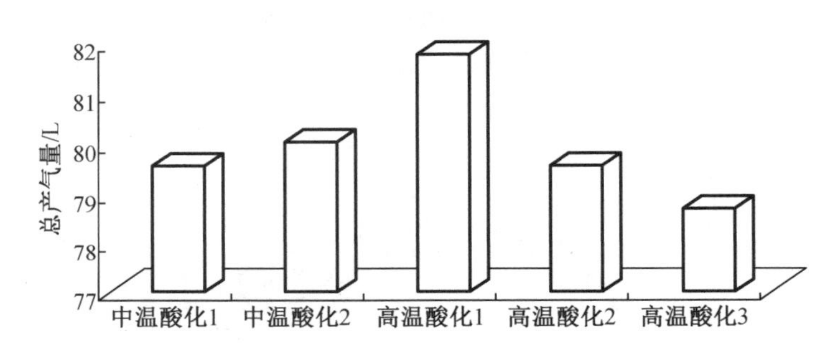

图 7-8 中、高温酸化对总产气量的影响

表 7-4 SAS 运行结果

	酸化温度 35℃	酸化温度 55℃
总产气量/L	79 755[a] ±360.62	77 650[a] ±1 555.63

注:在 0.05 水平下进行显著性检验。右角标 a,表示差异不显著。

4. 中、高温酸化对 COD 去除率的影响

COD 去除率代表发酵系统中有机物的去除状况,凡是能够被强氧化剂氧化的物质都能表现出 COD,因此测得的实际 COD 既包括了有机物,也包括了无机物,并且有机物中又可分为易被生物降解的和难被生物降解的。通常的厌氧发酵主要是使易被生物降解的有机物得到分解和转化。牛粪厌氧发酵是多种微生物协同代谢的过程,各种厌氧菌群的共同作用有助于有机质的降解和转化,其中包含碳水化合物、蛋白质、脂肪等多种复杂有机质的分解代谢。在各厌氧菌群的代谢过程中,产生的大量甲酸、乙酸和原子氢等中间产物,使 VFA 的浓度增高。这在一定程度上会影响 COD 去除率,使 COD 去除率在反应过程中不总是随着反应的进行逐渐降低。有研究认为蛋白质水解酸化后,COD 并不降低反而增加。并且在常温下,产酸菌(其中包括丁酸梭菌、其他梭菌、乳酸杆菌、革兰氏阳性小杆菌等)的代谢速度比甲烷菌的代谢速度快得多,有可能在发酵周期结束时,仍剩余一部分有机酸未被转化而影响 COD 去除率,所以在发酵开始时必须慎重选择料液浓度和污泥量,使挥发性脂肪酸的生成和消耗能够保持平衡,不致发生酸积累。在以往试验室所做的试验中,COD 的去除率都在 25% ~60% 。

如表 7 –5 所示,六组试验的去除率都不是很高,都小于 50% ,这可能是进料中的不可降解的有机物所占比例过大,影响了 COD 去除率,另外也与牛粪本身有一定的关系,牛粪中木质素、纤维素、半纤维素含量很高,其中木质素很难被降解影响了 COD 去除率。

表 7 –5　中、高温酸化对 COD 去除率的影响

试验号	反应器	进料 TS/%	进料 COD/(mg/L)	出料 COD/(mg/L)	COD 去除率/%
1	中温酸化 1	6	65 498	33 587	48.72
2	中温酸化 2	6	65 498	35 812	45.32
3	高温酸化 1	6	65 498	34 727	46.98
4	高温酸化 2	6	65 498	39 508	39.68
5	高温酸化 3	6	65 498	38 421	41.34

5. 沼气成分的定性与定量分析

沼气中的 CH_4 含量对于沼气的利用和经济性都有重要意义。如表 7 –6 所示,我们可以看出六组试验所产生的沼气中,甲烷体积含量大多集中在 65% ~85% 。

表 7 –6　沼气中 CH_4 的体积含量　　单位:%

天数	中温酸化 1	中温酸化 2	高温酸化 1	高温酸化 2	高温酸化 3
第 1 天	85.43	89.07	83.19	93.17	89.53
第 2 天	81.29	81.49	90.78	84.52	91.72
第 3 天	82.25	80.95	82.65	87.45	84.62
第 4 天	80.23	83.12	84.30	86.19	79.65
第 5 天	71.21	73.25	77.65	77.28	74.95
第 6 天	71.15	71.74	75.06	79.39	75.24
第 7 天	67.71	64.30	70.93	72.99	71.21
第 8 天	64.42	68.18	54.88	60.71	65.28
第 9 天	66.91	72.32	71.91	62.71	64.17
第 10 天	65.94	74.32	66.57	68.37	66.59
第 11 天	70.25	65.63	68.16	72.49	75.12

表 7－6(续)　　单位:%

天数	中温酸化 1	中温酸化 2	高温酸化 1	高温酸化 2	高温酸化 3
第 12 天	67.85	74.59	75.87	76.32	74.14
第 13 天	68.27	80.01	70.54	69.23	85.33
第 14 天	67.71	64.30	70.93	72.99	71.21
第 15 天	67.85	74.59	75.87	76.32	74.14
第 16 天	68.27	65.44	63.65	68.80	66.45
第 17 天	72.16	71.63	73.16	69.13	68.97

6. VFA 的定性与定量分析

一般来说,碳原子数在 10 以下的脂肪酸大部分都具有挥发性,并且易溶于水。在它们中间,随着碳原子数的增加,挥发性逐渐降低。挥发性脂肪酸易被微生物利用。在有机物的厌氧发酵中,挥发性脂肪酸是作为生物代谢的中间产物或最终产物而存在的。在厌氧发酵的液化产酸阶段,这一类低级脂肪酸是这一阶段的主要产物,其中以乙酸、丙酸、丁酸、戊酸为主。在微生物厌氧发酵过程中,挥发性脂肪酸不仅是一种不可缺少的营养成分,更重要的意义在于这类有机酸已是沼气发酵研究中,评价有机物降解工艺条件优劣的重要参数,在甲烷形成的研究和生产中,它们的含量也是重要参数。

丙酸向甲烷的转化过程限制了整个系统的产甲烷速率,因此在测定 VFA 的同时,应考虑 VFA 中的乙酸、丙酸、丁酸等的含量。如表 7－7 所示,丙酸的含量先升高,在第 7 天左右达到最高,然后降低。

表 7－7　VFA 的丙酸的含量

天数	中温酸化 1 /(mg/L)	中温酸化 2 /(mg/L)	高温酸化 1 /(mg/L)	高温酸化 2 /(mg/L)	高温酸化 3 /(mg/L)
第 1 天	816	816	816	816	816
第 2 天	710	687	803	860	736
第 3 天	626	670	502	456	483
第 4 天	681	770	785	864	912
第 5 天	1 019	1 170	855	850	615
第 6 天	1 128	1 151	821	942	1 066
第 7 天	1 388	1 465	1 331	1 366	1 378
第 8 天	1 033	893	949	1 062	958
第 9 天	1 147	1 231	708	524	678
第 10 天	829	968	949	535	667
第 11 天	816	1 039	513	429	394

表 7－7(续)

天数	中温酸化 1 /(mg/L)	中温酸化 2 /(mg/L)	高温酸化 1 /(mg/L)	高温酸化 2 /(mg/L)	高温酸化 3 /(mg/L)
第 12 天	764	812	315	305	346
第 13 天	423	368	397	457	112
第 14 天	275	181	397	308	346
第 15 天	189	96	215	112	353
第 16 天	98	167	239	242	304
第 17 天	83	47	97	89	47

7.2　不同酸化温度对产酸相和产气特性的影响

温度是影响厌氧发酵微生物生命活动过程的重要因素。与所有的化学反应和生物化学反应一样,厌氧生物降解过程也受到温度的影响。温度主要是通过对厌氧微生物体内某些酶活性的影响而影响微生物的生长速率和微生物对基质的代谢速率,从而影响厌氧发酵中的有机物去除率;温度还影响有机物在生化反应中的流向和某些中间产物的形成。

由上节的分析可知中温酸化(35℃)与高温酸化(55℃)处理牛粪相比,中温酸化在经济上更可行。本轮试验拟探索不同酸化温度(20℃、25℃、30℃)处理牛粪对两相厌氧发酵产气特性和产酸相 VFA 等因素的影响。

7.2.1　试验设计

试验分为三组:不同的产酸相反应器运行温度分别为 20℃、25℃、30℃,相同的进料浓度和进料量,每天检测产酸相反应器的 pH 值、VFA、产气量、气体成分和产甲烷相反应器的产气量以及气体成分,据此判断反应的运行情况。在产酸相反应器运行到第 3 天,每天先从产甲烷相反应器上口处放出 1L 发酵后的料液,将该料液进行曝气处理 5 min,然后再向产甲烷相反应器输送 1L 产酸相反应器上口处放出的上层清液,同时将曝气处理的料液输送回产酸相反应器,本轮试验的周期为 13 d。不同酸化温度试验初始参数如表 7－8 所示。

表 7－8　不同酸化温度试验初始参数

试验号	产酸相运行温度/℃	产甲烷相运行温度/℃	进料 TS/%	产酸相运行时间/d
1	20	35	8	13
2	25	35	8	13
3	30	35	8	13

7.2.2 试验结果与分析

1. 不同酸化温度对 pH 值的影响

微生物对 pH 值的变化的适应要比其对温度变化的适应慢得多。产酸细菌自身对环境 pH 值的变化有一定的影响，而产酸细菌对环境 pH 值的适应范围相对较宽，一些产酸细菌可以在 pH 值在 5.5 ~8.5 生长良好，有时甚至可以在 pH 值为 5.0 以下的环境中生长。产甲烷细菌的最适 pH 值随甲烷细菌种类的不同略有差异，适宜范围大致是 6.6 ~7.5。pH 值的变化将直接影响产甲烷细菌的生存与运动，一般来说，产甲烷相反应器的 pH 值应维持在 6.5 ~7.8，最佳 pH 值为 6.8 ~7.2。

如图 7 -9 所示，表示产酸相反应器内料液的 pH 值变化，0 天的 pH 值表示进料时的 pH 值。三条 pH 值曲线的变化趋势都为先下降，在第 3 天降到最低的 6.10 左右，然后上升，最后达到 7.20 左右。在产酸相反应器开始运行的前 7 天，酸化温度为 20℃的 1 组和酸化温度为 25℃的 2 组，这两组的 pH 值一直高于酸化温度为 30℃的 pH 值。这是因为 3 组的产酸相反应器运行温度高，有利于产酸细菌的生长代谢，3 组的产酸细菌代谢能力强，产生的 VFA 多，致使容积产气率的峰值提前到来。

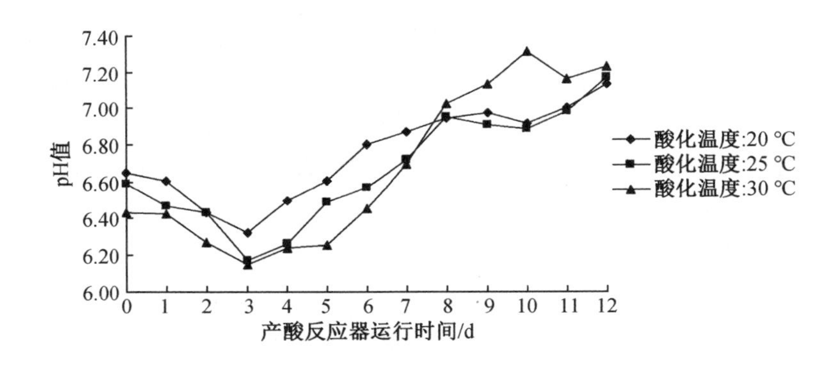

图 7 -9　不同酸化温度对 pH 值的影响

2. 不同酸化温度对产气特性的影响

如图 7 -10 所示，三条容积产气率曲线的变化趋势大致相同，先上升到第 8 天或者第 9 天达到最高，然后开始下降至试验结束。在整个发酵的过程的前 10 天，3 组的容积产气率一直高于 1 组和 2 组的容积产气率，即 3 组的产气速度快于 1 组和 2 组。3 组的容积产气率在第 8 天最大，为 1.56 L/L；1 组的容积产气率在第 9 天最大，为 1.27 L/L；2 组的容积产气率在第 9 天最大，为 1.22 L/L。3 组先于 1 组、2 组达到峰值，也是因为 3 组的酸化温度高，产酸细菌为产甲烷细菌及时提供了生长代谢所需要的底物，当产酸相反应器的上层清液加入到产甲烷相反应器后，产甲烷相反应器的甲烷细菌充分利用了 3 组清液中的 VFA，使容积产气量迅速增加。

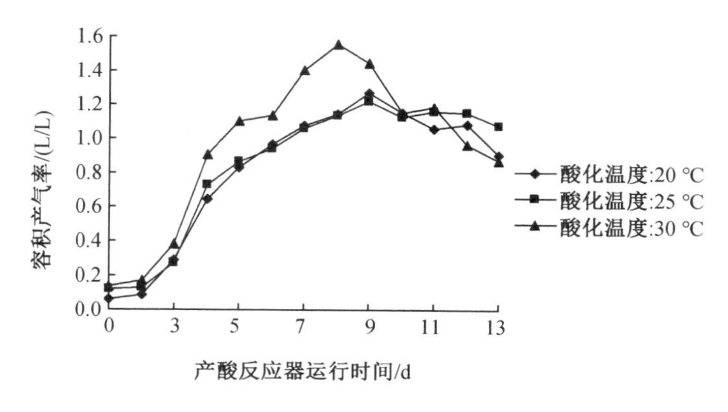

图7-10　不同酸化温度对容积产气率的影响

如图7-11所示,酸化温度为30℃的3组明显总产气量高于酸化温度为25℃的2组和酸化温度为20℃的1组的总产气量。在进料的浓度和进料量相同的情况下,3组的总产气量最大达到了99.165 L,2组的总产气量次之,达到了88.72 L,1组的总产气量最少,只有84.55L。利用SAS软件ANOVA过程进行显著性分析,$p<0.01$,差异极显著。这是因为虽然进料浓度和进料量相同,但是酸化温度的不同引起了中间产物的变化。从总产气量上可以判断出,3组的中间产物更有利于产甲烷菌降解。

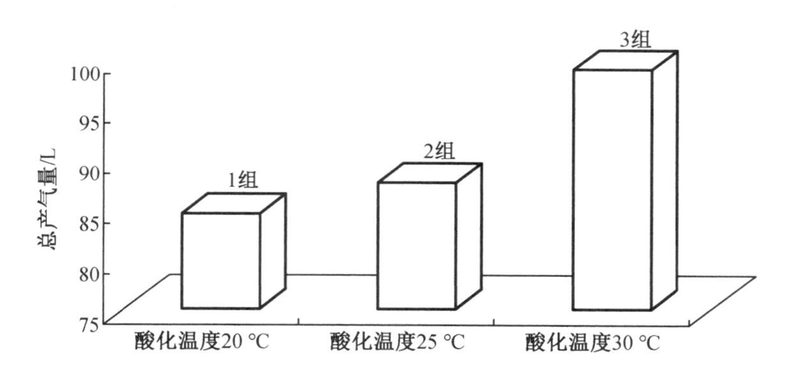

图7-11　不同酸化温度对总产气量的影响

3. 不同酸化温度对VFA的影响

如图7-12所示,三条VFA的曲线的变化趋势为先缓慢上升,在第4天达到最大,然后随着有机物的减少,VFA开始下降。在产酸相反应器运行的前5天,3组的VFA一直高于1组和2组,说明3组的温度高,产酸细菌代谢能力强,迅速将料液中丰富的有机物转化为VFA,VFA的生成也为产甲烷相反应器里的细菌提供了充足的食物。2组的VFA稍低于3组,而1组的VFA则与2组、3组相差较大。温度对厌氧微生物的生长和代谢速率普遍有较大影响。一般来说,产酸细菌在温度低于25℃时,产酸速率迅速下降,20℃以下产酸细菌将降低50%以上。由于3组在厌氧发酵的前10天产气量大,产气速度快,因而有机物降解多,到反应的后期有机物减少,3组的VFA快速下降,产气量也随之下降。

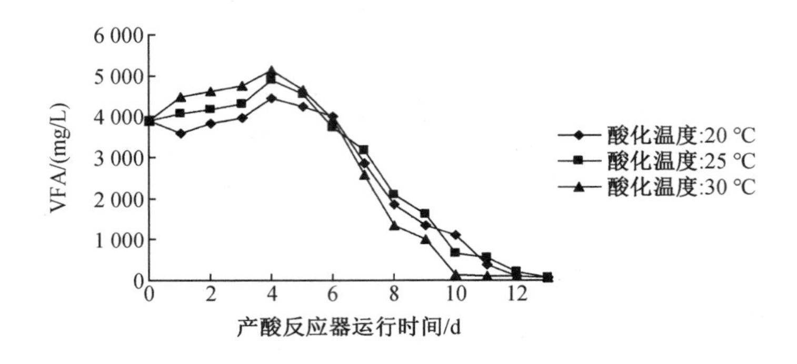

图 7-12　不同酸化温度对 VFA 的影响

如图 7-13 所示,三条乙酸和丁酸之和的曲线的变化趋势都是先上升,然后下降。在反应的前 4 天,3 组的乙酸和丁酸之和一直高于 1 组和 2 组,这是因为 3 组的温度高,适宜产酸细菌生长,产酸细菌繁殖快,代谢能力强,利用的有机物就多,产生的乙酸和丁酸相应较高,为甲烷细菌提供了充足的食物。随着反应的进行,3 组的有机物减少,VFA 减少,乙酸和丁酸之和也随之降低。

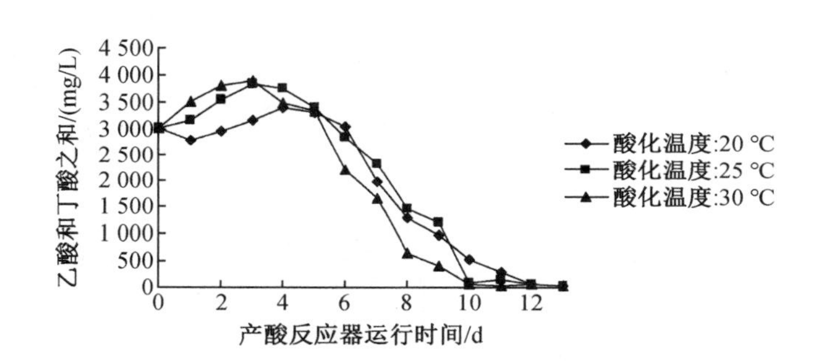

图 7-13　不同酸化温度对乙酸和丁酸之和的影响

4. 不同酸化温度对 COD 去除率的影响

如表 7-9 所示,3 组的 COD 去除率最高,2 组其次,1 组最低。3 组的温度高,影响了有机物在生化反应中的中间产物的性质,进而影响了 COD 的去除率。

表 7-9　不同酸化温度对 COD 去除率的影响

试验号	产酸相温度/℃	进料浓度/%	进料COD/(mg/L)	出料COD/(mg/L)	COD 去除率/%
1	20	8	88 165	63 064	28.47
2	25	8	88 165	61 574	30.16
3	30	8	88 165	53 349	39.49

7.3　产酸相反应器不同进料浓度对产酸相和产气特性的影响

在两相厌氧生物处理系统中，产酸相反应器能否为后续的产甲烷相提供适宜和稳定的底物，对产甲烷相的物质代谢速率乃至整个厌氧系统的高效稳定运行至关重要。有关研究表明，进料浓度、温度、pH 值等都对产酸相和产气特性有着明显的影响。微生物的生长繁殖需要一定的有机物，同时也需要适宜的水分，若料液中的水过多，营养物质含量就少，从而影响微生物的生长；若料液浓度过大，会造成有机酸的积累产生酸败现象，抑制甲烷菌的生长，使产气过程中止。本轮试验就是研究不同进料浓度对产酸相和两相厌氧发酵产气特性的影响。

7.3.1　试验设计

试验分为三组：产酸相反应器运行温度为 30℃，产酸相反应器不同的进料浓度 TS 分别为 6%、8%、10%，每天监测产酸相反应器的 pH 值、VFA、产气量、气体成分和产甲烷相反应器的产气量以及气体成分，据此判断反应的运行情况。在产酸相反应器运行到第 3 天，每天先从产甲烷相反应器上口处放出 1L 发酵后的料液，将该料液进行曝气处理 5 min，然后再向产甲烷相反应器输送 1L 产酸相反应器上口处放出的上层清液，同时将曝气处理的料液输送回产酸相反应器，试验周期为 14 d。试验初始参数如表 7 – 10 所示。

表 7 – 10　产酸相反应器不同进料浓度试验的初始参数

试验号	产酸相运行温度/℃	产甲烷相运行温度/℃	进料 TS /%	产酸相运行时间 /d
1	30	35	6	14
2	30	35	8	14
3	30	35	10	14

7.3.2　试验结果及分析

1. 产酸相反应器不同进料浓度对 pH 值的影响

如图 7 – 14 所示，三组料液的 pH 值的变化趋势基本相同，都是先下降到第 3 天左右达到最低，再上升最高，最后 pH 值一直维持在 7.20 左右。这是因为产酸相反应器内有机物丰富，适应环境快及代谢能力强的产酸细菌繁殖迅速，将有机物转化为脂肪酸，导致溶液的 pH 值迅速下降，随着反应时间的推移，产甲烷细菌的活性和代谢能力的增加，产甲烷细菌利用的挥发酸增多，溶液中的挥发酸降低，pH 值开始上升。TS 为 6% 的为 1 组，TS 为 8% 的为 2 组，TS 为 10% 的为 3 组。1 组、2 组的 pH 值都在第 3 天达到了最低，而 3 组在第 4 天达到了最低，这是因为 3 组的料液里有机物含量高，产生的挥发酸多，抑制了产甲烷细菌的生长,产甲烷细菌需要较长的时间进行增殖,当产甲烷细菌的代谢能力增强,利用的挥发酸增多,pH 值才开始上升。在产酸相反应器开始运行的前 8 天里,1 组、2 组的 pH 值一直高于 3 组的 pH 值,这也是因为 3 组的进料浓度高的缘故,直到反应运行到后期,3 组的 pH 值才和 1 组、2 组大致持平。

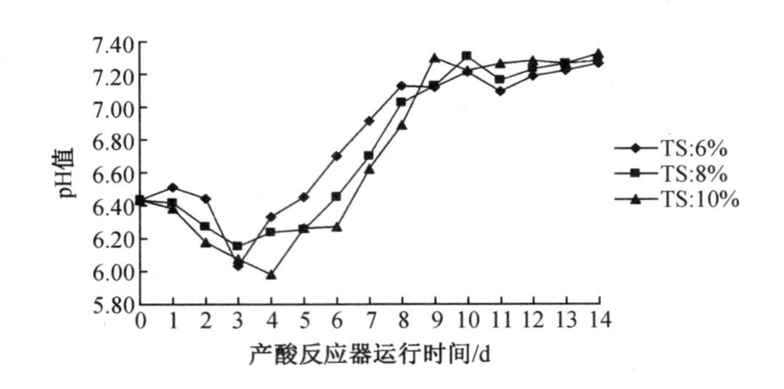

图 7-14　产酸相反应器不同进料浓度对 pH 值的影响

2. 产酸相反应器不同进料浓度对 VFA 的影响

如图 7-15 所示,三条曲线变化都是缓慢上升,在第 5 天左右达到最大,然后开始下降。2 组和 3 组的 VFA 一直高于 1 组,这是因为 2 组和 3 组的进料浓度高,有机物丰富,有利于产酸菌的产酸作用的发挥。2 组和 3 组的 VFA 特别接近,在产酸相反应器开始运行的第 1 天到第 4 天,2 组的 VFA 高于 3 组,这是由于发生反馈抑制。反馈抑制是指产酸菌发酵产物在环境中的积累可抑制同样产物的继续形成。例如,氢的积累可抑制氢的继续产生,酸的积累可抑制产酸细菌的继续产酸,并且积累浓度越高反抑制作用越强。在沼气发酵过程中,产酸细菌最终形成的氢、乙酸、二氧化碳等,是产酸细菌的代谢废物,这些物质在环境中的积累,就会产生反馈抑制。在正常的沼气发酵中,产甲烷细菌会及时将产酸细菌所生成的氢、乙酸、二氧化碳等利用掉,使沼气发酵系统中不致有氢和酸的过多积累,就不会产生反馈抑制,产酸细菌也就得以继续正常的生长和代谢,而 3 组的料液浓度高才会产生反馈抑制。随着产酸相反应器内上层清液加入到产甲烷相反应器,3 组的产酸相反应器内挥发酸的浓度降低,反馈抑制也随之减弱。

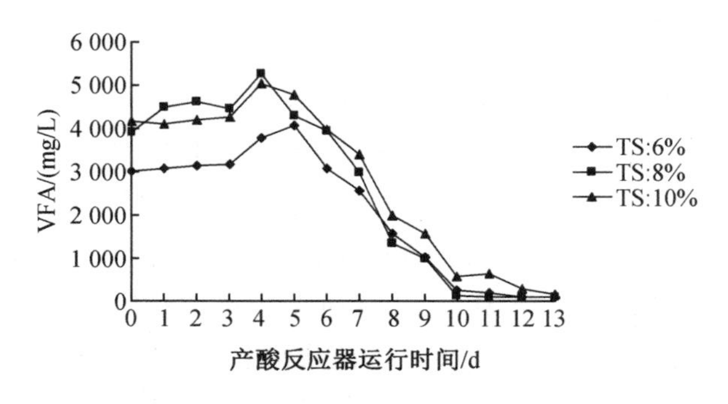

图 7-15　产酸相反应器不同进料浓度对 VFA 的影响

如图7－16所示，三组的乙酸和丁酸之和的曲线变化趋势与图7－15的VFA变化趋势相同。三条乙酸和丁酸之和的曲线的变化都是缓慢上升，在第5天达到最大，然后开始下降。2组的VFA在第1天到第4天一直高于3组和1组，当第三天开始向产甲烷罐内进料后使其容积产气率迅速增加。2组和3组的VFA高于1组，是因为前者料液里的有机物浓度高，产酸细菌利用的底物多，产生的VFA相对较高，乙酸和丁酸之和也随之升高。

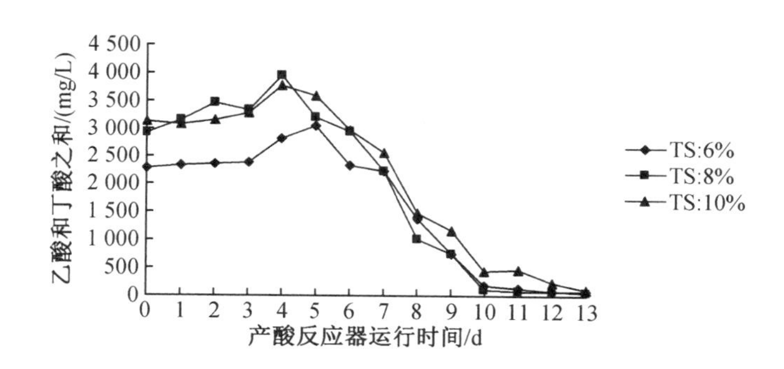

图7－16 产酸相反应器不同进料浓度对乙酸化丁酸之和的影响

3. 产酸相反应器不同进料浓度对产气特性的影响

如图7－17所示，三条曲线的变化趋势为先上升，在第8天左右达到最大，然后开始下降。在产酸相反应器的前7天，1组、2组的容积产气率一直高于3组，从反应的第8天开始，3组的容积产气率高于1组和2组的容积产气率。这是因为3组的进料浓度高，造成挥发酸的积累，由于3组的VFA中乙酸与丁酸之和的含量少，丙酸含量较多，不利于甲烷菌利用，造成了3组的容积产气率低，这点也可以在图7－14和图7－16得到验证。

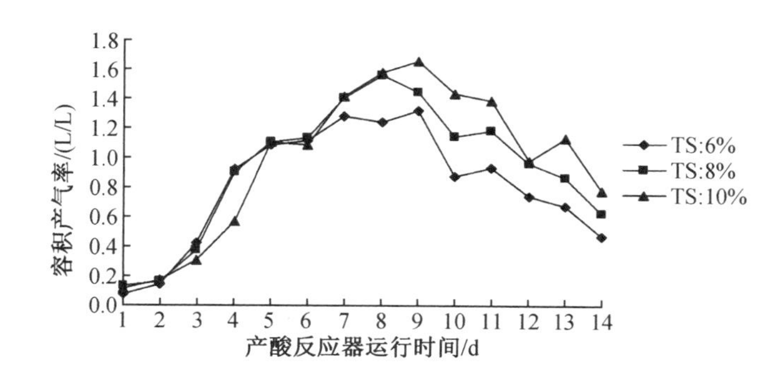

图7－17 产酸相反应器不同进料浓度对容积产气率的影响

如图7－18所示，反应开始的前9天里，2组的累计日产气量一直高于1组、3组，这也就说明了2组的产气速度在反应前9天快于1组、3组。2组的有机物浓度适宜产酸细菌的生长代谢，产酸细菌的代谢产物为产甲烷相反应器内的细菌提供了充足的底物，使产气量迅速增加。

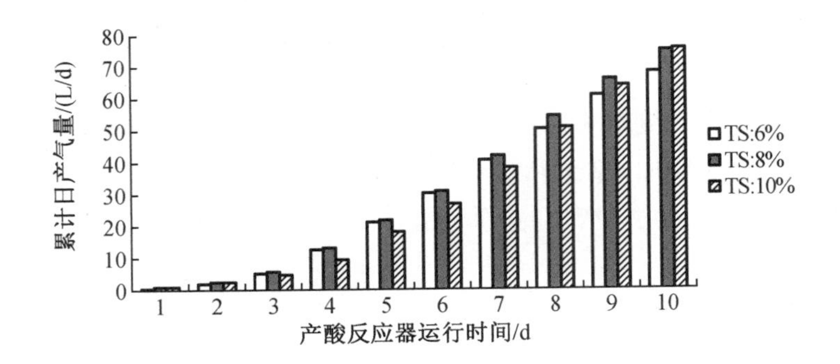

图 7－18　产酸相反应器不同进料浓度对累计日产气量的影响

如图 7－19 所示,3 组的总产气量最大(109.73L),2 组其次(104.135L),1 组最小(90.465L)。利用 SAS 软件 ANOVA 过程进行显著性分析,$0.01 < p < 0.05$,差异显著。而由图 7－18我们可知,2 组的产气速度在反应开始的前 9 天一直高于 3 组,3 组的总产气量高于 2 组,但是 3 组的前期产气速度慢于 2 组。这是因为 3 组的进料浓度高,不利于产酸细菌受反馈抑制的作用,生成的 VFA 少,没能及时给甲烷细菌提供充足的底物进行生长代谢活动。

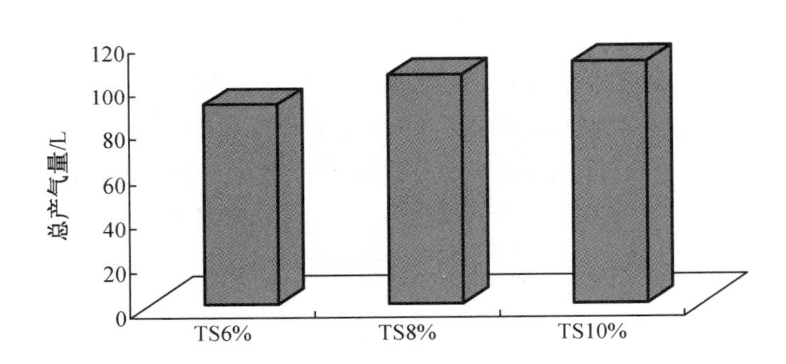

图 7－19　产酸相反应器不同进料浓度对总产气量的影响

4. 产酸相反应器不同进料浓度对 COD 去除率的影响

如表 7－11 所示,三组的去除率都不是很高,是由于牛粪中木质素、纤维素、半纤维素含量很高,其中木质素很难降解影响了 COD 去除率。1 组的 COD 去除率最高,2 组其次,3 组最低。

表 7－11　产酸相反应器不同进料浓度对 COD 去除率的影响

试验号	产酸相温度 /℃	进料浓度 /%	进料 /(COD mg/L)	出料 /(COD mg/L)	COD 去除率 /%
1	30	6	68 165	40 579	40.47
2	30	8	89 860	55 569	38.16
3	30	10	110 324	76 686	30.49

7.4 粒径对产酸相和产气特性的影响

采用厌氧发酵技术处理畜禽粪便可以实现垃圾处理和能源的回收,因此在土地紧张和能源紧张日益严重的今天,这项技术得到了越来越广泛的认可、研究和应用。随着对厌氧发酵工艺研究的深入,研究者们逐渐意识到由于畜禽粪便中含有杂草等高纤维素物质,水解酸化成为整个过程的限速步骤,而且畜禽粪便原料常混杂有生产作业中的各种杂物。为了便于用泵输送及防止发酵过程中出现故障,就需要对原料进行预处理。在预处理时,牛粪中的长草应去除,否则极易引起管道堵塞。上海星火农场采用绞龙出槽机去除牛粪中的长草,可以收到较好的效果。再配用切割泵进一步切短残留的较长的纤维和杂草可有效地防止管路堵塞。对于颗粒有机物来讲,粒径越大,水解速率越小。故对颗粒态有机物浓度高的废水或污泥等,在进水反应器前可用粉碎机械或研磨机破碎,以减小污染物的粒径,从而加快水解反应的进行。Jan Gadus 等发现粒径小于 5 mm 可以显著提高产气量。因此,本轮试验的目的就是探讨用粉碎机粉碎后,再用筛网粒径小于 3 mm、5 mm 过滤后的牛粪和未粉碎的牛粪料液进行对比试验,以期找到合适的粒径,提高产酸速率和总产气量。

7.4.1 试验设计

试验分为三组:产酸相反应器运行温度为 30℃,产酸相反应器的进料浓度 TS 为 8%,粒径分别为 3 mm、5 mm 和未过滤。每天检测产酸相反应器的 pH 值、VFA、产气量、气体成分和产甲烷相反应器的产气量以及气体成分,据此判断反应的运行情况。在产酸相反应器运行到第 3 天,每天先从产甲烷相反应器上口处放出 1L 发酵后的料液,将该料液进行曝气处理 5 min,然后再向产甲烷相反应器输送 1L 产酸相反应器上口处放出清液,同时将曝气处理的料液输送回产酸相反应器,试验周期为 14 d。试验初始参数如表 7-12 所示。

表 7-12 不同粒径试验初始参数

试验号	产酸相运行温度/℃	产甲烷相运行温度/℃	进料TS/%	粒径/mm
1	30	35	8	<3
2	30	35	8	<5
3	30	35	8	—

7.4.2 试验结果与分析

1. 粉碎后的粒径对 pH 值的影响

如图 7-20 所示,三条曲线的变化趋势为先下降至第 3 天达到最低,然后上升,最后稳定在 7.20 左右。0 天的 pH 值表示进料时的 pH 值。粒径小于 3 mm 为第 1 组,粒径小于

5 mm为第2组,未打碎的为第3组。在产酸相反应器开始运行的前3天,1组的pH值比2组和3组下降得快,这是因为牛粪中的纤维素含量较高,可降解性较小,将牛粪打碎使其颗粒粒径变小,颗粒粒径的减小使得表面积提高,裸露在表面的结合点增加,可以促进生物过程,同时因为打碎的作用,使牛粪中的纤维的可溶解性增加,水解和酸化速度提高,挥发性脂肪酸增加,pH值降低较快。

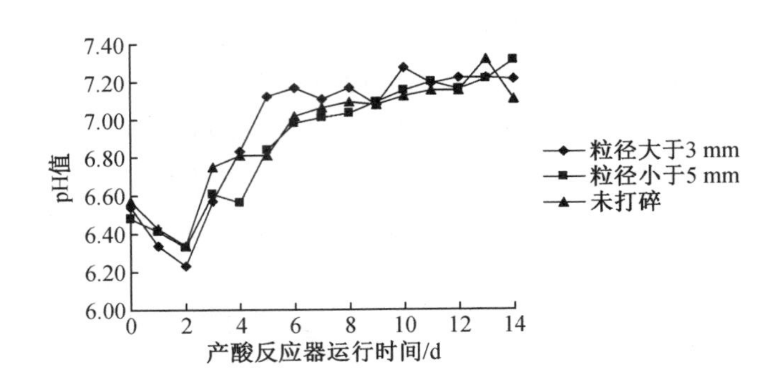

图7－20　粉碎后的粒径对pH值的影响

2. 粉碎后的粒径对产气特性的影响

如图7－21所示,三条曲线的变化都是先上升然后下降。1组的容积产气率在第5天最先达到峰值,1组的最大容积产气率为1.34 L/L;2组的容积产气率在第7天最先达到峰值,2组的最大容积产气率为1.35 L/L;3组的容积产气率在第7天最先达到峰值,3组的最大容积产气率为1.16 L/L。从三条容积产气率的曲线的变化可以看出,1组的产气速度快,到达峰值的时间早。这是因为机械预处理使物料的颗粒粒径变小,颗粒粒径的减小使得表面积提高,酶解速度提高,可以促进生物过程。如果物料的纤维素含量较高,可降解性较小,打碎可以增加物料的可溶性,提高气体产气量。粒径的减少可以提高消化速率和明显地缩短厌氧发酵时间。

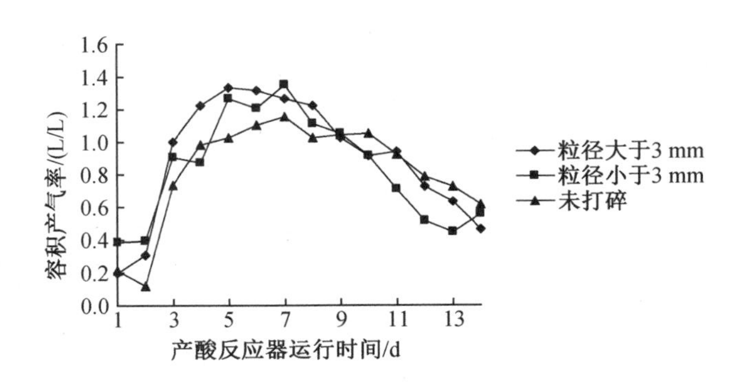

图7－21　粉碎后的粒径对容积产气率的影响

如图7-22所示,1组的总产气量最大达到了96.97L;2组的总产气量次之,达到了89.11L;3组的总产气量最小,达到了87.15L。利用SAS软件ANOVA过程进行显著性分析,$p<0.01$,差异极显著。这是因为发酵颗粒的纤维素含量较高,可降解差,通过粉碎来处理物料,可以减小颗粒粒径,从而提高生物产气量,加快消化速度和减少反应体积。随着物料粉碎程度的增大,表面积也增大,裸露在表面的结合点增加,同时因为打碎的作用,使牛粪中的纤维的可溶解性增加,使产气潜力提高。

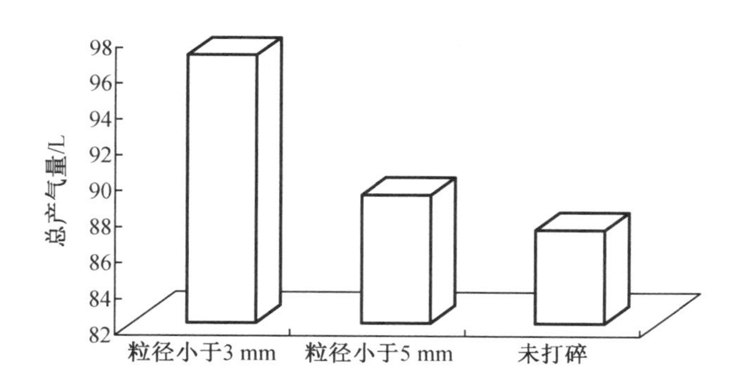

图7-22 粉碎后的粒径对总产气量的影响

3. 粉碎后的粒径对VFA的影响

如图7-23所示,三条曲线的变化趋势为先上升,在第4天左右达到最大,然后开始下降至最低。粒径小于3 mm的为1组,粒径小于5 mm的为2组,未打碎的为3组。从反应器运行的前4天看,1组的VFA高于2组、3组,这是因为减小颗粒粒径,表面积也增大,裸露在表面的结合点增加,酶解速度提高,生成的VFA也就相应的增加。3组的VFA低于1组、2组,是因为3组的料液没有经过粉碎处理,料液里的可溶性有机物少,能够给产酸细菌利用的就少,产生的VFA也相应的低。从第6天开始,VFA均开始下降,这是因为反应器内的有机物减少了。

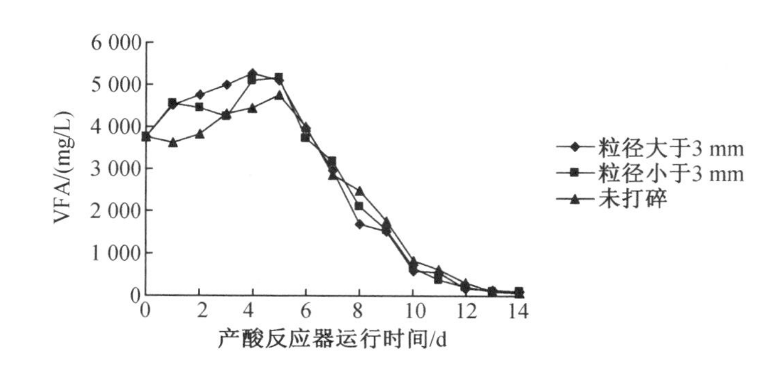

图7-23 粉碎后的粒径对VFA的影响

如图 7－24 所示，三条曲线的变化趋势为先下降再升高。与 VFA 的变化趋势类似，结合容积产气率的变化曲线可以看出，乙酸和丁酸之和的变化大致与容积产气率的变化存在着这样的关系，乙酸和丁酸之和升高，容积产气率也随之升高，乙酸和丁酸之和降低，容积产气率也随之减少。这说明乙酸和丁酸是甲烷菌的底物，乙酸和丁酸的多少决定着甲烷菌生长和代谢活动，进而影响产气量。

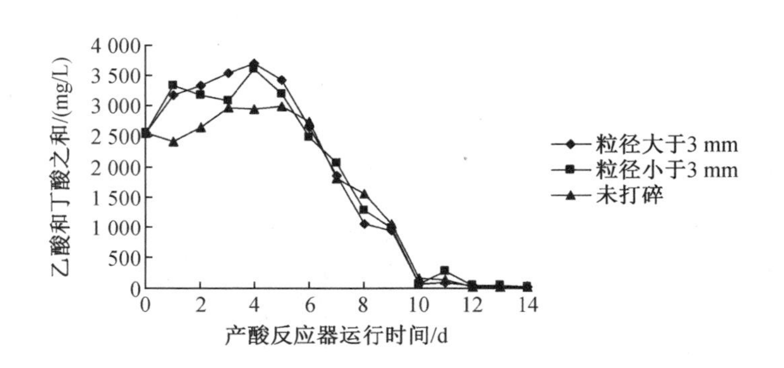

图 7－24　粉碎后的粒径对乙酸化丁酸之和的影响

4. 粉碎后的粒径对 COD 去除率的影响

由于打碎的作用，使牛粪中的纤维的可溶解性增加，增加了进料可溶性 COD 的含量，使水解和酸化速度提高，促进了生物降解。如表 7－13 所示，三组的 COD 去除率中，1 组最高，达到了 35.16%，2 组其次，达到了 34.28%，3 组最低，为 30.10%。

表 7－13　粉碎后的粒径对 COD 去除率的影响

试验号	粒径/mm	进料 TS/%	进料 COD /(mg/L)	出料 COD /(mg/L)	COD 去除率 /%
1	3	8	89 127	57 790	35.16
2	5	8	86 295	56 173	34.28
3	—	8	81 430	56 920	30.10

5. 经济性分析

沼气发酵是一个(微)生物学的过程。各种有机物(农作物秸秆、人畜粪便以及工农业废水)在厌氧及其他适宜的条件下，通过微生物的作用，最终转化为沼气。而沼气是一种混合的可燃性气体，其主要成分是甲烷、二氧化碳、少量的氢、一氧化碳、硫化氢等。其性质由组成它的气体性质及相对含量而决定，其中以甲烷和二氧化碳对沼气性质影响最大。如以沼气为例，其中的甲烷体积占 60%，二氧化碳体积占 39% 为例，沼气的容量为1.22 kg/标 m^3，沼气的比重为 0.943，沼气的燃烧热值为 21 528 kJ/标 m^3(5 142 kcal /标 m^3)。而甲烷的燃烧热值为 35 822 kJ/m^3，接近 1 kg 石油的热值。

在粒径不同，其他条件相同的情况下，在两相厌氧发酵过程中，1 组比 3 组多产生了

9.82 L沼气(4 kg料液)。利用粉碎机械的功率为7.5 kW,每小时可粉碎牛粪为1 200 kg。粉碎机械工作一小时所消耗的能量为7.5 kW,可折合为2.7×10^4kJ。1 200 kg粉碎的牛粪比未粉碎的牛粪多生产的热量为

$$Q_{多}=9.82\times\frac{1\ 200}{4}\times10^{-3}\times2.15\times10^{4}=6.33\times10^{4}\ \text{kJ}$$

η为粉碎机械工作一小时消耗的热量与由于粉碎增加的沼气所产生的热量的百分比。

$$\eta=\frac{Q_{机械}}{Q_{多}}\times100\%=\frac{2.7\times10^{4}}{6.33\times10^{4}}\times100\%=42.65\%$$

由上式可看出,只需要燃烧多产生的沼气的42.65%,就可以满足粉碎机械的需要。多生产出来的热量与粉碎机械所消耗的热量之差为ΔQ。

$$\Delta Q=Q_{多}-Q_{机械}=6.33\times10^{4}-2.7\times10^{4}=3.63\times10^{4}\ \text{kJ}$$

ΔQ折合成电量约合10度(1度$=3.6\times10^6$J),这说明把牛粪料液粉碎到粒径小于3mm的程度,在经济和能源环保等方面上都是可行的。

7.5 本章小结

(1)在酸化料液和产甲烷相反应器的温度、接种物相同的情况下,以不同的产酸相反应器(中温酸化温度:35 ℃、高温酸化温度:55 ℃)温度处理牛粪料液,通过监测各参数的变化情况,结果表明:中温酸化和高温酸化对产气特性、产气量、产气速度、挥发性脂肪酸(VFA)、化学需氧量(COD)去除率等方面的影响差异不显著,由于高温酸化需要消耗更多的能源,高温酸化在经济上是不合算的。在两相厌氧发酵处理牛粪方面,中温酸化比高温酸化更具有优势。

(2)试验中与1组、2组相比,3组具有产气速度快、产气量大、COD的去除率高等优点。因此,3组的发酵效果好。这表明在不同酸化温度(20 ℃、25 ℃、30 ℃)的两相厌氧发酵中,酸化温度为30 ℃的效果好。

(3)分析结果表明:2组和3组的发酵效果都好于1组。虽然,3组的总产气量略高于2组,这是因为3组的进料浓度高的,有机物多,产酸细菌生成的VFA多,甲烷细菌可利用的VFA也就多,产气量就多。但是3组的进料量高于2组20%,而3组的总产气量仅比2组高出5%,这是因为3组的浓度高影响了其中间产物的性质,进而影响了其产气量。2组在反应初期产气速率和COD的去除率等方面都高于3组,并且2组在反应初期的产气速度快。综合各方面因素,在本试验装置的情况下,酸化温度为30 ℃时,进料的TS浓度为8%为最佳参数。

(4)粉碎后粒径小于3 mm的牛粪料液的产气速度和总产气量高于未粉碎的牛粪料液,从经济上考虑,粉碎后粒径小于3 mm的牛粪料液也比未粉碎的牛粪料液有优势。在两相厌氧发酵的预处理阶段,采取粉碎改变粒径大小的技术,可以提高沼气的产量和产气速率。对于粗纤维(纤维素、半纤维素和木质素等的总称)含量较高的畜禽粪便应采取粉碎处理,其无二次污染、经济性可行、提高产气量的优点。虽然减小有机固体物粒径的大小对厌氧

发酵具有显著促进作用,但并不是越小越好,我们要从能源、环保等多个角度考虑来选择合适的粒径,来达到既增加产气量,又能达到较好的经济效果。因此,选用粉碎机械时,将有机物粉碎到何种程度需要综合考虑。

第8章　秸秆的传质特性及底物浓度对发酵特性的影响

玉米秸秆具有亲水性，在厌氧发酵过程中由于水分子的扩散、渗透的发生，使秸秆吸水膨胀，增大其自重，若吸水能达到饱和状态，会在发酵液中产生较好的沉降性，利于发酵原料与反应器底部高密度的接种物接触，充分降解有机物，提高产气速率，利于秸秆沼气持续稳定运行。但是，由于秸秆特殊的物理性质，密度低，在厌氧发酵过程中极易出现上浮，秸秆短时间内吸水达不到沉降状态，所以在反应器内形成浮渣，降低了反应器的有效利用空间，严重影响反应器的有效处理能力。若在浮渣层不影响产气的情况下，高负荷运行能够提高反应器处理能力，提高容积产气率，这也是提高厌氧发酵反应器的运行效率的基础。但是在厌氧发酵初始阶段，秸秆内可溶性糖及纤维素、半纤维素的水解酸化过程中容易产生酸的积累，这是由于原料的水解酸化速率高于甲烷菌在酸化阶段对酸产物的利用速率，极易出现酸化阶段及产甲烷阶段速率的不匹配的现象，从而导致在发酵初期酸化过度，造成酸中毒现象，严重影响发酵系统产甲烷启动时间或直接停止产甲烷，影响系统正常运行。所以，在秸秆能产生较好沉降性能的前提下，选择与接种物性质相匹配的底物浓度对于顺利启动，维持高效、稳定的发酵运行极为重要。

同时考虑玉米秸秆各部位有机成分及组织结构有很大的差异，在厌氧发酵过程中，传质特性、产甲烷特性及浮渣层厚度都存在差异性，有必要对玉米秸秆各部位进行单独厌氧发酵研究，了解其传质特性，厌氧发酵过程中能够承受一定有机负荷时浮渣层的变化情况及产甲烷特性的差异，为解决浮渣问题提供基础的理论依据。

8.1　试验设计

8.1.1　秸秆吸水及物质溶出试验

玉米秸秆的吸水性能与其组织结构、成分含量有着密切的关系，所以本试验将玉米秸秆的髓、皮、叶切割成长20 mm的小段，试验分髓、皮、叶3组，每组24个处理项。A组：将髓5 g放入100目锦纶过滤袋中，封口后压入溶液（溶液为过20目筛的沼液，温度为44 ℃）以下50 mm处，每1 h搅拌1次，每次15 s，定时取出1袋，用水冲洗去除杂质后进行监测吸水率及物质溶出状态；B组皮、C组叶与A组进行相同处理，不同的是皮和叶各称取10 g。每组3个平行，试验结果取平均值。

8.1.2 底物浓度发酵特性试验

根据预试验,把玉米秸秆及各部位按本书3.1节中原料的方法处理,粉碎粒径为φ5,进行单相厌氧发酵试验。以2 500 mL广口瓶(高径比1∶2)为反应器,如表7-1所示,按照表中的底物浓度进行配比后置于37 ℃恒温水浴中进行厌氧发酵,每天定时监测产气及浮渣层的变化情况,发酵时间30 d,当各处理项均缓慢产气,停止厌氧发酵试验。试验过程中定时监测浮渣层的厚度,每天定时对反应器进行2次手动摇晃搅拌,每次15 s,混匀料液使上浮的物料与反应器底部的接种物充分接触,提高产气效果。集气装置为2 000 mL集气袋,气体成分及体积见本书2.3.1部分气体成分及产量的测定。

表7-1 发酵浓度试验设计

编号	原料质量/g	TS/%	VS/%	pH值	浓度/(gVS/L)
髓-1	24.28	3.25	2.40	7.20	24.39
髓-2	29.51	3.56	2.70	7.25	27.53
髓-3	34.77	3.87	3.00	7.27	30.70
皮-1	38.16	4.05	3.30	7.18	32.81
皮-2	45.25	4.46	3.60	7.20	37.09
皮-3	52.39	4.87	4.00	7.23	41.40
叶-1	40.72	4.19	3.30	7.31	32.87
叶-2	48.29	4.63	3.60	7.29	37.16
叶-3	55.94	5.06	4.00	7.22	41.49
秸秆-1	38.57	4.08	3.30	7.29	32.82
秸秆-2	45.73	4.49	3.60	7.17	37.10
秸秆-3	52.96	4.91	4.00	7.24	41.41
ISR	1 000	1.78	0.98	7.27	9.81

注:髓1、皮1、叶1和秸秆1为处理1组,以此类推。

试验数据通过Excel 2013进行整理,由Origin Pro 2017软件绘制及拟合分析。玉米秸秆髓具有密度低、组织结构疏松及吸水性强等特点,根据预试验研究结果,用接种量为1 500 g,玉米秸秆、髓、皮和叶按照表7-1所示的比例调制VS浓度后进行单相厌氧发酵试验。另取接种物1 000 g,编号为ISR的处理组为接种物空白样品,计算原料的产气量时要扣除接种物残余的产气量。

8.2　结果与讨论

8.2.1　秸秆各部位传质特性分析

在厌氧发酵过程中，秸秆的吸水及可溶物质的溶出是一个传质过程，通过菲克定律得出，溶液通过分子扩散到秸秆颗粒内的扩散率如公式(8－1)所示。

$$F_{MD}=SD_M\frac{dC}{dx} \tag{8-1}$$

式中　S——秸秆颗粒表面积；

D_M——液体扩散系数；

$\frac{dC}{dx}$——颗粒内液体浓度梯度。

令 C_1为液体浓度，d 为颗粒的厚度（或直径），则$\frac{dC}{dx}=C_1/(d/2)$，平均的扩散率如公式(8－2)所示。

$$F_{MD}=\frac{2SD_MC_1}{d} \tag{8-2}$$

则一定时间 Δt 内，秸秆颗粒内的传质量如式(8－3)所示。

$$\Delta M_{MD}=\frac{2SD_MC_1}{d}\Delta t \tag{8-3}$$

假设颗粒内溶液的密度与溶液的浓度呈线性，即：$\rho=\rho_w+kC_1$，随着传质的进行，颗粒的密度变化如公式(8－4)所示，进行表示。

$$\Delta\rho=\rho_t-\rho_0=\frac{k\Delta M_{MD}}{V} \tag{8-4}$$

式中　ρ_0——水中秸秆颗粒初始的密度；

V——秸秆颗粒体积。

因此，在水分子扩散过程中秸秆颗粒的平均密度（包括颗粒孔隙内的液体）随时间的变化如公式(8－5)所示进行表示。

$$\rho_t=\rho_0+\frac{2SD_M(\rho_1-\rho_w)}{dV}\Delta t \tag{8-5}$$

秸秆近似呈圆柱体，假设秸秆颗粒的长度与直径相同，则秸秆吸水过程中的平均密度随时间的变化如公式(8－6)所示。

$$\rho_t=\rho_0+\frac{12D_M(\rho_1-\rho_w)}{d^2}\Delta t \tag{8-6}$$

秸秆颗粒在溶液中能沉降，其密度需要满足的必要条件为 $\rho_t\geqslant\rho_1$，由此可以计算出秸秆颗粒在溶液中吸水后产生沉降最短的水分子扩散时间如式(8－7)所示。

$$\Delta t_{MD} = \frac{d^2(\rho_1 - \rho_0)}{12D_M(\rho_1 - \rho_w)} \tag{8-7}$$

由公式(8-6)可知,秸秆吸水后的密度与其厚度的平方成反比,与吸水时间成正比,所以在一定吸水时间内,颗粒越小,其密度增大越快,越容易达到与沼液相接近的比重,产生较好的沉降性。

1. 秸秆各部位吸水率变化情况

秸秆各部位在沼液中的吸水率情况如图8-1所示,由图可以看出在整个吸水过程中,秸秆各部位随吸水时间的延长,吸水率呈现逐渐上升趋势。其中在吸水0~2 h时,吸水速率快,吸水率呈直线上升的趋势,而在吸水2 h到16 h期间,吸水速率下降,呈缓慢增加趋势变化,这是因为秸秆具有亲水特性,同时秸秆初入水时,秸秆内的水势(< -0.9 MPa)远低于外部水溶液的水势(0 MPa),水分子通过扩散的方式进入秸秆内部,秸秆吸水后增大了秸秆表面的水势,使秸秆表面内外水势差减小,水分子的扩散速率降低导致吸水速率下降。根据图中显示,秸秆各部位的吸水率有着明显的差异,从强到弱依次是髓、叶、皮,在吸水初期2 h时,髓、叶、皮的吸水率分别为492%、315%、124%(含水率分别为76.5%、73.8%、52.6%),而在16 h时,吸水率分别上升到679%、347%、160%(含水率分别为85.7%、77.7%、60.3%),髓的上升幅度明显高于叶和皮,这主要是髓的组织结构蓬松柔软,髓内蛋白质、氨基酸、糖类所含有的亲水基团(—COOH、—CO、—NH_2)高于其他部分,吸水能力较强引起的差异。而在120 h时,髓、叶、皮的吸水率分别达到了1028%、527%,233%(含水率分别为91.2%、84.0%、69.9%),但秸秆吸水还没有达到饱和状态,在沼液中没有产生悬浮或沉降状态,但当秸秆的含水量达到一定程度时,秸秆是可以产生悬浮或沉降状态,此时髓、叶、皮的含水率分别为92.3%、80.34%、76.62%。

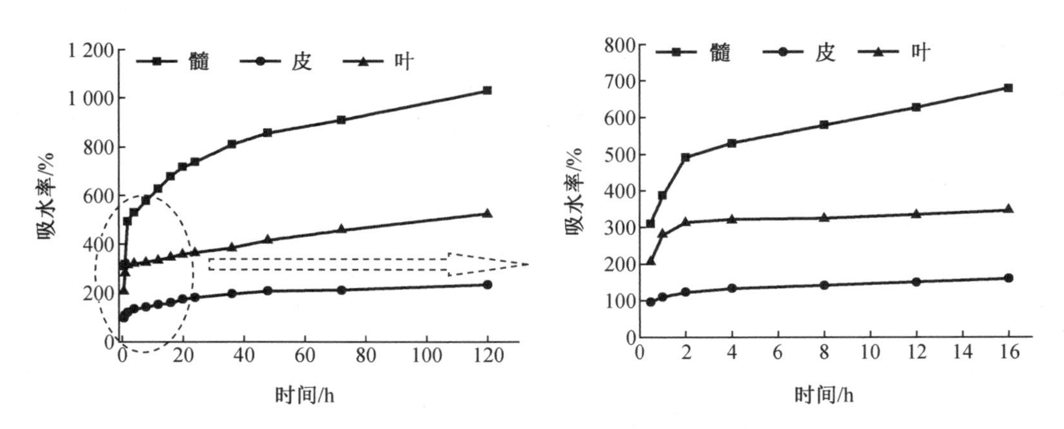

图8-1　秸秆各部位吸水率变化情况

如图8-2所示,可见块状的黄贮秸秆吸水后要发生沉降,必须经过较长时间的吸水才能达到饱和状态。要想秸秆吸水后在较短时间达到饱和状态而产生沉降就要相应的增加秸秆颗粒与水溶液的接触表面积,也就是使秸秆颗粒变小。

(a)髓　(b)叶鞘　(c)叶片　(d)苞叶　(e)皮

图8-2　秸秆沉降情况

秸秆颗粒吸水率除了与组织结构、有机成分有关外，还与秸秆颗粒的大小(如公式8-6所示)、沼液的温度有关，本试验选用的是2 mm长的秸秆，若秸秆进行粉碎使颗粒变小，增大了其比表面积、缩短了水分子扩散的距离，研究显示水分子扩散效果适用于短距离扩散，秸秆颗粒越小，越容易扩散到秸秆中心部位。同时溶液温度越高、水分子运动越剧烈，增强了水的黏附力和表面张力，水分子通过毛细(管)作用快速进入木质部中的导管中，使得植物细胞壁的纤维素微纤丝间的毛细管网络吸收水分，增大自身的比重，逐渐使秸秆颗粒达到饱和状态，进而能在溶液中出现悬浮状态，当自身的重力大于浮力时，出现沉降现象，这是厌氧发酵过程中我们希望的结果。可见，要想秸秆颗粒在吸水后出现沉降，必须要对秸秆进行粉碎，粉碎为多大的粒径在厌氧发酵过程中能出现较好沉降性，这是本研究的一个重点内容，具体见第10章研究。

2. 秸秆各部位物质溶出变化情况

由于秸秆的亲水性使得秸秆在溶液中吸附水分子，水分子通过渗透进入秸秆内部，同时秸秆内的可溶性物质同样渗透(或水解)到溶液中，秸秆中溶出的可溶性物质包括有机物和无机离子等。秸秆各部位在溶液中物质溶出情况如图8-3所示，图中显示秸秆物质溶出质量比随时间的延长有逐渐增大的趋势，通过数据拟合发现，物质溶出率与水解时间满足$y=a-b\cdot c^x$指数函数变化趋势，髓、皮、叶的R^2分别为0.958 7、0.989 5、0.989 8，拟合效果较好，髓的拟合效果略差。从图中可以看出从刚入溶液到24 h期间，秸秆物质溶出速率较快，其中皮的溶出物质质量最多，其次是髓和叶，物质溶出率(即物质溶出质量比)分别为20.74%、17.97%、7.83%。而24 h后皮的物质溶出速率变慢，并在48 h后低于髓的溶出量，而髓和叶溶出物质持续增加。出现这样的趋势可能是秸秆各部分前期溶出的物质是可溶性的糖类等物质居多，还有大部分的可溶性无机成分，随着时间的延长，秸秆本身携带的微生物和溶液中的微生物对秸秆发生了水解反应，易降解的有机物慢慢发生水解，使得秸秆物质溶出的质量也逐渐增多。在72 h后髓的物质溶出率增加幅度大于皮和叶，这与其组织结构和有机物组成有关，同时髓是圆柱形体，内部可溶出物质向溶液中扩散的距离远大于皮和叶，与皮和叶相比，相同的溶出量所需的时间略长。

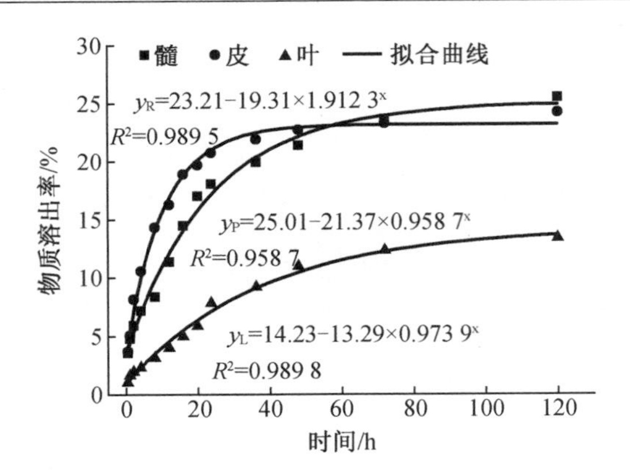

图 8－3　秸秆各部位物质溶出变化规律

可见，秸秆厌氧发酵初期，在水解微生物酶解的作用下，可溶性物质会在较短的时间内快速溶出或析出，并在产酸菌的作用下产生挥发酸，使发酵液的 pH 快速下降，易造成酸中毒现象，特别是粉碎的秸秆，增大了比表面积，微生物可及性增强，短时间内发酵液的 pH 会快速下降，严重的会直接停止产气，所以适宜的底物浓度利于沼气工程持续稳定地运行。

8.2.2　秸秆各部位产气潜能特性分析

根据本书表 3－1 中秸秆各部位的元素组成，将其表达成化学式，进而通过 Buswell 发酵方程式（3－11）建立秸秆各部位甲烷发酵的化学计量式，具体如下：

髓：$C_{3.34}H_{6.32}O_{2.73}N_{0.04} + 0.418H_2O = 1.761\ CH_4 + 1.576\ CO_2 + 0.036\ NH_3$

皮：$C_{3.51}H_{6.44}O_{2.58}N_{0.04} + 0.636H_2O = 1.896\ CH_4 + 1.609\ CO_2 + 0.044\ NH_3$

叶：$C_{3.36}H_{5.88}O_{2.39}N_{0.07} + 0.741H_2O = 1.790\ CH_4 + 1.567\ CO_2 + 0.068\ NH_3$

秸秆：$C_{3.41}H_{6.18}O_{2.56}N_{0.05} + 0.625H_2O = 1.817\ CH_4 + 1.592\ CO_2 + 0.053\ NH_3$

对上述化学计量式根据式（3－12）进行计算，本试验中玉米秸秆的髓、皮和叶理论最大产甲烷潜能分别为 435.37 mL/gVS、469.53 mL/gVS 和 479.50 mL/gVS，虽然秸秆各部位的组织结构及有机物含量的差异性很大，但是髓、皮及叶的元素含量接近，理论最大产甲烷潜能相差不大，最多是叶，其次是皮和髓。而其理论 TS 甲烷产量略有变化，髓、皮和叶的理论甲烷产量分别为 416.87 mL/gTS、454.70 mL/gTS 和 422.30 mL/gTS，皮的理论产甲烷潜能最大，其次是叶和髓，其中叶 TS 与 VS 理论甲烷产量相比变化较大，这是因为叶中无机物含量高于其他部位，同时植物在生长过程中，受外界环境因素的影响，容易沾满灰尘或泥土，导致叶中的有机物含量降低（单位干物质计），直接影响原料的 TS 产甲烷潜能，而与 VS 的产甲烷潜能无关。玉米整株秸秆 TS 和 VS 理论最大甲烷产量分别为 458.40 mL/gVS 和 438.83 mL/gTS。

8.2.3　秸秆各部位底物浓度对产甲烷特性的影响

厌氧发酵周期是评价原料生物发酵性能的一项重要指标，对于规模化、工厂化的沼气工程意义重大。将各原料甲烷总产量达到理论最大产甲烷的 90% 所用的时间定义为 T_{90}。在获得同样的产气量情况下，发酵时间越短，意味着生产效率越高，反应器处理能力越强，进而可以获得更好的经济效益。

秸秆各部位厌氧发酵过程累积甲烷产量的数据，利用修正的Gompertz模型和First order模型分别进行拟合分析，以各处理项的VS甲烷产量、发酵时间T_{90}、T_{90}时的甲烷产量P_{90}、生物降解能力B_d和VS降解率η作为评价指标。各处理项发酵后的详细参数如表8-2所示。

由表8-2可知，髓的发酵料液VS浓度为2.7%，其他各部位的处理2组在发酵料液VS浓度3.6%时均能启动并正常产气，发酵后pH值在6.95~7.11。髓VS浓度上升到3%、其他各部位的处理3组VS浓度上升到4%时，各部位的处理3组在测试的前3 d有少量的沼气产出，而后一直处于休眠状态，产甲烷过程均未继续启动，试验结束时，打开反应器密封塞测试秸秆及髓、皮、叶组的pH值分别为5.65、5.15、5.61和5.55。远低于产甲烷菌所能承受的pH值范围（甲烷菌较适宜的pH值为6.5~7.5），致使产甲烷菌活性降低或停止生长，直接导致整个产甲烷过程运行失败。可见当厌氧发酵系统能正常启动，髓及其他部位适宜的VS浓度分别为2.7%和3.6%，超过这个适宜VS浓度时，产酸的速率有可能超过产甲烷的速率，就会致使厌氧发酵反应器内酸累积过多而产生酸中毒现象，如果不加以控制，整个发酵系统就会停止产气，致使发酵过程失败。

表8-2　秸秆各部位发酵后的参数表

编号	发酵后pH	甲烷含量/%	η/%	B_d/%	累积甲烷产量/(mL/gVS)
髓-1	7.05	53.58	55.84	57.65	251
髓-2	6.95	49.60	53.96	55.93	243.50
髓-3	5.15	—	—	—	—
皮-1	7.01	51.88	39.36	43.23	203
皮-2	6.97	49.36	38.09	41.42	194.50
皮-3	5.61	—	—	—	—
叶-1	7.03	51.03	51.32	52.14	250
叶-2	7.05	50.81	49.16	51.83	248.50
叶-3	5.55	—	—	—	—
秸秆-1	7.11	52.15	53.39	52.14	239
秸秆-2	7.00	49.81	52.88	51.40	235.60
秸秆-3	5.65	—	—	—	—

由表8-2中可以看出，各部位处理1组的VS累积甲烷产量分别高于各部位处理2组，说明在厌氧发酵系统中能够正常产气的浓度范围内，随着发酵底物VS浓度的升高，就会有更多的有机物被微生物所利用转化为甲烷。而随着发酵底物VS浓度的降低，气体中甲烷含量的升高，致使VS累积甲烷产量的贡献也在逐步增加。玉米秸秆各部位处理组VS累积甲烷产量最大是髓，其次是叶和皮，最大累积甲烷产量分别为251 mL/gVS、250 mL/gVS和203 mL/gVS，最低值分别为243.5 mL/gVS、248.5 mL/gVS和194.5 mL/gVS，其中皮的变化

最小,这是因为皮木质素含量高,木质化严重,组织结构致密,不易被降解的有机质相对含量较高,在相同底物浓度下,微生物可降解的有机物所产生的有机酸相对较少,不易产生酸积累,利于发酵的进行,所以对 VS 的累计甲烷产量影响不大。

玉米秸秆及各部位处理组在整个厌氧发酵过程中,甲烷含量均高于 49%,其中玉米秸秆各部位处理 1 组,髓的甲烷含量最高,其次是皮和叶,甲烷含量最高值比最低值仅高 4.8%,可见在接种浓度较高时,底物中有机物水解产生的有机酸能及时被产甲烷菌所利用;而对于玉米秸秆各部位处理 2 组,叶的甲烷含量最高,其次是髓和皮,但相差不大。从表 8-2中明显可以看出处理 1 组的甲烷含量高于处理 2 组,这可能是由于当底物浓度较高时,各部位可溶性有机物水解产酸速率较快,水解产酸量较大,水解率高,产生的小分子有机物及有机酸进入到发酵液中的碳元素较多,降低了发酵系统的碱度,使更多的 CO_2以气体形式逸出;而当底物浓度较低时,各部位有机物的水解产酸量虽然很大,但是发酵液相对较多,使得发酵系统碱度降低幅度不大,使气体中 CO_2浓度能保持较低水平。

表 8-2 显示随着底物浓度的增加,玉米秸秆及各部位的 VS 降解率呈现下降趋势,这主要是因为底物浓度增加导致厌氧微生物所承受的负荷增大,发酵体系的水活度降低,渗透压升高,抑制各种微生物的生长;同时产生的挥发性有机酸含量升高,对原料的降解起了抑制作用。生物降解能力是指厌氧发酵过程中底物的有机物被降解转化为甲烷的能力,是评价原料甲烷转化率的一项重要指标,玉米秸秆各部位 B_d 的数值变化规律与 VS 降解率趋势相同,髓和叶的生物降解能力较强,可达 51.83% ~57.65%;皮的生物降解能力最差,最低值为 41.42%。由此可见,虽然玉米秸秆各部位理论产甲烷潜能相差不大,但由于组织结构及木质纤维素含量的差异性,微生物可降解的有机物含量有所不同。

利用 Gompertz 和 First order 模型对玉米秸秆及各部位不同浓度的累积甲烷产量的试验数据分别进行拟合,拟合曲线如图 8-4 所示,方程拟合参数最大累积甲烷产量、最大日产甲烷量、延滞期、水解常数及拟合优度的结果如表 8-3 所示。

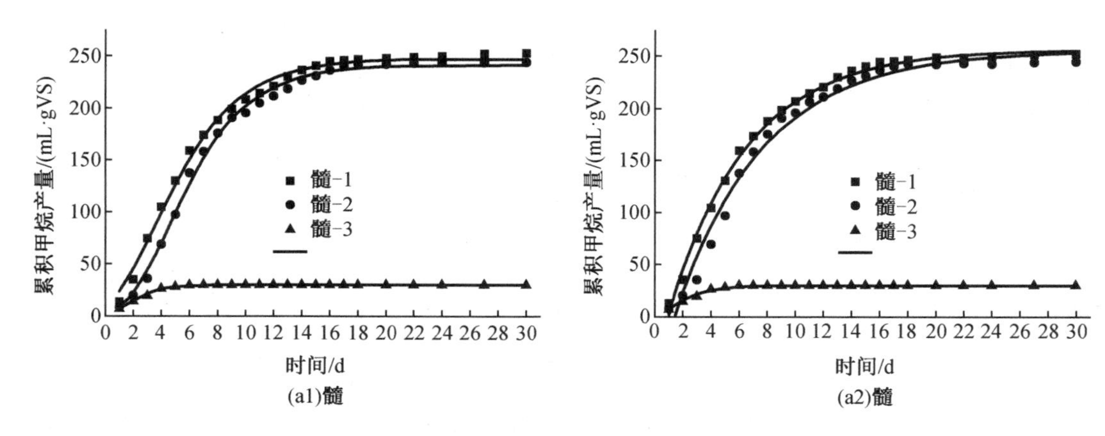

图 8-4 各部位不同浓度的累积甲烷产量

表 8-3　Gompertz and first order 方程拟合结果

	Gompertz				First order			
	P_m /(mL/gVS)	R_m /(mL/g·dVS)	λ/d	R^2	B_m /(mL/gVS)	k_H /d^{-1}	L_p/d	R^2
髓-1	247.05 ±2.00	28.99 ±1.05	0.50 ±0.17	0.993 9	255.89 ±2.01	0.18 ±0.006	0.96 ±0.07	0.996 2
髓-2	240.74 ±1.85	28.06 ±1.00	1.60 ±0.15	0.995 7	255.03 ±5.43	0.56 ±0.012	1.41 ±0.16	0.981 5
皮-1	200.69 ±1.60	22.65 ±0.83	0.50 ±0.17	0.994 1	207.92 ±2.10	0.18 ±0.007	0.94 ±0.10	0.993 8
皮-2	193.70 ±2.27	20.15 ±0.96	0.95 ±0.23	0.993 2	203.73 ±3.70	0.46 ±0.010	1.20 ±0.15	0.986 7
叶-1	244.78 ±2.27	30.93 ±1.58	0.12 ±0.21	0.988 6	259.83 ±1.45	0.22 ±0.006	0.73 ±0.06	0.996 7
叶-2	242.49 ±1.46	30.12 ±0.82	1.71 ±0.11	0.997 3	251.48 ±6.47	0.36 ±0.014	1.37 ±0.19	0.980 7
秸秆-1	230.86 ±2.38	30.27 ±1.73	0.21 ±0.23	0.985 9	236.96 ±1.69	0.22 ±0.008	0.76 ±0.08	0.995 1
秸秆-2	234.04 ±2.55	22.84 ±0.92	1.20 ±0.21	0.993 2	249.74 ±5.23	0.44 ±0.009	1.32 ±0.16	0.986 8

由表 8 - 3 所示,通过 Gompertz 模型和 First order 模型拟合后,R^2 值均高于 0.98,可见拟合效果较好,Gompertz 模型预测值更接近实际累积甲烷产气量,相对误差小,而 First order 模型拟合的累积甲烷产气率高于 Gompertz 模型的拟合的观测值,表明 Gompertz 模型能较好地模拟甲烷的产生(由于各部位处理 3 组均未能正常产气,表中并未给出拟合结果)。

从表 8 - 3 中还可以看出随着秸秆各部位底物浓度的升高,而秸秆各部位的累积甲烷产量有变小的趋势,其中处理 1 组能获得更高的甲烷产气量。而延滞期是指在厌氧发酵过程中甲烷产生经过的时间(系统启动时间),两个模型的延滞期变化趋势相同,都是随着底物浓度的升高,延滞期延长,说明较低的底物浓度利于厌氧发酵系统的启动。同时秸秆中叶的延滞期变化最大,其次是髓和皮,这是因为叶扁平成片状,含水量低,粉碎后易成粉末状,增大了其比表面积,在发酵液中可溶性有机物极易被微生物水解,水解产酸速率快使得延滞期略高。从水解常数 k_H 也可以看出随着底物浓度的升高,秸秆各部位的水解常数升高,说明较高的底物浓度加快了水解速率。而较高的 R_m 说明产甲烷速率高,其中叶的 R_m 值最大,为 30.93 mL/gVS · d,其次是髓和皮分别为 28.99 mL/gVS · d 和 22.65 mL/gVS · d,秸秆各部位较低浓度组(1 组)R_m 高于较高浓度组(2 组),但相差不大。同时随着浓度的升高,秸秆各部位最大的累积甲烷产量略有降低,降低的幅度低于 3.5%,所以从反应器的容积产气率角度考虑,较高的底物浓度能提高反应器容积产气率。

在厌氧发酵过程中,当累计总产气量达到实际总产气量的 90%,就认为发酵结束。如图 8 - 5 所示,可以发现两组浓度的累积甲烷产量相差不大,其中皮的累积甲烷产量最低,这是由它的组织结构及有机物组成引起的差异。随着底物浓度的增加,秸秆各部位发酵周期 T_{90} 出现的时间,2 组比 1 组延长 1 ~ 3 d,其中皮仅相差 1 d。在底物浓度相同的情况下,叶的发酵周期 T_{90} 最短,说明玉米秸秆叶更利于微生物降解。

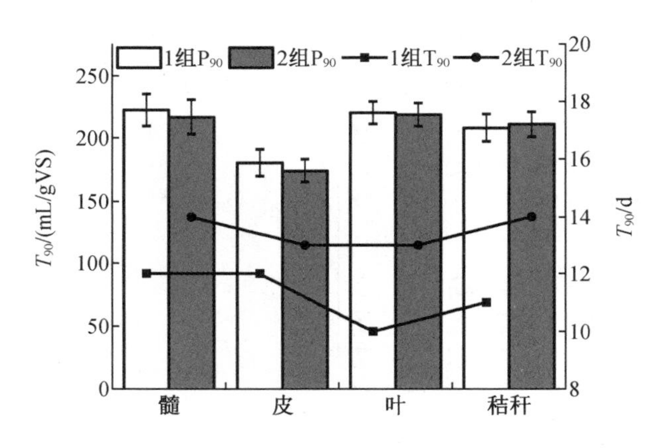

图 8 - 5　不同处理组的累积甲烷产量 P_{90} 和发酵周期 T_{90}

8.2.4　秸秆各部位底物浓度对浮渣层的影响

玉米秸秆在厌氧发酵过程中,由于密度小且流动性差,在反应器内容易出现上浮、结壳等现象,严重影响原料的产气效率,同时还会导致出料困难等一系列问题,制约了秸秆沼气工程的持续发展。研究表明,适宜的底物浓度能有效降低秸秆的浮渣层厚度,由于秸秆各部位的组织结构及密度有很大的差异,导致在反应器内的浮渣层也有很大的差异。

本节研究的秸秆各部位不同底物浓度在整个发酵周期内浮渣层的体积比变化情况如图 8 -6 所示,图(a)、(b)、(c)和(d)分别表示髓、皮、叶和整株秸秆浮渣层的变化情况。从图中可以看出随着发酵时间的延长,秸秆及各部位的浮渣层体积比整体趋势变化相似,都是先升高后逐渐降低,最后都趋于稳定,而产生酸中毒的各处理组略有不同,浮渣层厚度的变化是急剧降低最后趋于稳定,髓是在第 9 天左右达到了最低值,其他各部位都是在第 7 天左右达到了最低值,这是因为由于产生了酸中毒,致使发酵系统停止产气,发酵液中的较小颗粒原料首先吸水饱和后增大了自身的重力,使密度升高,在发酵液中出现悬浮或沉降现象,在没有沼气产生的基础上,定时的手动摇晃极易下沉到反应器底部,在没有气体上升浮力的作用下,不会上浮到液面上方产生浮渣层,另外,随着较大颗粒的吸水后达到下沉状态,致使浮渣层的厚度急剧降低。

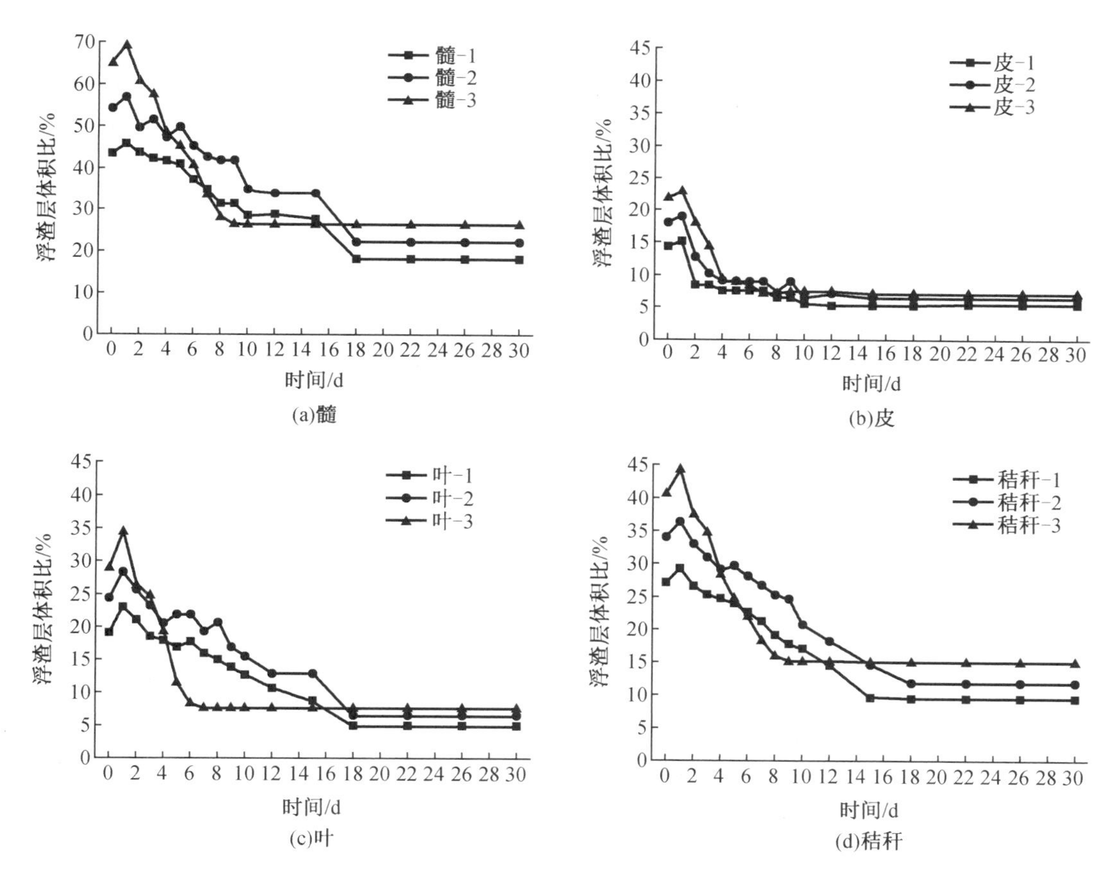

图 8 -6　秸秆及各部位浮渣层的变化情况

图 8 -6 显示,秸秆及各部位、各处理组在发酵的第 1 天,浮渣层的厚度略有升高,升高的幅度为 5.5% ~15.8%,可见在厌氧发酵过程中反应器的气室要留有足够的空间,防止由于原料的上浮产生堵塞出气孔现象。导致原料浮渣层厚度升高的原因是在厌氧发酵初期,发酵原料的吸水膨胀致使颗粒整体拥挤上浮,同时可溶性有机物的快速水解产酸伴随着

CO_2及少量H_2的产生,在气体上浮溢出液面产生的浮力作用下,致使原料上浮(或吸水下沉后的较小颗粒在浮力的作用下再次上浮),浮渣层的厚度略有升高。而从发酵后第2天开始浮渣层开始下降,大部分原因是各粉碎原料中粒度分布复杂、大小不一,在发酵液中逐渐吸附水分子,发酵液中的水解产酸、产甲烷菌附着在颗粒表面,随着水分逐渐向颗粒内部渗透,增大其自身的重力,当达到饱和状态并在搅拌的作用下,出现悬浮或下沉,致使浮渣层厚度逐渐减小。同时颗粒原料中水分子的扩散及水解酶从颗粒外部进入内部的速率不同,在颗粒表面形成的生物膜逐渐增厚,膜与膜间因胞外聚合物等黏性物质相互粘连,致使通透性降低,直接影响水分子向颗粒内部扩散,致使较大颗粒的自身重力很难达到下沉的状态,所以较大颗粒最终仍然漂浮在发酵液上方。可见,秸秆发酵原料的颗粒大小影响其在发酵液中的沉降性能。

图8-6中,在接种量一定,发酵能正常产气的情况下,秸秆及髓、皮、叶各处理组的浮渣层厚度随着底物浓度的升高呈变厚的趋势变化。在VS底物浓度相同的情况下(以VS浓度最高为例),玉米秸秆皮的悬浮层厚度随发酵时间变化最快,其次是叶和髓,在厌氧发酵的第2天,皮的浮渣层厚度就减少了46%左右,之后缓慢降低(略有波动),并在第10天达到了最低值,浮渣层厚度减少了64.3%,这与皮的结构组织致密、木质纤维含量高(与叶和髓相比,密度较高)有一定的关系,可见玉米秸秆皮在较短时间内就能达较好的沉降性能。而叶、髓和秸秆的浮渣层厚度随发酵时间缓慢降低,在发酵第10天,浮渣层厚度分别减少了36.1%、36.9%和39.2%,大约在发酵第18天左右达到最低值,与初始浮渣层厚度相比,分别减少了73.7%、59%和65.3%。从图8-6中可以看出髓的浮渣层厚度明显高于皮和叶,这是因为髓的结构组织蓬松柔软、密度很小、体积大,虽然吸水性很强,但是相同的粒径下,吸水后达到下沉的状态需要的时间略长。而玉米秸秆中浮渣层主要是由髓引起,其次是叶和皮,通过对表3-1及图8-6的分析,确定了玉米秸秆浮渣层的髓、皮、叶体积占比分别约为48%、29%、18%。

可见,在玉米秸秆厌氧发酵过程中,虽然髓的质量分数只占秸秆的13.5%左右,但浮渣层里有将近一半是由髓引起。要想解决玉米秸秆浮渣层问题,首先要解决髓的沉降问题。选择合适的预处理方法使得秸秆各部位在厌氧发酵初期就能产生较好的沉降,利于后期的产甲烷发酵。另外,影响浮渣层厚度的因素除了与原料的组织结构有关外,还与底物浓度、原料的颗粒大小有关。

8.3 本章小结

(1)在水解过程中,秸秆髓、皮、叶的吸水率及物质溶出率随时间的延长都呈现逐渐上升趋势,同时有着明显的差异,吸水率从强到弱依次是髓、叶、皮,并在吸水16 h时,分别达到679%、347%、160%(含水率分别为85.7%、77.7%、60.3%);而物质溶出率与水解时间通过数据拟合满足$y=a-b\cdot c^x$指数函数关系,在0~24 h期间,秸秆物质溶出速率较快,并在24 h时,皮、髓、叶的物质溶出率分别为20.74%、17.97%、7.83%。

(2)通过元素分析,利用Buswell公式进行计算,玉米秸秆、髓、皮及叶最大产甲烷潜能分别为 458.40 mL/gVS、435.37 mL/gVS、469.53 mL/gVS 和 479.50 mL/gVS，相差不大；同时秸秆、皮和叶在发酵料液 VS 浓度为 3.6% 时，髓的发酵料液 VS 浓度为 2.7% 时，均能启动并正常产气，发酵后 pH 值在 6.95 ~7.11。当髓 VS 浓度为 3% 时，其他部位 VS 浓度为 4% 时，发生了酸化，均未正常启动。

(3) 在玉米秸秆厌氧发酵过程中，秸秆及各部位的浮渣层厚度随底物浓度的增加逐渐增加，同时随发酵时间的延长逐渐变薄，皮的浮渣层厚度变化速率最快，其次是叶、整株秸秆和髓，在发酵后的第 10 天、第 18 天、第 18 天、第 18 天浮渣层达到最低值，浮渣层厚度分别减少了 64.3%、73.7%、65.3% 和 59%；玉米秸秆发酵初始浮渣层中髓、皮、叶体积占比分别约为 48%、18%、29%。

第 9 章 好氧水解对秸秆各部位产甲烷及浮渣层的影响

玉米秸秆的主要成分是纤维素、半纤维素和木质素，其中木质素对纤维素和半纤维素具有屏障作用，在厌氧条件下降解十分缓慢。这不但影响反应器的容积效率，而且导致秸秆不能在较短的时间内获得较好的沉降性能，长期漂浮在厌氧发酵反应器液面上形成浮渣。浮渣的形成阻碍沼气的释放，致使反应容积效率又进一步降低，一旦浮渣失水结壳将导致发酵失败。因此，在水解产酸发酵阶段最大限度地破坏木质素结构，促进水解微生物与纤维素及半纤维素的充分接触，同时在厌氧发酵过程中有效解决浮渣结壳问题是解决秸秆厌氧发酵的关键。目前，通过秸秆粉碎预处理虽然能有所改善其浮渣层的厚度，但远远达不到理想的水解效果，必须进一步处理，来增强其水解速率和产率，进而提高整个厌氧发酵系统的效率。

本研究采用好氧水解方式对秸秆进行预处理。在水解过程中，微生物向秸秆颗粒表面吸附并逐渐渗透，同时秸秆颗粒自身吸水后使其密度增大，改善其沉降性能。玉米秸秆的髓、皮、叶组织结构及有机成分含量不同，导致其内部的纤维细胞、薄壁细胞等多种形态的细胞也不同，使得其微观结构也不同，这种存在差异的结构和成分的特殊性导致其水解过程也有所不同，使得好氧水解的效果有所不同；并且水解时间对各部位的水解效果也有着直接的影响，水解时间过短达不到水解效果直接影响后续的厌氧发酵产气量，水解时间过长，会造成有机质的过度损耗及提高成本的投入。因此本节重点解析好氧水解对秸秆各部位水解程度及沉降性的影响，同时考察木质纤维素降解状况，厌氧发酵产气及浮渣层变化情况，寻找适宜的好氧水解时间，更大限度地提高玉米秸秆的甲烷产率及综合利用效率，为秸秆沼气生产提供技术参数。

9.1 试验设计

9.1.1 好氧水解试验

水解温度直接影响水解效果及秸秆的吸水速率。温度过高直接影响水解液（沼液）中微生物的活性，耗能又高；而温度低水解效果不显著。通过前期预试验发现，44 ℃时好氧水解处理，秸秆的甲烷产量最高、沉降效果较好。同时研究结果也表明，在 44 ℃时好氧水解处理，玉米秸秆木质素降解速率最快。秸秆的粒径大小也直接影响水解效果，研究表明，玉米秸秆粉碎粒径在 $\varphi5$ 的情况下，有更大的产酸、产甲烷潜力。所以本试验好氧水解温度为 44 ℃，粒径大小为 $\varphi5$。

好氧水解反应器采用2 500 mL的广口瓶(高径比1:2),有效容积1 750 mL,试验分髓、皮、叶三组。每组13个处理项:将皮50 g和一定量的接种物放入反应器中,调节发酵液总TS为8%,每个反应器放入一个曝气器(连续供氧),供气量为0.5 mL/L,然后用塑料薄膜覆盖瓶口后放入恒温水槽(温度44±1 ℃,内有循环泵)中进行好氧水解试验,每1 h搅拌(JJ-1 H数显恒速电动搅拌器,200 r/min)1次,每次30 s,以确保液相中各处溶氧量均匀。在接种之前,预先把接种物加热到44 ℃,确保水解反应的快速启动;其中4个处理组水解时间分别为4 h、8 h、12 h、16 h,用于测定pH值、可溶性糖、VFAs、木质素、纤维素、半纤维素、红外光谱及菌群的变化;相同的4个处理组(水解时间4 h、8 h、12 h、16 h)用于好氧水解动力学分析试验;最后5个处理组到达水解时间(0 h、4 h、8 h、12 h、16 h)后继续加入接种物用于厌氧发酵。皮组和叶组处理相同,由于原料组织结构及吸水性的不同,根据预试验,采用髓35 g加入接种物调节水解液总TS为6%,以确保水解液的流动性及均匀性。其中水解时间0 h的反应器水解阶段不加接种物,直接用于厌氧发酵。

9.1.2　好氧水解厌氧发酵试验

上述好氧水解结束后,每个反应器内加入1 100 g左右的接种液(接种总量1 750 g),调节pH以确保厌氧菌的适宜环境,其中0 h的反应器中加入1 750 g接种物,确保接种量相同。然后通入氮气(N_2)吹扫5 min,确保厌氧环境,吹扫结束后用橡胶塞密封并放置恒温(37±1 ℃)水浴槽(内置循环泵)中进行厌氧发酵试验,厌氧发酵每组设置3个平行。试验期间,每天早晚定时手动摇晃反应器2次,每次15 s;气体体积及成分每天定时测定一次;每日定时检测浮渣层厚度,直至试验结束;发酵结束后测定液相代谢产物的浓度、TS和VS。另取接种物1 000 g为接种物空白样品,计算原料的产气量时要扣除接种物残余的产气量。好氧水解及厌氧发酵试验装置见本书中图3-2。

本试验累积甲烷产率用Gompertz方程拟合,水解过程及产气速率通过甲烷发酵的一级动力学模型及产气速率模型拟合,所有拟合通过Origin Pro 2017获得。甲烷发酵的一级动力学模型及产气速率模型如式(9-1)和(9-2)所示。

甲烷发酵的一级动力学模型:

$$\ln\left(\frac{C_m}{C_s}\right) = kt \tag{9-1}$$

甲烷发酵的产气速率模型:

$$r = kC_s \tag{9-2}$$

式中　C_m——最大VS产甲烷率,mL/gVS;

C_s——最大甲烷产气率减去t时刻的累积甲烷产气率,mL/gVS;

k——水解速率常数,d^{-1};

t——发酵时间,d;

r——产甲烷速率,mL/gVS·d。

9.2 结果与讨论

9.2.1 好氧水解对组织部位的影响

1. pH 和 VFAs

秸秆水解产酸阶段是复杂的高分子有机物水解为单体(单糖、氨基酸、脂肪酸),并在产酸菌的作用下生成 VFAs 和醇类的过程。这可以解释为产生的 VFAs 是导致 pH 变化的主要因素。如图 9-1 所示,秸秆各部位随好氧水解时间的增加,pH 大约在水解前 3 h 阶段略有升高,至水解进行到 4~8 h,各部位 pH 均有很快下降的趋势,8 h 后趋于稳定。而水解前 3 h,秸秆吸水浸透,纤维素溶胀致使细胞壁破裂,溶出或析出糖类易于降解部分的基质,此时蛋白质的析出使蛋白质氨化细菌逐渐增殖,以及产酸微生物菌系的培养、繁殖需要经历一定的时间,致使 pH 有小幅度升高。在开始水解的 4~8 h,随着糖类易于降解部分基质的溶出或析出,产酸微生物菌系迅速建立,及时将其转化为酸,致使 pH 下降。其中叶较薄,组织结构没有完全木质化、机械强度低、粉碎易成末,并且易于溶出糖等易降解的产物,产酸微生物及时将其降解成酸,所以 8 h 之后水解产酸平稳。而皮和髓虽然含糖量高于叶(如下图 9-3 所示),但其组织结构木质化强度高,半纤维素被破坏的程度略弱,所以一定时间内,溶出或析出的易于降解部分基质略慢,进而导致水解速率略慢,12 h 后也趋于平稳。

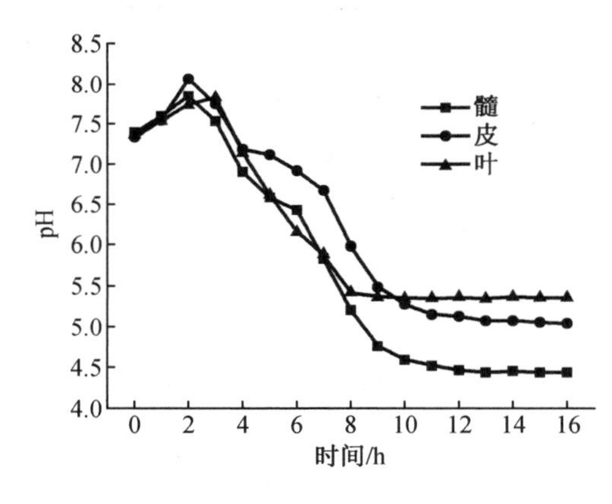

图 9-1 各部位 pH 随水解时间的变化情况

水解产酸阶段,终端发酵产物的组成会影响产甲烷阶段的稳定性,在好氧水解阶段,酸性物质的积累有利于后期的厌氧发酵。如图 9-2 所示,观察到随着水解时间的延长,VFAs 的累积速率逐渐减缓。这是由于在水解前期,好氧微生物快速分解秸秆中可溶性有机物,例如,可溶性糖及易于被降解的纤维素和半纤维素等,随着水解时间的增加,易于被利用的纤维素和半纤维素逐渐减少,微生物可利用的底物逐渐从容易利用的底物转为被木质素包裹或结晶的纤维素,降解的速率开始减缓。这与 pH 变化情况相一致。

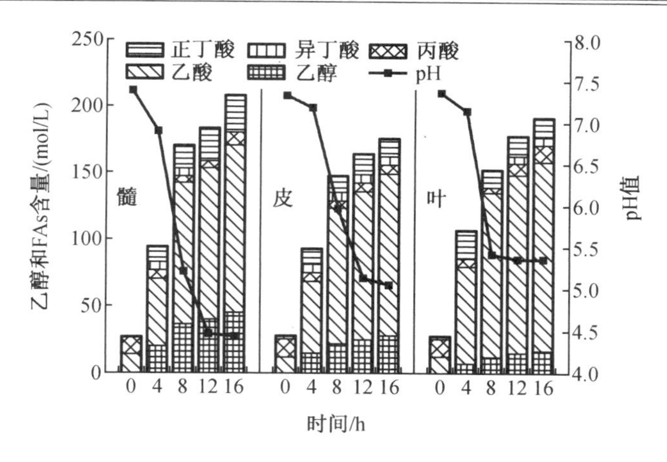

图9-2　各部位VFAs随水解时间的变化情况

在好氧水解过程中，随着水解时间的增加，乙酸在髓、皮和叶水解液中的浓度迅速增加。水解8 h后，髓、皮和叶水解液中的乙酸浓度分别为105.85 mmol/L、101.13 mmol/L和122.38 mmol/L；水解12 h时，髓、皮和叶水解液中的乙酸分别占总VFAs和乙醇总量的61.49%、67.33%和74.81%。而乙醇的浓度变化也很大，水解16 h时，髓的水解液中乙醇浓度最大为45.23 mmol/L，是皮水解液中乙醇最大浓度的1.6倍，是叶水解液中乙醇最大浓度的2.6倍。丙酸的存在不利于后续的厌氧发酵，因为它的积累会导致乙酸和丁酸浓度的降低，而乙酸和丁酸被认为是更好的产甲烷前体。从图9-2可以看出，在好氧条件下，丙酸的浓度并不高，从水解初期到水解后8 h，髓、皮和叶水解液中的丙酸浓度分别从12.81 mmol/L、13.50 mmol/L和13.54 mmol/L下降到4.81 mmol/L、5.57 mmol/L和4.18 mmol/L，说明水解过程消耗了大部分的丙酸。在12~16 h的水解过程中，丙酸浓度略有升高，说明适宜的水解时间有利于后续的产甲烷发酵。

总丁酸在髓、皮和叶水解液中的变化趋势也有较大差异。水解8 h后，髓水解液的丁酸总浓度高于皮和叶，表明髓比皮和叶有引起酸化的潜能，主要是由秸秆各部分的组织结构、有机物组成以及产生酸性物质的细菌引起的差异。当髓水解16 h、皮和叶水解12 h后，正丁酸在髓、皮和叶水解液中的浓度分别达到27.48 mmol/L、15.34 mmol/L和15.30 mmol/L的峰值。相关厌氧发酵研究已经证明，丙酸和丁酸这些脂肪酸比乙酸链长，可以通过专性产氢产乙酸菌代谢并转化为乙酸，这也解释了为什么乙酸的浓度远远高于其他有机酸。

2. 可溶性糖

玉米秸秆各部位韧皮部内的运输物质的化学性质，导致各部位可溶性糖的含量不同，其中蔗糖是韧皮部中碳水化合物运输的主要形式，具有很高的水溶性及很高的运输速率。如图9-3所示，秸秆髓的可溶性糖含量最高，可溶性糖含量比叶高约57%，比皮高约15%。从水解开始到水解后4 h，可溶性糖含量急剧下降，这是因为前4 h秸秆完全浸透、润涨，致使纤维素细胞壁破裂，快速溶出或析出易于降解的可溶性糖类。由于各部位组织结构及木质纤维素含量不同，致使各部位可溶性糖析出速率不同。水解8 h后，分别有72.2%、79.3%和68.8%的可溶性糖从髓、皮和叶中释放到水解液中，大量可溶性糖的释放为各种微生物提供了足够的基质，其中一部分会降解生成醇类，如图9-2所示。在12~16 h的水解过程中,可溶性糖析出速率缓慢,当水解 16 h 时,从髓、皮、叶中释放的可溶性糖分别为 84.7%、92.1%、81.4%。

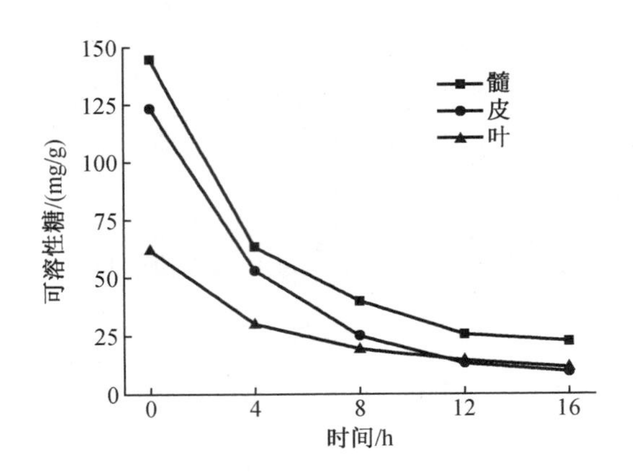

图 9-3　秸秆各部位随水解时间可溶性糖的变化情况

3. 木质纤维素

玉米秸秆各部位的组织结构在表观形态、化学组成及密度上都存在较大差异。从表 3-1可以看出皮的木质素含量最高,总木质素含量比叶和髓中高约 47%,而灰分含量较低。手动收割站立的秸秆消除了土壤(灰)颗粒的混入,所以灰分含量代表掺入不同组织细胞壁的无机成分。叶中半纤维素含量最高,皮和髓含量相接近,叶的灰分含量最高,可见叶中无机成分含量很高,这与 Zeng M 等分析的结果相接近。

各部位随着水解时间的延长,木质纤维素的降解率逐渐增加。秸秆中纤维素外部被以共价键连接的半纤维素和木质素缠绕,导致秸秆在厌氧发酵过程中水解酶与纤维素的接触困难,从而降低了其利用率。如图 9-4 所示,在相同的水解时间下,秸秆髓和皮的半纤维素降解率高于纤维素和木质素降解率,而叶的半纤维素和纤维素的降解率相当,这是因为叶中的薄壁细胞、叶肉细胞(CO_2浓缩)、束鞘细胞(发生光合作用的地方)没有严重木质化,好氧水解时,分子氧与木质素的侧链基团更容易发生反应,使木质素结构发生变化,暴露出供水解酶可利用的纤维素增多,所以在水解 16 h 时,叶的木质素降解率最高,其次是髓和皮,木质素降解率分别为 4.9%、4.2% 和 3.9%,叶、髓、皮纤维素降解率分别为 22.6%、17.7% 和 14.5%。各部位在好氧水解 8 h 时,半纤维素降解率相接近,而 16 h 后髓半纤维素降解率最高,为 26.3%,比皮高出 7.6%,可见玉米秸秆各部位组织结构及成分的不同直接影响纤维素的降解。这种差异性直接导致其好氧水解效果的差异,适宜的水解时间可实现酶水解成本的降低和能量的消耗减少。

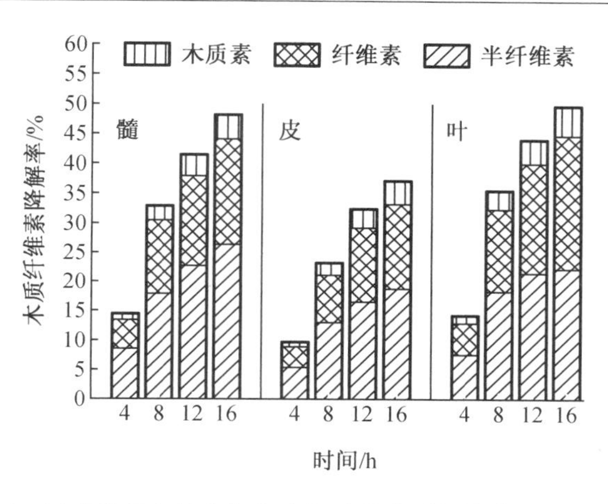

图 9-4　玉米秸秆各部位好氧水解阶段木质纤维素降解率的变化

4. FTIR 分析

玉米秸秆在好氧水解过程中,由于水解微生物的作用,使得有机物质发生酶解,其产物及结构发生了变化,其不同的官能团及化合物在不同的位置吸收峰会发生变化。如表 9-1 所示,列出了秸秆的红外谱图中吸收峰的谱峰归属。

表 9-1　不同水解时间的玉米秸秆红外光谱吸收峰归属

吸收峰位置/cm^{-1}	官能团及化合物
3 400	纤维素、半纤维素的—OH 伸缩振动和酰胺类官能团 N—H 振动。
2 925	脂肪族和脂环族的 C—H 的伸缩振动。
2 132	氨基酸的 NH_4^+ 引起。
1 731	半纤维素或木质素中羧酸酯类化合物及酮类化合物非结合羰基的 C═O 形成酯键互相连接时产生的吸收峰
1 632	木质素中与芳香环相连的 C═O 伸缩振动及酞胺化合物的特征吸收谱带 I。
1 605	—COO—,羧酸盐不对称伸缩振动木质素特征峰。
1 515	酞胺中的 N—H 变形振动(酞胺化合物的特征吸收谱带 II)。
1 426	木质素或脂肪族化合物的 C═O 伸缩振动。
1 374	木质素和脂肪族化合物中与双键或羰基相连的—CH 的变形振动,COO—不对称伸缩振动,酚 O—H 弯曲振动。
1 325	碳水化合物中的—OH 基的变形振动。含有 NH_4^+ 成分的复合物。
1 245	木质素中 C═O 伸缩振动;酚、醚、醇、酯及羧基中—OH 的变形振动或 C—C 伸缩振动。
1 162	脂肪族化合物和脂肪环中醚键的 C—O—C 的非对称伸缩振动以及碳水化合物中的 C═O 和氨基酸 C—N 伸缩振动。
1 051	纤维素和木质素中 C—O—C 伸缩振动峰。
898	纤维素中的芳环振动。
832	碳酸盐物质
608	羟基的面外变角振动。

如图9－5所示，为玉米秸秆各部位不同水解时间的红外光谱图，从图中可以看出，经过不同水解时间的秸秆各部位的红外吸收峰形状基本相似，各谱图间主要差异表现在某些特征峰的消失或峰位吸收强度的减弱，这说明好氧水解预处理使玉米秸秆各部位的内部形态结构发生了变化。

从图9－5可以看出，玉米秸秆各部位不同水解时间的红外光谱图基本相似，均在3 408 cm^{-1}、2 923 cm^{-1}、1 735 cm^{-1}、1 605 cm^{-1}、1 515 cm^{-1}、1 426 cm^{-1}、1 375 cm^{-1}、1 243 cm^{-1}、1 036 cm^{-1}与899 cm^{-1}等处出现较为明显的吸收峰。同时各个水解样品红外谱图中都未有新的吸收峰出现，表明水解过程中未有新的官能团产生，而是在某些特征吸收峰强度上存在一定差异。各水解样品都在1 735 cm^{-1}处。特征峰强度随着水解时间逐渐减弱，有逐渐消失趋势，表明样品中大量半纤维素被水解，可见玉米秸秆各部位中半纤维素或木质素的羧酸酯类化合物非结合羰基（ C═O ）形成的酯键易受水解酶作用而分解。其中，叶在好氧水解4 h后特征峰相对强度就发生了明显的降低，这与本研究中好氧水解过程中半纤维素的降解率相一致。

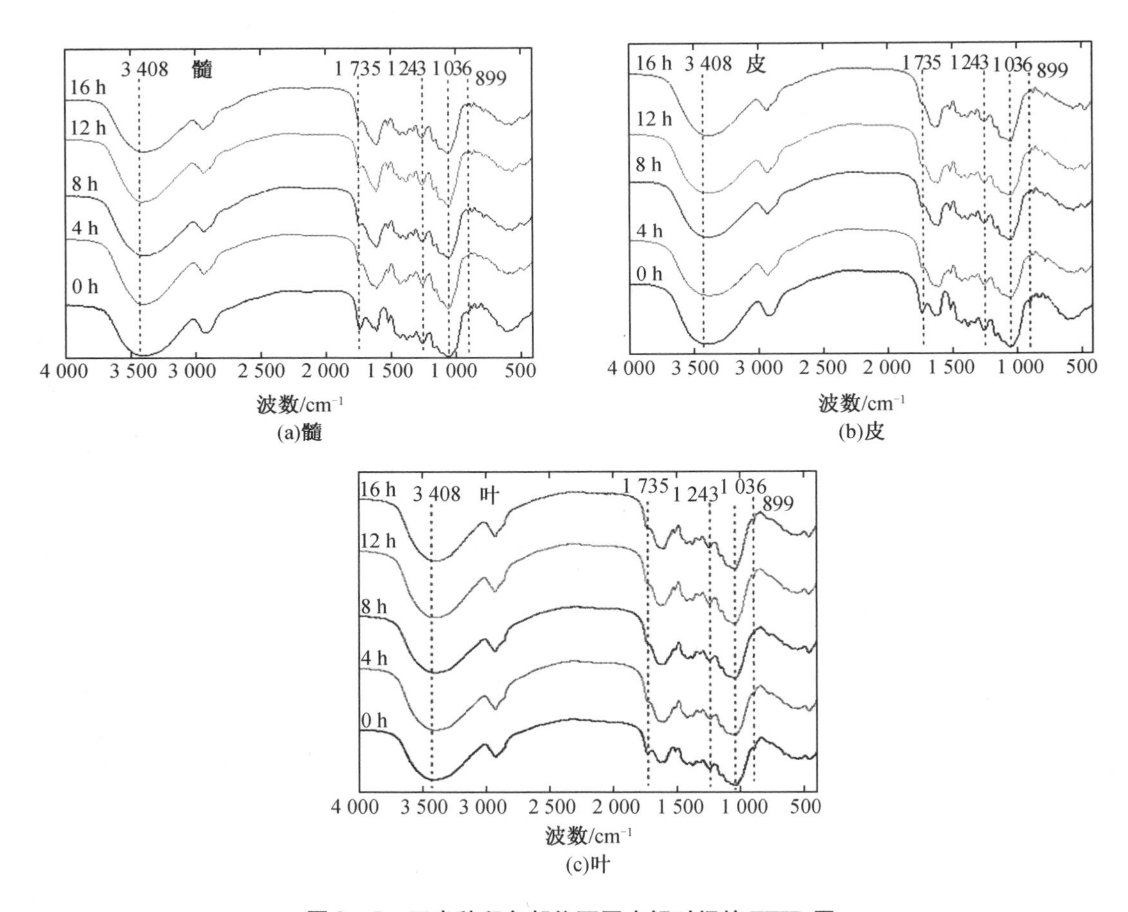

图9－5 玉米秸秆各部位不同水解时间的FTIR图

图9－5中位于1 245～950 cm^{-1}处的吸收峰在水解过程中也有逐步减弱的趋势，表明在水解过程中，样品中木质素 C═O 键也发生断裂，髓的变化最为明显，其次是皮和叶，这是其

组织结构不同的结果。此外,在 466 cm^{-1}处附近水解后叶吸收峰强度增加,其他水解样品吸收峰变得尖锐并随水解时间增大而增强,有可能有一些小分子物质产生,即木质素的组成发生了变化。1 426 cm^{-1}、1 375 cm^{-1}、1 321 cm^{-1}、1 162 cm^{-1}、1 036 cm^{-1}、和 899 cm^{-1}处是纤维素典型特征峰,随水解时间的增加有轻微的减弱,但并未消失。说明在纤维素酶水解过程中纤维素大分子结构也发生了变化。3 408 cm^{-1}处代表纤维素、半纤维素的羟基(—OH)及吸附水羟基(—OH)伸缩振动,各部分水解样品在此处特征峰强度随水解时间发生变化;而各部分样品水解前 4 h,吸收峰强度略有增强,水解 8 ~ 16 h 吸收峰强度逐渐减弱;在水解前期,纤维素、半纤维素吸水润胀,水分子进入纤维内部与纤维分子形成氢键,吸附水增多,此时吸收峰增强;随着纤维素水解酶的渗入,取代了部分吸附水,部分纤维素分子链间与水分子间形成的氢键断裂,使得在此处的吸收峰逐渐减弱。可见水分子作用能使纤维素和半纤维素润涨,这种润涨特性在提高秸秆的可降解性能上有着重要贡献,详见产气特性分析。

5. SEM 图像的变化

玉米秸秆各部位好氧水解 12 h 前后,SEM 图像的变化如图 9 - 6 所示。其中叶的 SEM 图像分别如图 9 - 6 a1、a2 和 a3 所示,叶片表面长而窄的孔是气孔(图 9 - 6 a1),叶鞘样品上可以观察到叶毛(图 9 - 6 a2)以及内部的组织(图 9 - 6 a3);皮的组织细胞呈矩形(图 9 - 6 c1);髓内包含由圆形(板)细胞组成的海绵组织(图 9 - 6 c2)或长矩形细胞(图 9 - 6 c3)。

秸秆各部位在好氧水解 12 h 后,叶片的 SEM 图像如图 9 - 6(b1 ~ b3)所示。处理后的叶片上部分气孔出现扩张现象,呈现椭圆形,大部分叶毛出现折断并裸露出空腔。这可能是较薄的叶片在好氧水解过程中,通过吸附水分子及扩散作用使其出现溶胀现象,同时在水解产酸菌的作用下,使得可溶性有机物溶出和酶解,使得组织结构脆性增强,加上定时的机械搅拌致使叶毛折断。但叶的内部组织细胞变化不明显。

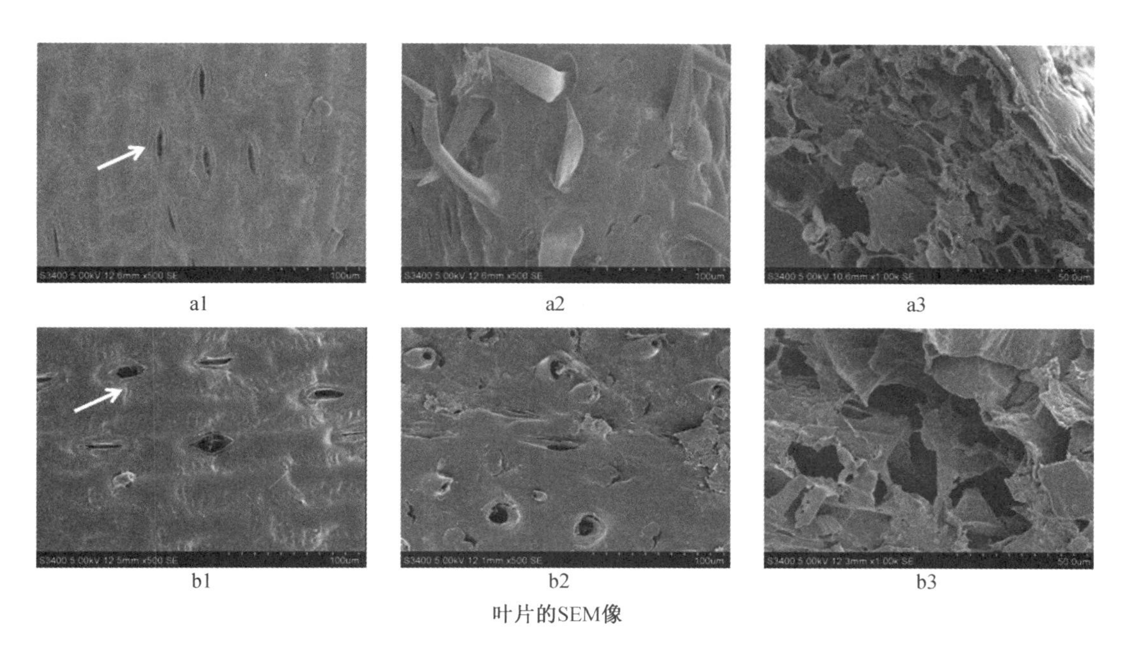

a:未经处理的叶片; b:好氧水解的叶片。

a1、b1 叶片(箭头表示气孔); a2、b2 叶鞘; a3、b3 内部组织。

图 9 - 6 各部位 SEM 图像

c:未经处理的茎; d:好氧水解的茎。

c1、d1 皮; c2、d2 髓:薄壁细胞的圆形絮状组织; c3、d3 髓:长方形细胞的长杆状组织。

图 9 -6(续)

外皮和髓的结构变化不太明显(比较图 9 -6 c 至 d)。其中外皮高度木质化,又有致密的蜡质层,对水解具有高度抗性(图 9 - 6 c1 和 d1)。髓中部分棒状组织的表面(比较图 9 -6 c2、c3、d2、d3)及相邻细胞出现了一些分离或卷曲,特别是在薄壁细胞中(比较图 9 -6c2、d2)更为清晰。同时在髓部分表面上形成孔(图 9 -6 d2 和 d3)。这些孔可能是较少木质化区域的酶水解有机物降解的结果,可溶性物质(容易降解的营养物质)、水和信号分子通过这些区域在细胞之间进行扩散。好氧水解后,玉米秸秆的物理外观几乎没有变化,但在 SEM 中 2 μm 分辨率下,各部位细胞结构出现可见的变化可能是由于细胞壁中水解酶及产酸菌的作用,部分半纤维素、纤维素的降解引起的变化。

6. 微生物群落的变化

利用玉米秸秆为原料进行厌氧发酵生产沼气的沼液作为髓、皮、叶好氧水解的接种物,由于水解阶段的处理时间较短,致使沼液中的物种的总数及多样性变化差异性不大,如表 9 -2所示,表示为好氧水解 16 h 时,秸秆各部位水解液中物种变化的情况。

表 9 -2　菌体多样性分析

项目	Chao1	ACE	Shannon	Simpson
沼液	898.032	901.548	4.890	0.026
髓水解液	875.029	882.318	4.199	0.039
皮水解液	880.367	884.780	4.319	0.037
叶水解液	895.319	894.724	4.276	0.044

从表中可以看出,沼液的菌种总数和多样性要比髓、皮、叶水解液中的高。分析其原因,可能是在好氧水解过程中,由于原料组织结构及有机成分含量不同,致使水解及产酸菌的活性不同,同时连续的曝气,致使沼液中的厌氧菌失去活性或消溶,使得水解液中菌种的多样性减少。

如图9-7所示,是好氧水解接种物和秸秆各部位水解液在门水平上的菌体组成和相对丰度值。由图可知,在门水平上,接种物中主要菌体为Cloacimonetes、Bacteroidetes、Firmicutes、Proteobacteria和Chloroflexi,相对丰度分别为18.32%、18.19%、14.24%、10.77%、和7.57%。而髓、皮、叶水解液的主要菌体都是Firmicutes、Bacteroidetes、Cloacimonetes和Proteobacteria,髓水解液中主要菌体相对丰度分别为60.80%、12.48%、8.59%和3.53%;皮水解液中主要菌体相对丰度分别为45.26%、16.05%、14.22%和4.22%;叶水解液中主要菌体分别为42.01%、14.00%、12.84%和12.98%。其中髓、皮、叶水解液中相对丰度最高的Firmicutes菌为化能异养型菌体,它能够利用大分子有机酸代谢产生氢气和乙酸等小分子有机酸,产生的氢气和乙酸等小分子有机酸可以被产甲烷菌所利用产生甲烷和CO_2等气体。可见秸秆各部位在好氧水解16 h时,产酸菌已成为优势菌群。Bacteroidete和Proteobacteria是水解酸化菌,Bacteroidete与蛋白质类有机物的水解酸化有关。Cloacimonetes也属于水解酸化菌。

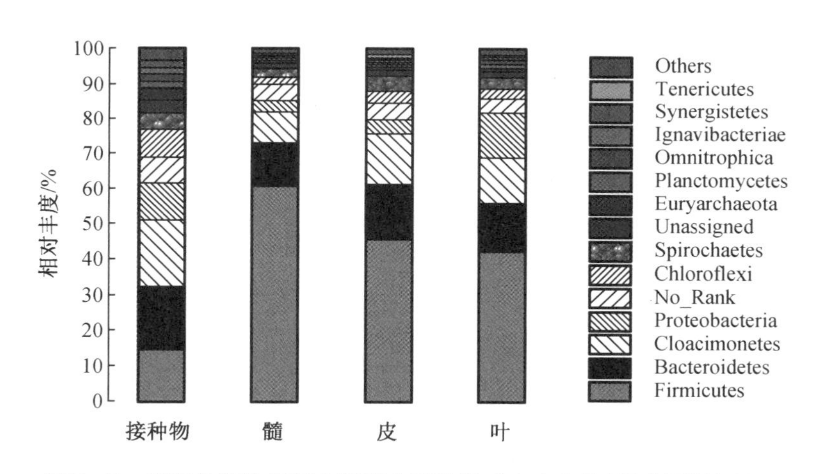

图9-7 秸秆各部位好氧水解液中菌体相对丰度变化(门水平)情况

接种物及髓、皮、叶水解液中产甲烷菌Synergistetes和Euryarchaeota都发生了很大的变化,其中Synergistetes菌相对丰度分别为2.16%、0.18%、0.32%和0.35%,Euryarchaeota菌相对丰度分别为3.32%、0.67%、0.89%和0.88%。研究报道指出Synergistetes菌为严格的厌氧菌,其主要的代谢功能是利用乙酸产生甲烷,以此减少发酵液中乙酸的积累;相关研究指出Euryarchaeota菌主要是利用周围的物质代谢产生甲烷;可见在好氧水解过程中,由于连续曝气,使产甲烷菌的活性受到抑制。所以,髓、皮、叶发生好氧水解16 h后水解液的优势菌体在门水平上大致相同,只是相对丰度发生变化,水解产酸菌迅速增殖,厌氧产甲烷菌活性降低或失去活性。

如图9-8所示,为接种物及秸秆水解液菌群属水平菌种的变化,由图可知,接种物中的主要菌属为 Candidatus_Cloacamonas、Unassigned(未分配的厚壁菌门杆菌)、Sphaerochaeta、Sporobacter、Clostridium_sensu_stricto、Omnitrophica_genera_incertae_sedis、Macellibacteroides和 Methanothrix,相对丰度分别为 18.32%、14.41%、2.46%、2.41%、2.2%、1.98%、1.8%和1.53%。秸秆髓、皮、叶水解液中主要菌种均有 Clostridium_sensu_stricto、Candidatus_Cloacamonas、Unassigned、Bacillus,其中,菌种相对丰度变化最大的是 Clostridium_sensu_stricto、和Bacillus,在水解阶段变为优势菌群。Bacillus 是芽孢杆菌属,其主要功能是水解纤维素、半纤维素及可溶性有机物为产酸菌提供基质,髓、皮、叶水解液中 Bacillus 的相对丰度从0.03%快速增殖到 10.41%、10.09%、10.88%。髓、皮、叶水解液中另一种短小芽孢杆菌 Lysinibacillus 的相对丰度从 0.01% 分别增殖到 1.01%、2.29%、1.08%。可见在好氧水解阶段芽孢杆菌属是主要的水解菌。Clostridium_sensu_stricto 为产酸菌,主要产物为 H_2、乙酸和丁酸,髓、皮、叶水解液中的相对丰度从 2.2% 分别快速增殖到 29.13%、15.50%、19.05%,其中髓的相对丰度变化最大,这可能与髓中可溶性糖含量较高,易酶解有关,可见过长的水解时间会使产酸过程附带的 H_2 和 CO_2 排放到空气中,造成产甲烷过程的资源浪费。Candidatus_Cloacamonas 和 Unassigned(未分配的厚壁菌门杆菌)变化不大。

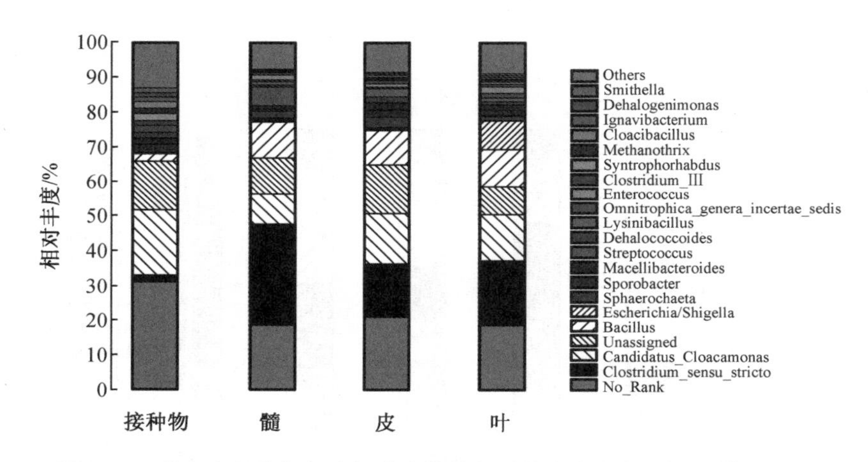

图 9-8　秸秆各部位好氧水解液中菌体相对丰度变化(属水平)情况

沼液中并没有发现 Streptococcus(链球菌)、Enterococcus(肠球菌属)和 Escherichia/Shigella(大肠杆菌志贺菌)。Streptococcus 和 Enterococcus 能在发酵过程产生乳酸,在水解液中的髓、皮、叶的相对丰度分别为5.26%、0.13%、0.14%,1.43%、0.94%、1.80%,分析其原因,在好氧水解过程中定时的搅拌极易将空气中的乳酸菌引入到反应器内,所以,水解过程引入新的菌种—乳酸菌。另外,髓、皮、叶水解液中 Escherichia/Shigella 的相对丰度分别为 0.91%、0.71%、7.64%,在叶的水解液中最多,这是因为 Escherichia/Shigella 主要存在粪便中,秸秆在收割前暴露在田间,使得有机肥(动物粪便)中的菌沾染在秸秆的外部叶片上,进而随原料进入水解液中,但在厌氧发酵过程中并未检测到大肠杆菌,这说明厌氧发酵能杀灭病原菌。

由于髓、皮、叶水解液中有了发酵基质的加入,使得菌群发生了改变。其水解产酸菌的优势菌群发生了很大的改变,从菌种测序结果可以得出这一点。水解液中的产甲烷菌也发生了变化,其相对丰度变化情况如表 9-3 所示,从表中可以看出,水解液中的产甲烷菌相对丰度都减小了,可见,连续曝气及水解液 pH 的变化抑制了厌氧产甲烷菌的增殖,而 Methanobacterium 相对丰度变化不大,可见其适宜环境更广,利于后期的厌氧产甲烷发酵。

表9-3　产甲烷菌的相对丰度变化情况

产甲烷微生物	相对丰度/%			
	沼液	髓	皮	叶
Methanothrix(甲烷丝菌)	1.53	0.30	0.35	0.56
Methanoculleus(甲烷囊菌)	0.79	0.05	0.23	0.11
Methanospirillum(甲烷螺菌)	0.59	0.08	0.04	0.01
Methanobacterium(甲烷杆菌)	0.17	0.16	0.17	0.07

7.好氧水解的动力学分析

秸秆中有机物的厌氧处理是一个多阶段的过程,其中有机物的水解是整个厌氧发酵过程的限速步骤。目前应用于描述有机物质水解的动力学模型有很多,主要有 Monod 模型、Contois 模型、两相模型和一级模型。其中 Monod 方程适合于模拟可溶性有机物的水解过程,而不适于模拟颗粒性有机物的水解过程;Contois 模型类似于 Monod 模型,其中假定反应器中基质浓度与初始基质浓度有关,饱和常数与初始基质浓度成正比,然而一些水解的试验现象和结果用 Contois 模型并不能很好地解释;而一级水解模型是应用于复杂有机物水解的最简单模型,它假设可利用基质是限制因素,水解速率与未水解的有机物浓度成正比,应用在模拟颗粒性的有机物水解方面效果较好。由于有机物的颗粒形态对于水解过程有着至关重要的影响,刘国涛等通过在传统一级动力学模型中引入有机物颗粒表面积,修正了一级水解动力学模型,建立了片状颗粒、圆柱形颗粒和球形颗粒水解模型,其模型如下。

(1)片状颗粒模型

$$\frac{\mathrm{d}S}{\mathrm{d}t}=-kS \tag{9-3}$$

(2)圆柱形颗粒模型

$$\frac{\mathrm{d}S}{\mathrm{d}t}=k\frac{S^{\frac{3}{2}}}{S_0^{\frac{1}{2}}} \tag{9-4}$$

(3)球形颗粒模型

$$\frac{\mathrm{d}S}{\mathrm{d}t}=-k\frac{S^{\frac{5}{3}}}{S_0^{\frac{2}{3}}} \tag{9-5}$$

式中　S——t 时刻未溶解颗粒的挥发性固体浓度,%;

t——水解时间,h;

k——单位面积有机颗粒总的水解常数,h^{-1};

S_0——初始时颗粒的挥发性固体浓度,%。

针对玉米秸秆厌氧发酵过程中各部位(粉碎后)颗粒形状的不同,以及预处理过程中存在的不足,为了避免和减少秸秆各部位糖类和部分半纤维素的损失以及抑制性物质的产生,本研究分别应用片状颗粒、圆柱形颗粒和球形颗粒水解模型进行分析玉米秸秆各部位好氧水解的规律,并通过考察秸秆各部位挥发性固体的变化规律,确定其水解变化情况。根据玉米秸秆各部位底物在好氧水解阶段 VS 浓度随时间的变化情况与三种形状有机物水解动力学模型利用 Origin Pro 2017 进行拟合,拟合结果如图 9 -9 所示。通过三种模型拟合玉米秸秆各部位的水解速率常数如表 9 -4 所示。

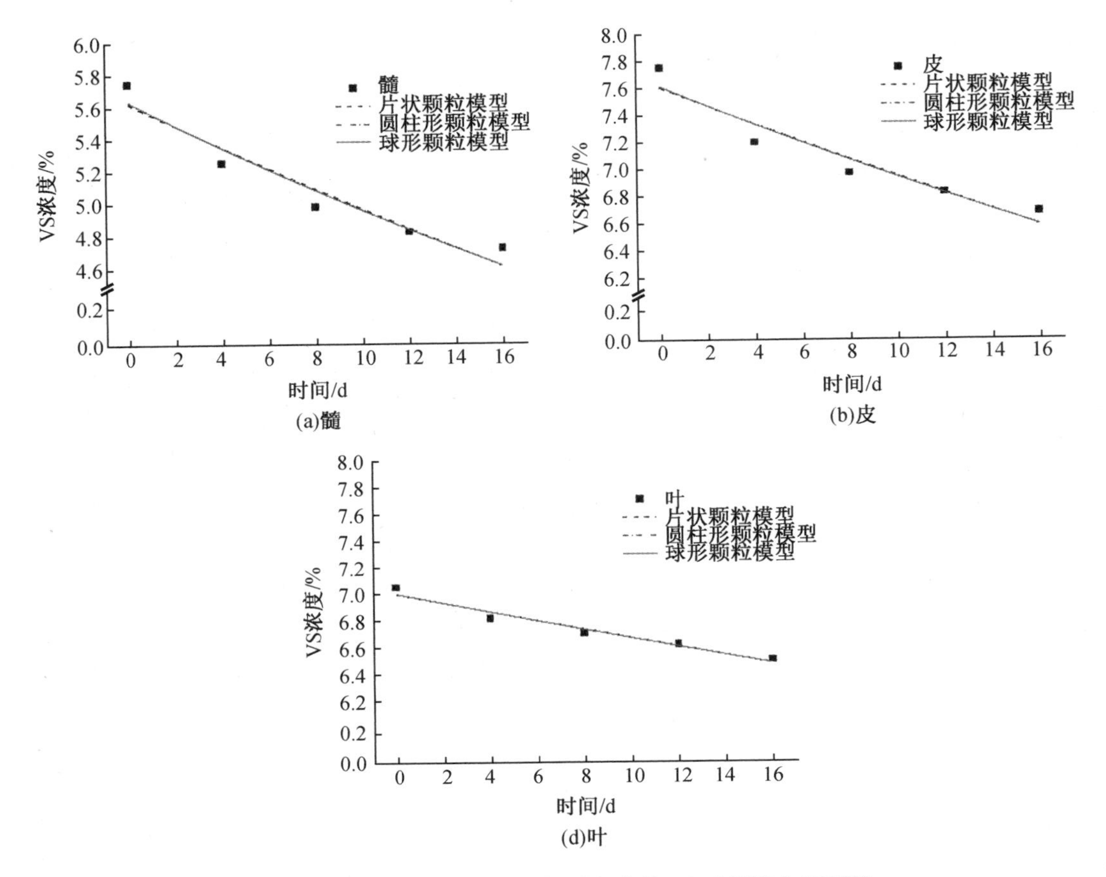

图 9 -9 秸秆各部位好氧水解过程中的 VS 实测值与预测值

表 9 -4 秸秆各部位的水解速率常数

颗粒	模型	水解速率常数(h^{-1})	R^2
髓	片状颗粒模型	0.012 46	0.902 4
	圆柱形颗粒模型	0.013 18	0.912 3
	球形颗粒模型	0.013 43	0.915 6
皮	片状颗粒模型	0.009 02	0.883 7
	圆柱形颗粒模型	0.009 41	0.891 0
	球形颗粒模型	0.009 54	0.893 5

表 9 -4(续)

颗粒	模型	水解速率常数(h^{-1})	R^2
叶	片状颗粒模型	0.004 86	0.950 5
	圆柱形颗粒模型	0.004 97	0.952 8
	球形颗粒模型	0.005 00	0.953 6

由拟合结果可知,三种模型均能较好地模拟玉米秸秆髓、皮、叶的好氧水解过程。其中叶水解用模型拟合后,R^2 均在 0.95 以上,拟合度较优。说明玉米秸秆叶粉碎的形状因素对其好氧水解过程没有明显的影响,可能是因为好氧水解的时间较短,主要是水对于原料的润湿、浸泡过程,使原料中的可溶性糖和易分解的半纤维素快速水解,同时叶的木质纤维化不严重,传质过程速度较快,水解受颗粒形状因素制约较小。而玉米秸秆髓和皮水解用三种模型拟合后,R^2 较好,其中片状模型拟合度值略低,这可能是因为髓和皮木质化较严重,这和粉碎后的颗粒形状有关。其中,皮的半纤维素含量相对较低,同时表面含有致密的蜡质层,粉碎过程中大多数呈柱状,在水解过程中,蜡质层吸水、浸泡较弱,阻碍可溶性有机物的溶出,致使皮水解过程受颗粒形状影响较大。而圆柱形和球形颗粒模型拟合效果更好。玉米秸秆的皮和髓水解受颗粒形状影响较大,若整株秸秆进行粉碎,原料颗粒中,皮和部分髓是紧密连接在一起的,因此水解过程略有不同。

另外,从表 9 -4 中可以看出,玉米秸秆水解速率常数最大的是髓,其次是皮和叶。水解速率常数的大小与颗粒比表面积及水解微生物酶解可溶性有机物基质含量有直接关系。秸秆各部位颗粒形状虽然差异很大,但都是在 $\varphi5$ 粒径下进行水解,各部位粒度分布相似度(见第 10 章筛分试验),各部位比表面积变化不大,对水解速率影响不大。但是秸秆各部位可溶性有机质含量相差很大,其中髓的含量最高,其次是皮和叶。例如,各部位在好氧水解过程中可溶性糖含量的变化规律(如图 9 -3 所示),其析出或酶解变化趋势应该与水解速率相一致,由可溶性糖的变化图了解到髓可溶性糖水解率最高,其次是皮,最后是叶,这就解释了秸秆各部位水解常数的变化情况,这也能很好的解释图 9 -1 中秸秆各部位发酵液中 pH 的变化规律的差异。

9.2.2　好氧水解对浮渣层和产气特性的影响

1. 浮渣层

在厌氧发酵试验过程中,各处理组浮渣层的变化如图 9 -10 所示,玉米秸秆各部位组织结构的差异,导致同一时期浮渣层厚度有很大差异。从图 9 -10(a)(c)中可以看出未处理组中髓和叶浮渣层变化趋势都是先有一定的涨幅后逐渐降低,而皮(图 9 -10(b))是先增加后急剧降低,最后都是趋于稳定。这是因为发酵前 2 天属于拥挤上浮阶段,此时干秸秆内部绒絮状物体吸水溶胀,上浮过程中的秸秆颗粒处于相互干扰状态,并在发酵罐内形成明显的浮渣界面层,使浮渣层整体上浮;从第 3 天至浮渣层稳定,属于压缩上浮阶段,此时浮渣层整体不再上浮,而因沼气逸出产生的向上浮力挤压出秸秆颗粒间的孔隙水,继而从下往上压缩浮渣层,同时较小秸秆颗粒有着较大的可及表面积,吸水能力增强使其密度增大,当自身重力相当浮力时,出现悬浮或下沉,使其浮渣层厚度不断降低。为了促进甲烷发酵,随着每日2次的摇动,发酵罐中未处理组的皮、髓、叶浮渣层总厚度分别减小了64.3%、64%、73.6%,若静态发酵(不搅拌),浮渣层的总厚度只减少了22.5%。可见适当搅拌能有效减少浮渣层的厚度。

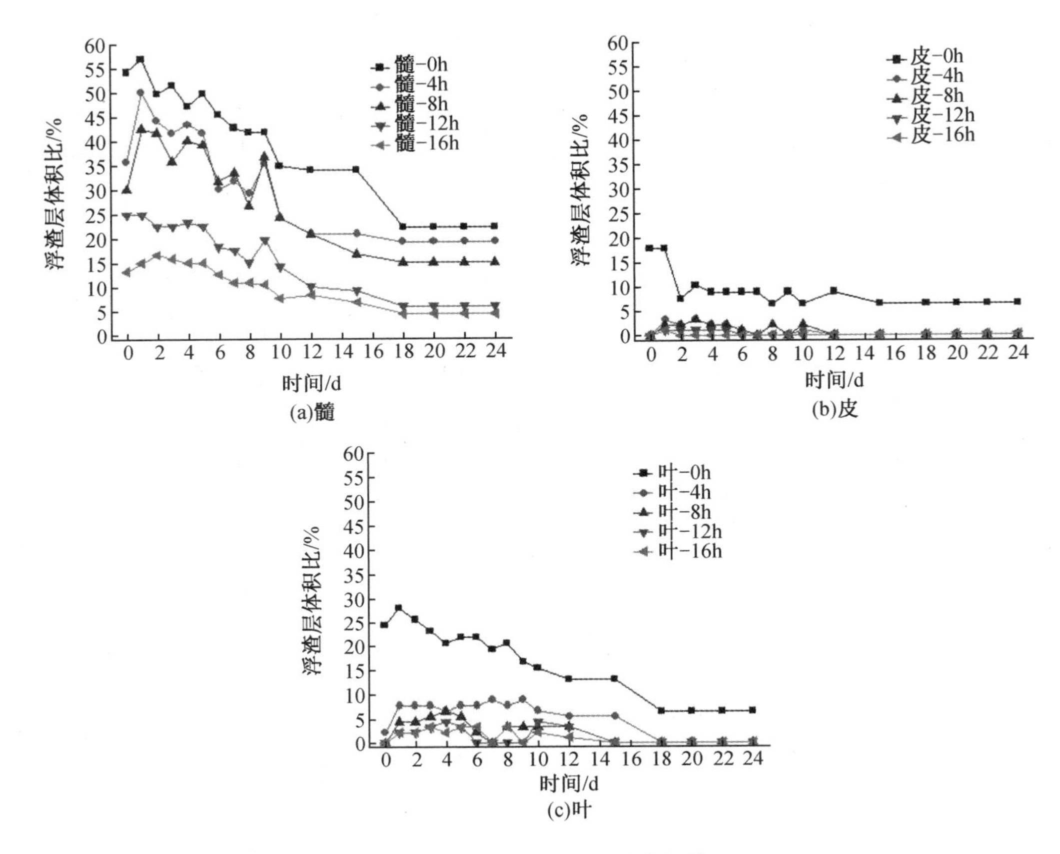

图9-10　各部位浮渣层的变化情况

由图9-10显示,好氧水解处理组浮渣层的厚度比未处理组的厚度有着显著的降低。可见在好氧水解过程中,44 ℃的水解温度、实时曝气和定时搅拌加快了原料吸水速率,使其吸附的水分子能快速渗入纤维素内部,使其溶胀,整体密度增加使其达到饱和吸附水状态。同时增强微生物的流动性,避免了局部营养物质析出或吸水不均匀现象,充分酶解有机物。另外一些繁殖能力很强的微生物依靠胞外聚合物等黏性物质附着其表面上形成生物膜,吸收或酶解秸秆中可溶性营养物质,析出的可溶性物质增大了颗粒的孔隙度,提高了微生物的可触及性,随着曝气时间的延长,颗粒表面的黏性物质增多,在厌氧发酵过程中,吸附多种物质以及在发酵液黏性双重作用下使其密度再次增大,致使其在发酵液中出现悬浮或下沉。由于以上原因,玉米秸秆的皮和叶颗粒在较短时间内都能达到饱和含水量,使其自身重力增加,达到在发酵液中悬浮或下沉的状态,所以,玉米秸秆皮和叶在厌氧发酵初始几乎是没有浮渣,随着发酵的进行,只有少量的原料上浮,好氧水解12 h,处理组在发酵过程中最厚浮渣层仅为未处理组的7.1%和13.6%,而髓在好氧水解12 h,处理组的发酵初期浮渣层厚度是未处理组的 45.8%。可见浮渣层厚度的变化可以合理地认为是好氧预处理的结果。而髓自身的物理结构特点是吸水性极强，但易团聚，颗粒过大，短时间内达不到最大饱和含水量（见图 8－1 分析），浮渣层厚度随水解时间的延长逐渐减小，当好氧水解 12 h 时，54.2% 的髓在厌氧发酵初期出现悬浮或下沉，而在好氧水解 16 h 时，处理组浮渣层厚度为未处理组的 18.0%，可能较长的水解时间，髓也能达到皮和叶相同的效果，但过长的好氧水解时间并不能提高甲烷产量。

通过对图 9－10 及表 3－1 进行分析，粉碎的玉米秸秆（$\varphi 5$）在厌氧发酵初期产生的浮渣层约 48% 是由髓产生的，而经过好氧水解 12 h 处理，其秸秆中的皮和叶产生了较好的沉降性能，在厌氧发酵刚启动时，与接种物混合后几乎是都沉降到反应器底部，不会产生浮渣；髓的一部分较小颗粒吸水达到饱和状态沉降到发酵液底部，而另一部分较大颗粒漂浮在发酵液上方产生浮渣，此时秸秆中的浮渣层 90% 以上都是髓产生的。可见，要想消除秸秆的浮渣层，主要是要处理髓的沉降问题。可以延长水解时间，较大颗粒的髓吸水达到饱和状态，产生悬浮或沉降；或者将好氧水解处理后，厌氧发酵初期的浮渣取出，进行二次好氧水解后产生沉降再进行厌氧发酵；还可将秸秆粉碎到更小颗粒，对粉碎的秸秆进行挤压，减小髓内部的孔隙，增大其比重后再进行好氧水解处理。这些方法也许会减小或消除浮渣层，但还需要后续的研究进行验证。

2. 累积甲烷产量

累积甲烷产量是衡量秸秆厌氧发酵产沼气效果的重要指标，本研究通过 Gompertz 模型预测厌氧发酵累积甲烷产量，甲烷发酵的一级动力学及产气速率模型对产甲烷速率进行拟合，结果如表 9－5 和图 9－11 所示。

表 9－5　玉米秸秆各部位累积甲烷产量拟合表

好氧水解	P_m/(mL/gVS)	R_m/(mL/gVS·d)	λ/d	R^2	$t*$/d
髓－0h	239.80±2.19	29.10±1.08	1.62±0.16	0.995 5	4.7
髓－4h	280.89±2.88	30.54±1.26	1.05±0.20	0.993 0	4.0
髓－8h	302.69±1.47	51.84±1.49	0.80±0.09	0.997 3	3.3
髓－12h	323.77±1.56	56.81±1.70	0.74±0.09	0.996 9	2.6
髓－16h	309.34±3.24	49.66±3.18	0.24±0.22	0.984 2	1.0
皮－0h	193.36±2.82	20.21±1.05	1.06±0.25	0.989 7	3.8
皮－4h	201.24±2.33	27.98±1.74	0.80±0.24	0.984 9	3.3
皮－8h	248.70±2.74	39.27±2.62	0.72±0.23	0.982 9	2.6
皮－12h	251.00±1.31	43.81±1.41	0.73±0.10	0.996 3	1.0
皮－16h	233.82±1.07	40.34±1.10	0.76±0.08	0.997 5	1.0
叶－0h	242.78±1.55	30.56±0.82	1.75±0.11	0.997 7	4.9
叶－4h	241.26±0.76	39.74±0.75	0.57±0.06	0.998 7	2.4
叶－8h	264.39±1.32	51.68±1.79	0.57±0.10	0.995 7	2.2
叶－12h	245.28±1.42	56.66±2.58	0.52±0.11	0.992 6	2.0
叶－16h	231.23±1.51	59.65±3.33	0.48±0.12	0.990 3	1.7

注：$t*$ 为出现 R_m 的时间。

由表 9 – 5 可知 R^2 值均高于 0.98，拟合结果与实际相吻合，能准确反映发酵过程中累积甲烷产率的变化。由产气速率图分析可知，髓、皮、叶产甲烷速率大多数是呈先升高后降低的趋势，而髓好氧水解 16 h 的处理组、皮好氧水解 12 h 和 16 h 的处理组呈逐渐降低的趋势，髓、皮、叶的产甲烷速率分别在发酵后的 18 d、16 d、14 d 约降至 0；好氧水解处理组的最大产气速率明显高于未处理组的，最大产甲烷速率出现时间随水解时间的延长而呈减小趋势，表 9 – 5 显示髓的好氧水解处理 12 h 时，在厌氧发酵后 2.6 d 出现最大产甲烷速率呈 56.81 mL/gVS · d，皮的好氧水解处理 12 h 时，在发酵后 1 d 出现最大产甲烷速率 43.81 mL/gVS · d，叶的好氧水解处理 16 h 在发酵后 1.7 d 出现最大产甲烷速率 59.65 mL/gVS · d。相同的水解时间处理组，叶的最大产甲烷速率要高于髓和皮的，并具有较短的产气持续时间，这些表明好氧水解有利于提高甲烷产量，缩短厌氧发酵产气周期。延滞期 λ 是指在厌氧发酵过程中甲烷产生经过的时间。在表 9 – 5 中可以看出，好氧水解处理组都有较短的延迟时间，可以合理地假设好氧水解对甲烷产生的影响发生在好氧水解阶段。其中髓的延滞期变化最大，叶次之。从对 pH 和 VFAs 的分析中也证实了这一点。

Gompertz 模型预测值接近实际累积甲烷产率，相对误差小，这表明该模型能良好地模拟甲烷的产生。如图 9 – 11 所示，好氧水解处理组累计产甲烷量明显高于对照组（0 h），好氧水解 4 h、8 h、12 h 和 16 h 的处理组中，皮的最大甲烷产量分别为 201.24 mL/gVS、248.70 mL/gVS、251.00 mL/gVS、233.82 mL/gVS，与对照组相比，分别提高了 4.1%、28.6%、30.1% 和 20.9%；髓的最大甲烷产量分别为 280.89 mL/gVS、302.69 mL/gVS、323.77 mL/gVS、309.34 mL/gVS，分别提高了 17.1%、26.2%、35.0% 和 29.0%；而叶的最大甲烷产量变化不大，仅在好氧水解处理 8 h 时增加了 8.9%，但最大产气速率 R_m 高于皮、髓处理组及对照组。可见玉米秸秆叶有较短的发酵周期，相对容易被降解。这是因为通过好氧水解，增加了秸秆各部位的沉降性能，使得发酵液上层浮渣层变薄（见图 9 – 10 分析），更多的底物与下层高密度厌氧菌相接触。产生的沼气及时从较薄的浮渣层释放到气室，减小发酵液沼气压力。同时好氧水解增加了木质素的降解率，增大了皮、髓、叶的孔隙度，使其微生物更易进入内部，提高产气速率及产甲烷能力。

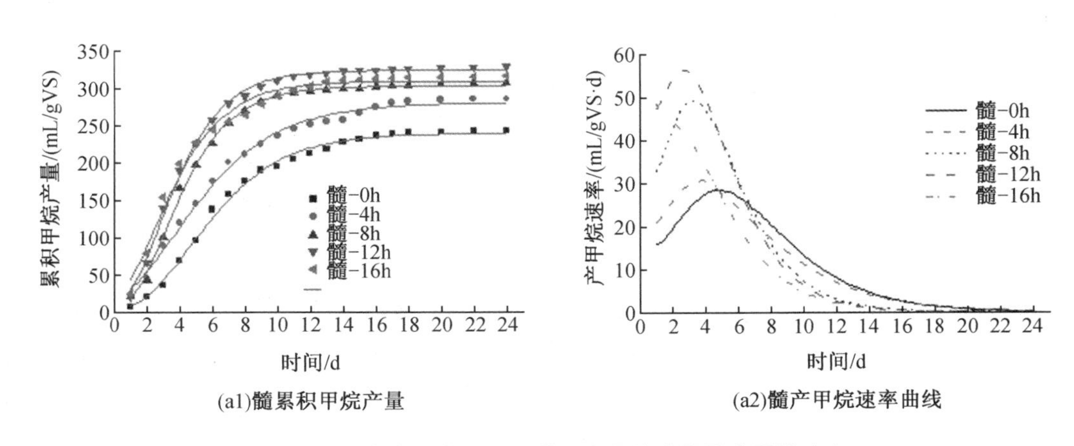

(a1)髓累积甲烷产量

(a2)髓产甲烷速率曲线

图 9 – 11　各部位各处理组的累积甲烷产量及产甲烷速率

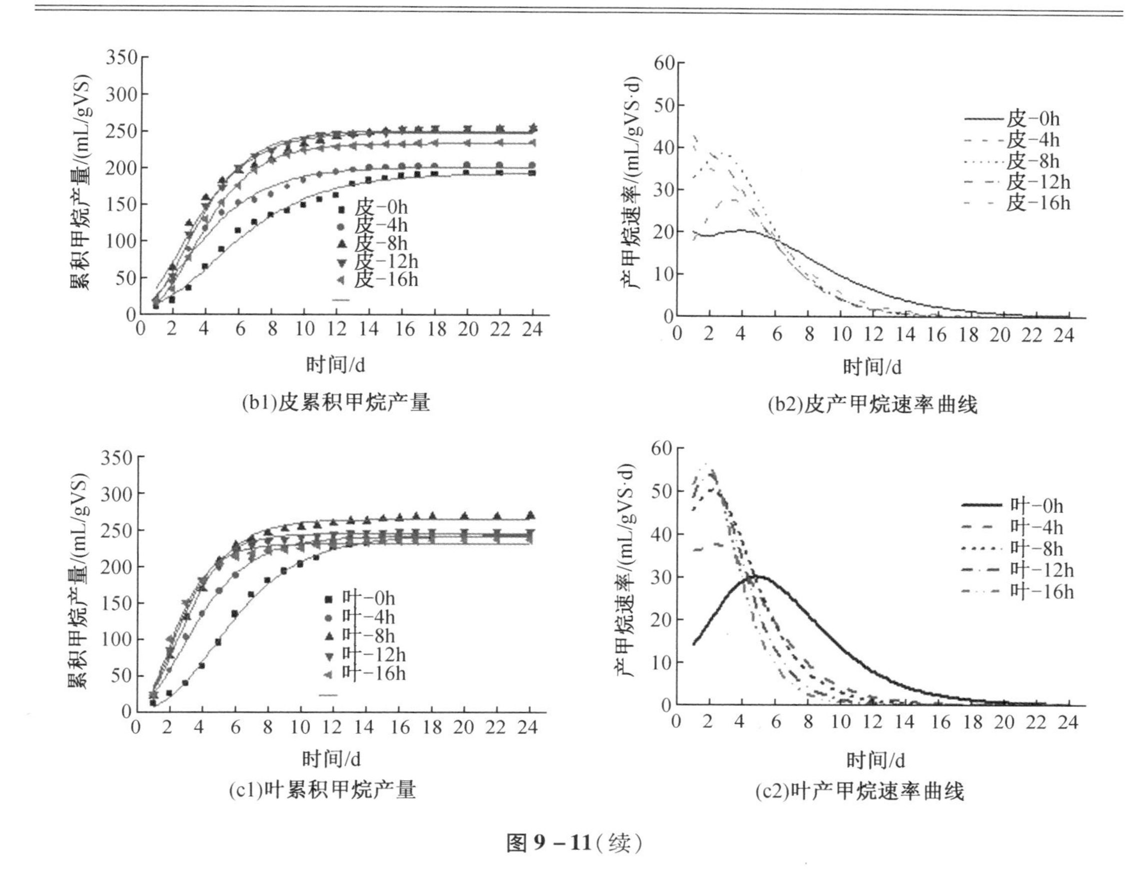

(b1)皮累积甲烷产量　(b2)皮产甲烷速率曲线

(c1)叶累积甲烷产量　(c2)叶产甲烷速率曲线

图 9 - 11(续)

本研究中,皮和髓好氧水解 12 h 时,处理组的甲烷产量最高分别为 251.00 mL/gVS 和 323.77 mL/gVS,表明最大产气速率 R_m 也高于其他组。从好氧水解 12 h 到好氧水解 16 h,观察到可溶性有机物质的变化很少,而易于使用的固体有机物质仍然通过有氧呼吸转化,在此期间消耗了更多可用于产生甲烷的有机物质,这导致好氧 16 h 时,处理组产甲烷量的减少。因此,通过长时间好氧水解底物来增加产气量是不利的,适宜的好氧水解时间将有利于提高发酵过程的经济性和效率。在本试验条件下,对于皮和髓,好氧水解 12 h 是最合适的时间,而玉米秸秆叶的好氧水解 8 h 为宜。

通过一级反应动力学方程进行分析,秸秆的髓、皮、叶甲烷发酵过程中的微生物增殖、产物合成与底物消耗之间动态定量关系,能定量描述微生物增殖和产物形成的过程,同时也适用于降解过程的水解阶段,如图 9 - 12 所示,为一级动力学模拟结果。从图中可以看出,拟合优度 R^2 均大于 0.98,可见拟合效果较好。同时,秸秆的髓、皮、叶对照组(0 h)的水解常数 k 分别为 0.251 3 d^{-1}、0.223 2 d^{-1}、0.270 0 d^{-1},而好氧水解处理组的水解常数 k 均优于对照组,且随水解时间的延长大致呈增大趋势,增加的 k 说明好氧水解处理加快了发酵过程中的水解速率,在一定程度上破坏了木质纤维素的致密结构,经好氧处理的有机基质更容易被微生物所利用。从图中还可以看出,经过好氧水解处理后,叶的 k 变化最大,高于髓和皮的,叶的 k 从最初的 0.270 0 d^{-1} 逐渐增大到 0.668 8 d^{-1},髓和叶的 k 分别从 0.251 3 d^{-1}、0.223 2 d^{-1} 增大到 0.430 0 d^{-1}、0.427 8 d^{-1} 后略有降低,这是因为叶的组织结构中木质化不严重,同时含氮量高于髓和皮,充足的氮源利于微生物的生长和繁殖,加快了水解酸化速率,能有效缩短延滞期。

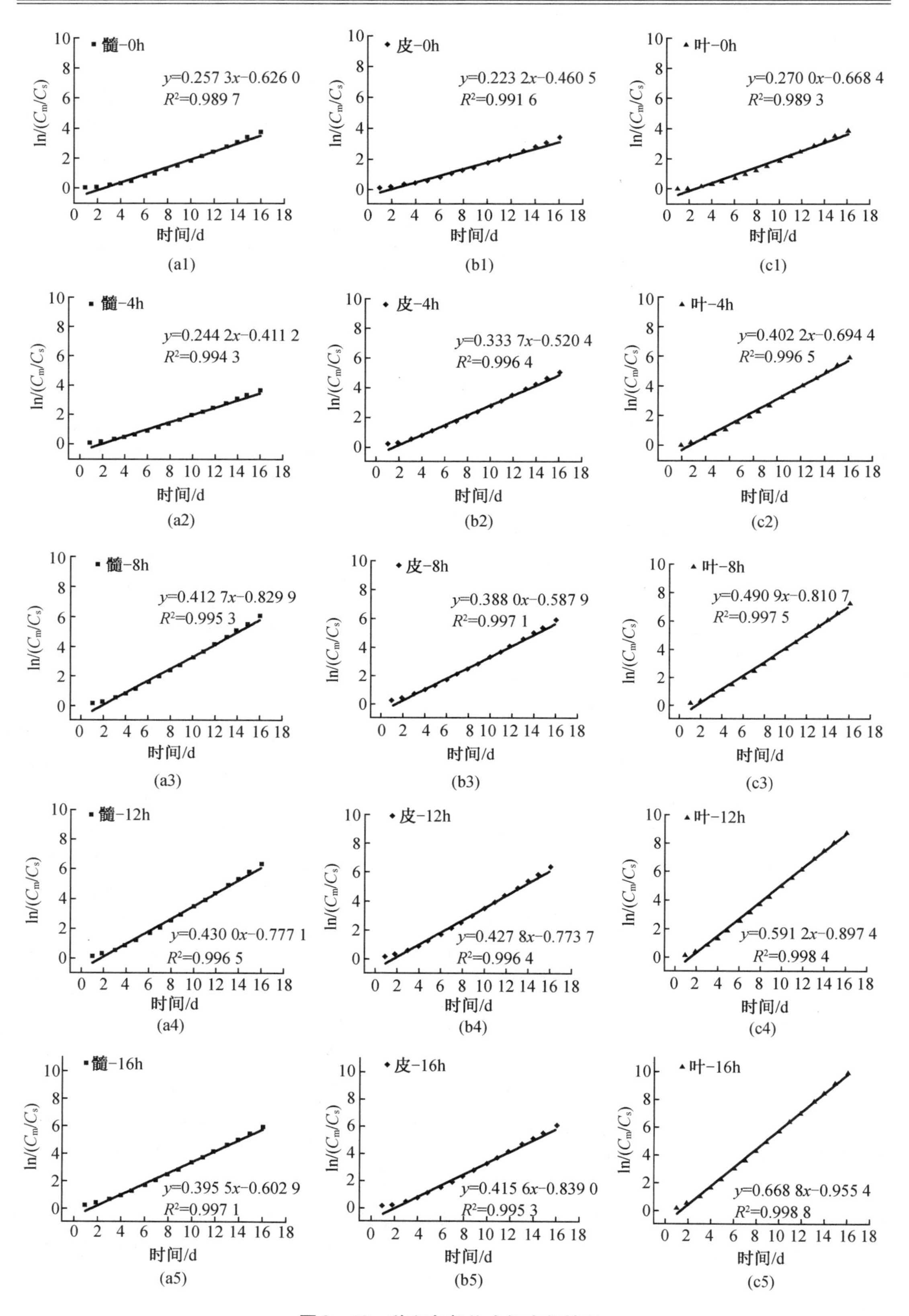

图 9-12　秸秆各部位水解变化情况

如表9-6所示,为秸秆各部位不同处理组厌氧发酵后的甲烷含量、VS降解率和生物可降解能力B_d的基础参数,从表中可以看出秸秆各部位好氧处理组的甲烷含量、VS降解率及生物可降解能力均高于未处理组,各部位VS降解率随着水解处理时间的延长逐渐升高,这是因为水解处理时间的延长使秸秆各部位木质素的降解率略有升高,暴露出更多的纤维素,便使VS降解率随水解时间延长而增大。而B_d的变化情况是先增大后减小,髓、皮、叶分别在水解处理12 h、12 h、8 h时达到最大值,分别为75.43、56.31和54.31,当水解处理16 h时,B_d值均变小,这是因为水解时间过长,伴随产酸产物出现的CO_2或H_2从发酵液中释放出来,影响厌氧发酵过程中甲烷菌的利用,使累积甲烷产量相应减小导致B_d的变小。可见,适宜的水解时间能有效提高秸秆各部位的产甲烷能力。另外,秸秆各部位水解处理组的甲烷含量要高于未处理组的,随着水解时间的延长,甲烷含量有一定幅度的波动,在好氧水解处理12 h时较高,且稳定在55%以上。

表9-6 不同水解处理组发酵后的参数

时间	甲烷含量/%			VS降解率/%			B_d/%		
	髓	皮	叶	髓	皮	叶	髓	皮	叶
0 h	49.9	50.30	50.37	53.23	38.46	49.64	55.71	41.22	51.47
4 h	52.31	52.24	54.23	56.98	40.68	50.31	65.57	43.52	51.51
8 h	55.14	54.86	57.89	61.29	44.82	53.37	70.49	54.29	56.31
12 h	55.55	55.67	57.32	64.86	46.95	54.85	75.43	54.31	51.94
16 h	56.42	55.98	56.15	66.09	48.83	55.52	72.46	50.19	49.42

如图9-13所示,为各处理组的累积甲烷产量P_{90}及发酵周期T_{90},从图中可以看出,随着水解处理时间的延长,秸秆各部位的发酵周期变化趋势相似,都是先减小后趋于稳定。本研究中好氧水解8~12 h后,秸秆各部位产气周期都在8~9 d。与对照组相比,在一定程度上缩减了4~5 d,提高了原料的生物降解速率。在水解处理12 h时,髓和皮的累积甲烷产量P_{90}出现峰值,而叶在水解处理8 h时,出现峰值,各部位出现P_{90}峰值时,髓高于皮和叶,皮和叶相接近,可见单就从发酵周期T_{90}分析,秸秆各部位相似,而P_{90}略有差异,如果从能量得率对整个发酵系统性能进行综合评价,会更加完善。

研究结果表明,与未粉碎的样品相比,粉碎玉米秸秆各部分好氧水解处理组厌氧发酵产甲烷量显著增加,皮和叶的沉降性能达到较好的水平,即浮渣层明显变薄甚至消失。由于好氧水解可在一定程度上破坏髓的疏松结构,因此随着水解时间的延长,髓的浮渣层厚度和沉降性能均呈现出改善的趋势,但过长的水解时间同时降低了沼气的产量。因此,寻找有效的预处理方法,如揉搓粉碎或致密成型能进一步破坏髓的疏松结构,或者在秸秆粉碎过程中去除髓,这将是未来研究的重点。

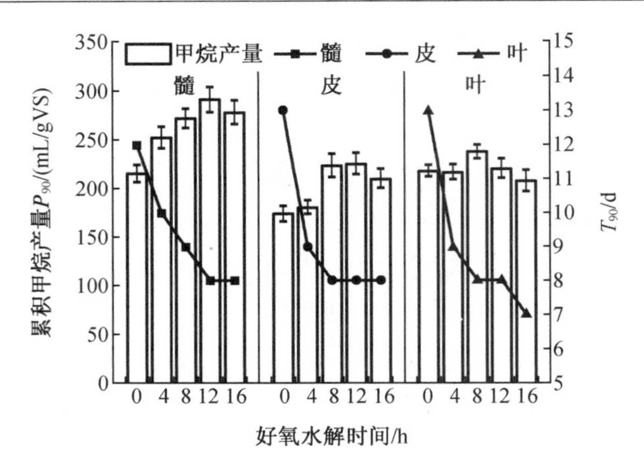

图 9－13　各处理组 P_{90} 累积甲烷产量和对应的发酵时间 T_{90}

9.3　本章小结

(1)好氧水解处理可显著破坏秸秆的木质素结构,玉米秸秆的皮、髓、叶好氧水解处理 16 h 时,木质素的降解率分别为 3.9%、4.2%、4.9%,有效促进了纤维素的水解,其好氧水解阶段,纤维素降解率分别为 14.5%、17.7%、22.6%,可见玉米秸秆各部位组织结构及成分的不同直接影响纤维素的降解。

(2)在好氧水解处理 8 h 之后,各部位产生的乙酸占 VFAs 和乙醇总量之和的 60% 以上,这些乙酸可以直接被产甲烷菌利用。

(3)秸秆好氧水解预处理能有效降低厌氧发酵过程中浮渣层的厚度,浮渣层厚度随好氧水解处理时间的延长逐渐变薄,皮、叶、髓的好氧水解 12 h 处理组最厚浮渣层仅为未处理组的 7.1%、13.6%、45.8%,而髓好氧水解 16 h 处理组的浮渣层厚度为未处理组的18.0%。

(4)玉米秸秆好氧水解处理 12 h 后,皮和叶都产生了较好的沉降,厌氧发酵初始时浮渣层的主要成分是髓,体积占比 90% 以上。

(5)好氧厌氧两相发酵工艺显著提高了秸秆各部位的累积甲烷产量,玉米秸秆皮和髓最佳的好氧水解时间为 12 h,累积甲烷产量为 323 mL/gVS 和 251 mL/gVS,与未处理组相比分别提高了 30.1% 和 35.0%,叶的最佳好氧水解时间为 8 h,累积甲烷产量为 264 mL/gVS,提高了 8%。同时发酵周期 T_{90} 都是 8 ~9 d,与对照组相比发酵周期缩减了 4 ~5 d,提高了原料的降解速率。

第10章　粒度对秸秆各部位产甲烷及浮渣层的影响

在厌氧发酵过程中，秸秆的粒径大小直接影响微生物与颗粒的反应接触面积，粒径越小，比表面积越大，暴露出秸秆内部的孔隙越多，增加了微生物进入秸秆内部与有机物充分接触的可及性，使有机物快速溶出或析出，利于分解及提高水解速率，同时也增大了颗粒吸水的表面积，从而也增强了吸水速率和能力，使其在发酵液中能产生很好的沉降性能，减少浮渣层的厚度。在秸秆粉碎过程中，不同的筛片孔径，粒度质量含量也不同，而秸秆各部位组织结构及有机成分的差异，导致其粒度质量分布及吸水后沉降略有不同，分析这些变化规律利于探讨粒度对产气及浮渣层的影响变化规律。本章主要研究秸秆各部位不同粒度吸水后沉降比及粒度对甲烷产率、浮渣层变化的影响规律，确定各部位、各粒度在好氧水解相同的条件下，寻找合适的粉碎粒径，更大限度地提高玉米秸秆的甲烷产率及综合利用效率。

10.1　试验设计

10.1.1　筛分试验

玉米秸秆的髓、皮和叶分别用粉碎机进行粉碎，筛片圆孔径 φ 分别为10、7、5和3 mm。将各部位不同粒径1 kg分多次放入振动筛，每次振动15 min后，采用不同孔径的样品标准分析筛进行筛选、称量，并对髓、皮、叶的粒度(用目数表示)分布进行分析，用5目来表示相邻两筛5目和10目之间的物料，10目表示相邻两筛10目和20目之间的物料，以此类推，最后100目表示100目筛的筛下物料。未筛分原料装入密封袋，试验待用。试验材料的性质如表8-1所示。

10.1.2　沉降试验

将一定质量各部位不同目数级别的原料(皮和叶各2 g、髓1 g)分别放入含有65 mL蒸馏水的100 mL量筒中，再将其放在44 ℃恒温生化培养箱中，每1 h用玻璃棒搅拌1次，使物料充分吸水，产生良好的沉降性能，12 h后测量上浮物与下沉物的体积，计算各部位沉降比，试验做三组平行，取平均值。

10.1.3　好氧水解—厌氧发酵试验

为了研究粒度对厌氧发酵中甲烷产率及浮渣层的影响，本试验分两组，A组为好氧水解处理组,B 组为对照组。其中 A 组又分皮、髓、叶 3 组,好氧水解预处理的反应器采用 2 500 mL的广口瓶(高径比 1∶2),有效容积 1 750 mL。每组 8 个处理项,皮处理组:将皮筛分后相邻两筛之间各目数级别的质量(5 目、10 目、20 目、30 目、40 目、60 目、80 目和 100 目 8 个粒度表示)约 50 g 和一定量的接种物放入反应器中,调至发酵液总 TS 为 8%,每个反应器放入曝气器(连续供氧)一个,供气量为 0.5 mL/L,然后用塑料薄膜覆盖瓶口后放入恒温水槽(温度为 44 ±1 ℃,内设循环泵)中进行好氧水解试验,每 1 h 搅拌(JJ -1 H 数显恒速电动搅拌器,200 r/min)1 次,每次 30 s,以确保液相中各处溶氧量均匀。在接种之前,预先把接种物加热到 44 ℃,确保水解反应的快速启动。根据第 4 章试验,确定最佳的好氧时间为 12 h,皮处理组水解 12 h 结束后,继续加入接种物用于批式厌氧发酵。叶处理组与皮处理组相同。由于原料组织结构及吸水性的不同,根据预试验,髓处理组各目数约 35 g 加入接种物,调至水解液总 TS 为 6%,以确保发酵液的流动性及均匀性,其他好氧水解处理条件与皮和叶处理相同。上述好氧水解处理的 A 组水解处理后,向每个反应器内继续加入接种液调节 pH 以确保厌氧菌的适宜的生长环境,接种总量为 1 750 g,然后进行厌氧发酵试验。

B 组为对照组(未处理组),不经过好氧处理直接进行厌氧发酵,接种量均为 1 750 g。A 组和 B 组接种量都达到 1 750 g 时,向每个反应器内通入 N_2吹扫以确保厌氧环境,吹扫结束后用橡胶塞密封并放置恒温(37 ±1 ℃)水浴槽(内置循环泵)中进行批式厌氧发酵试验。试验期间,每天定时手动摇晃反应器 2 次,每次 15 s;气体体积及成分每天定时测定;同时定时监测浮渣层厚度,直至试验结束。另取接种物 1 000 g 为接种物空白样品,计算原料的产气量时是扣除接种物残余的产气量。

本试验累积甲烷产率用 Gompertz 模型方程通过 Origin Pro 2017 拟合获得。

10.2 结果与讨论

10.2.1 秸秆各部位不同粒径筛分情况

在物料筛分过程中,当振动筛参数及运动参数相同的情况下,物料自身特性、物料颗粒形状对筛分效果有着显著的影响,尤其是和筛孔形状关系密切。研究表明,方孔筛上的筛分效率要明显高于在圆孔筛上的筛分效率,所以本试验采用方形孔振动筛进行筛选,由于玉米秸秆的髓、皮、叶的组织结构及力学特性差异显著,导致粉碎后的颗粒形状及大小有很大差异,其粉碎后各部位形状如图 10 -1 所示,髓大多呈球形或胶囊形颗粒,皮呈胶囊形(圆柱形)颗粒或针状颗粒,叶呈片状颗粒,其颗粒的形状与筛片孔径的大小也有一定的差异。

如图 10 -2 所示,表示秸秆各部位不同粒径的筛分质量占比及差异情况,图中(a1)、(b1)、(c1)分别表示髓、皮、叶的“粒度 - 质量分数”分布状况,(a2)、(b2)、(c2)分别表示髓、皮、叶 4 个粒度下差异状况。从图中可以看出,各部位相同粒径下,筛下质量分数基本呈正态分布,髓、皮、叶在粒径 φ10、φ7、φ5 的情况下,质量分布最大值出现都出现在 10 目,但最大质量百分比略有差异,而 φ3 粒径的髓、皮和叶的质量最大值分别出现在 20 目、30 目和 20 目的筛下,由于髓、皮、叶的密度、硬度、含水量等方面存在差异,使得秸秆硬度较小、脆性较好的叶在筛分过程中容易破碎形成粉末状物料，相同粒径及相同目数下，筛分质量略低于髓和皮（100 目筛下除外）。而髓的密度小又蓬松柔软使得各粒径的筛分质量分布相近。

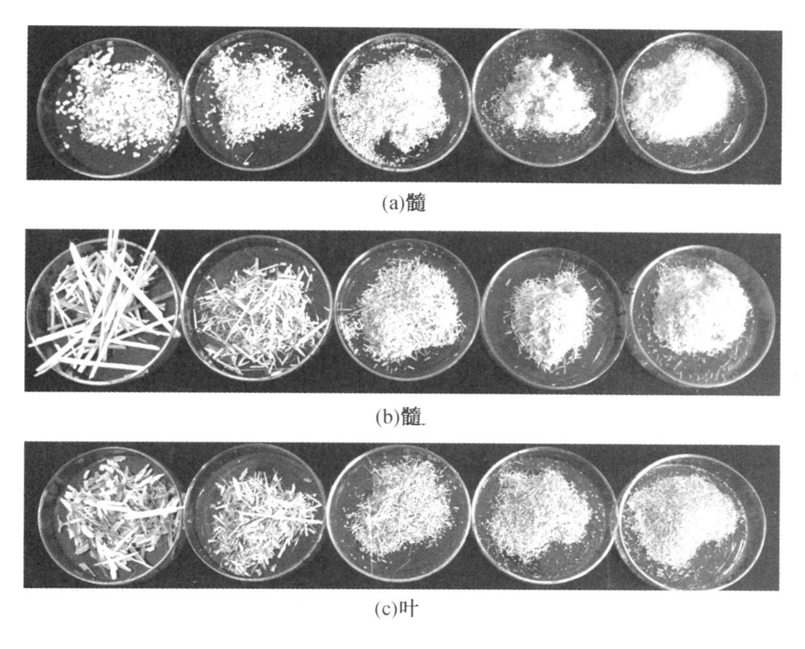

(a)髓

(b)髓

(c)叶

图 10－1　秸秆各部位粉碎状态

图 10－2 中显示，除了最大粒径 $\varphi10$，其他粒径的 5 目到 40 目之间的物料质量，髓、皮、叶分别达到了总质量的 90%、85%、82% 以上，同时 4 个粒径在同一目数下的相同质量也较大。可见，5 目到 40 目筛下的物料可代表粒度分布状况。髓、皮、叶在 4 个粒径下，相同质量随着目数的增加也是呈正态分布，在 5 目到 10 目的筛下相同质量是 $\varphi3$ 粒径的筛下质量，20 目到 100 目的筛下相同质量是粒径 $\varphi10$ 的筛下质量。秸秆的髓、皮和叶在 4 个粒径下，相同部分质量占比分别为 67.44%、65.49% 和 60.31%，同时都在 20 目的筛下出现了最多的相同质量占比，分别为总质量的 31.17%、27.31% 和 32.8%。秸秆各部位不同粒径的“粒度－质量”分布情况为其在厌氧发酵过程中，粒径对甲烷产率的影响提供了参考，在发酵工艺参数相同的情况下，扣除大部分相同状态颗粒的影响，引起差异性变化的就应该是剩下的部分。

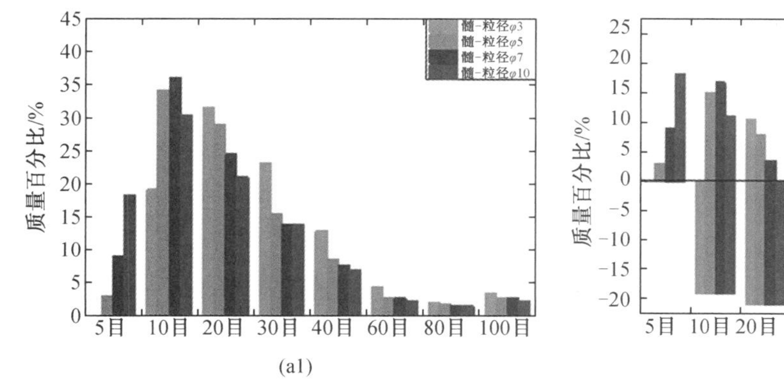

(a1)

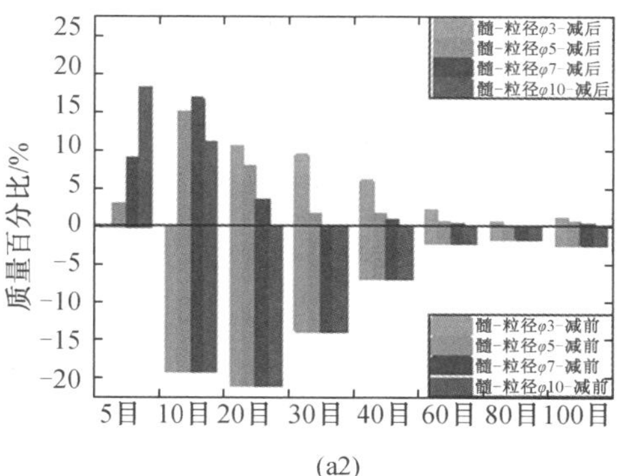

(a2)

图 10－2　各部位不同粒径下筛分质量分布及差异图

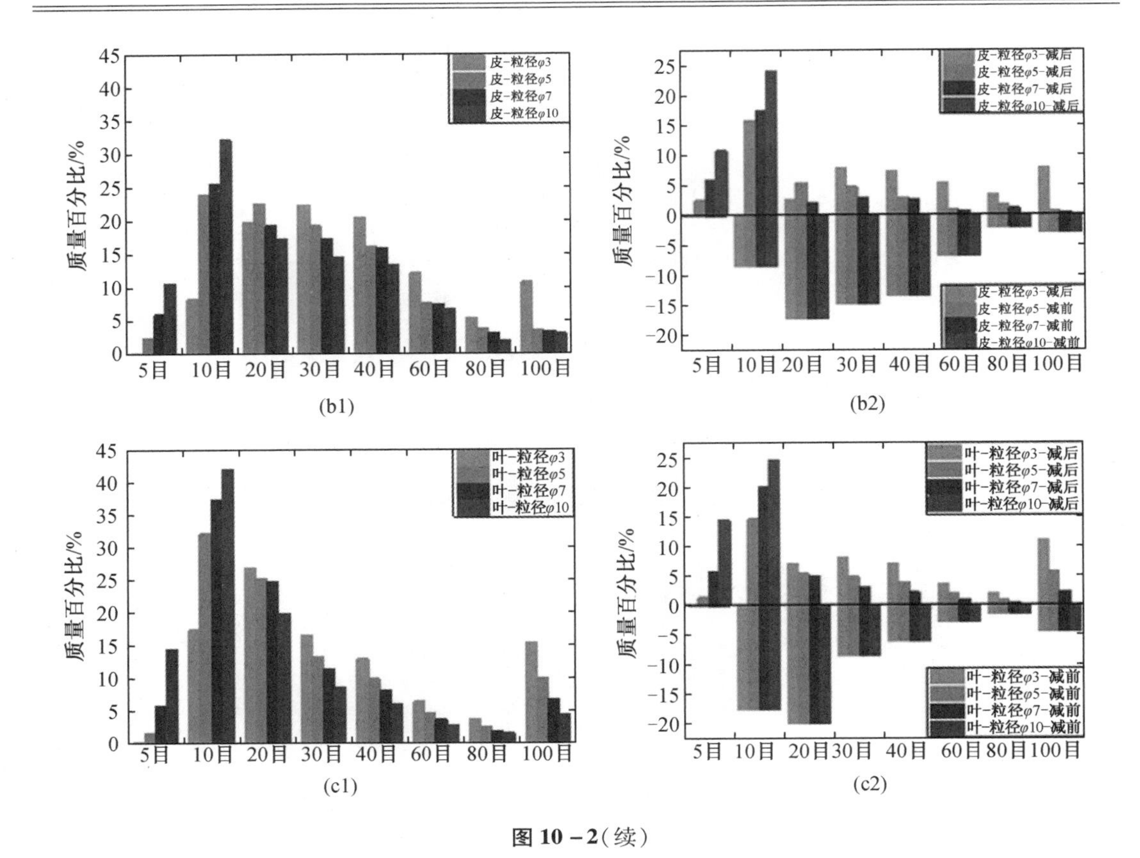

图 10－2(续)

10.2.2　秸秆各部位不同粒度吸水沉降分析

如图 10－3 所示，为秸秆不同部位、不同粒度沉降结果，其中(a1)、(b1)、(c1)表示不同粒度的髓、皮、叶刚放入水中的沉降效果图，(a2)、(b2)、(c2)表示不同粒度的髓、皮、叶原料入水后定时搅拌 12 h 后的沉降效果图。由图可知，秸秆各部位不同目数级别物料在放入水中初期经搅拌、混匀、静止后，发现除了 100 目的物料，大部分物料都漂浮在上层；而在吸水 12 h 后，各粒度级别的物料沉降的状态呈现明显差异，其中 5 目和 10 目的原料仅有少量沉于量筒底部；20 目到 40 目粒度级别的原料髓、皮、叶漂浮在上层和沉降到量筒底部的变化比较大，略有差异；60 目以下级别的物料全部下沉到量筒的底部，仅有少部分漂浮在上层。分别记录上浮物和下沉物的体积，计算秸秆各部位沉降比，如表 10－1 所示。

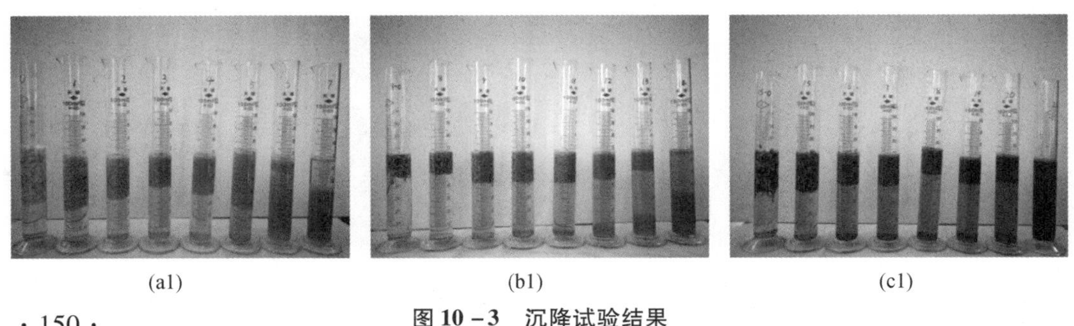

(a1)　(b1)　(c1)

图 10－3　沉降试验结果

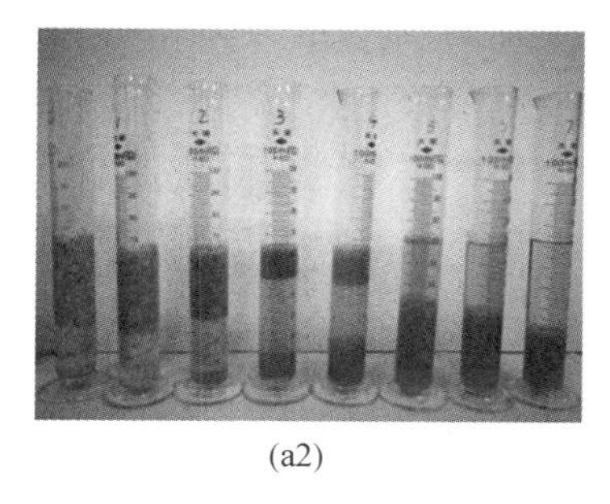
(a2)

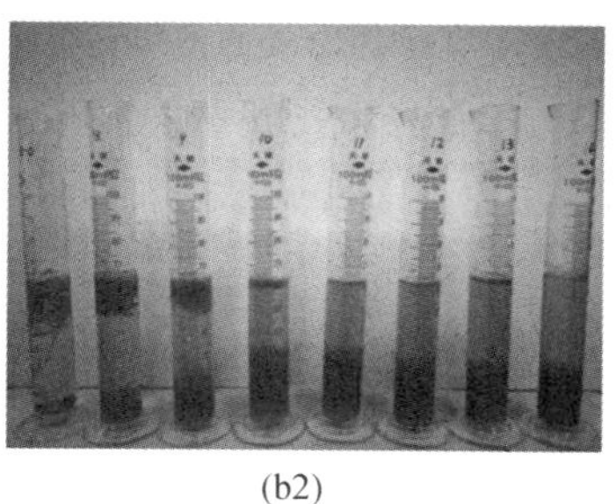
(b2)

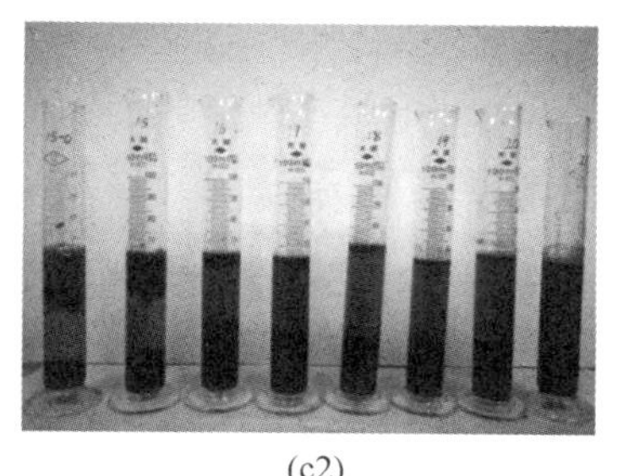
(c2)

图 10 - 3(续)

如表 10 - 1 所示,秸秆各部位随目数级别越大,沉降性能越好,这是因为原料颗粒越小,水分子的扩散及渗透速率越快,在较短的时间内就能达到饱和状态而出现沉降现象;另外在外界环境相同的状态下,皮和叶的沉降比优于髓,这是因为髓、皮、叶的组织结构的差异,导致其亲水性、吸水能力不同,致使水分子的扩散、渗透速率不同,导致其沉降存在差异,不同物质中的细胞胶体物质亲水性和毛细管对自由水的吸收有较大差异,其中,秸秆髓的组织结构蓬松柔软、吸水性强,但密度极低,约为皮的 1/8,在相同的条件下,吸附水分子达到饱和状态所需要的时间要更长。可见,在水温相同的条件下,原料颗粒的大小及吸水时间直接影响其吸水达到饱和状态而发生沉降,另外,由于水中微生物酶解的作用,增大了其孔隙率,利于水分子的扩散,扩散速率的加快,能加大其沉降性能,例如好氧水解中髓、皮、叶的沉降效果发生了改变,具体见浮渣层的分析。

表 10 - 1　秸秆各部位不同粒度沉降比

粒度	髓沉降比/%		皮沉降比/%		叶沉降比/%	
	初始	12 h 后	初始	12 h 后	初始	12 h 后
5 目	0	0	0	12.09 ± 2.21	0	15.53 ± 1.56
10 目	0	2.06 ± 0.57	0	45.19 ± 2.34	0	40.55 ± 2.24
20 目	0	15.17 ± 2.15	0	68.15 ± 4.21	0	86.79 ± 3.23
30 目	3.51 ± 1.25	42.73 ± 3.54	3.23 ± 0.89	95.71 ± 3.21	0.88 ± 0.12	93.71 ± 2.41
40 目	7.50 ± 1.87	66.07 ± 4.26	5.26 ± 1.32	100	4.26 ± 0.64	100
60 目	18.67 ± 2.31	95 ± 2.17	15.91 ± 1.74	100	21.66 ± 1.02	100
80 目	87 ± 4.25	100	68.97 ± 3.24	100	32.00 ± 2.13	100
100 目	100	100	100	100	93.75 ± 4.31	100

10.2.3　秸秆各部位不同粒度对浮渣层的影响

玉米秸秆在厌氧发酵试验刚启动时,秸秆颗粒会吸水膨胀,漂浮在发酵液上方使发酵物的总体积高于设计体积,因此在实际秸秆工程中,反应器内一定要预留秸秆上浮的体积。本试验中秸秆各部位不同粒度最大发酵物的体积增大百分比如表 10 - 2 所示。从表中可以看出,秸秆各部位随着粒度的增大,体积增大幅度逐渐减小;而好氧水解处理组明显低于未处理组。同时,髓的体积涨幅最大,其次是叶和皮,这与其组织结构和吸水特性有关,见图 10 - 1和图 10 - 3 的分析。

表 10 – 2　发酵物的体积增大幅度

粒度/目数	髓/%		皮/%		叶/%	
	未处理	好氧水解	未处理	好氧水解	未处理	好氧水解
5	36.6	28.2	9.3	8.4	13.6	10.4
10	29.7	16.7	8.7	7.1	12.8	8.5
20	27.3	12.5	8.4	6.4	12.4	7.7
30	25.4	11.5	8.2	5.7	12.0	6.8
40	24.6	10.8	7.6	4.9	11.7	6.2
60	23.5	9.8	7.4	4.5	10.7	5.6
80	20.4	9.5	6.7	4.1	9.6	4.8
100	18.2	7.8	5.9	3.6	8.6	4.4

玉米秸秆各部位不同粒度在厌氧发酵试验过程中，各处理组浮渣层的变化如图 10 – 4 所示，图中(a1)、(b1)、(c1)分别表示秸秆的髓、皮、叶未处理组直接发酵浮渣层的变化情况，而(a2)、(b2)、(c2)分别表示秸秆髓、皮、叶水解处理组浮渣层的变化情况。从图中可以看出各粒度的未处理组浮渣层变化趋势大体是先有一定的涨幅后逐渐降低，有涨幅是因为干秸秆吸水溶胀，致使体积微增大，上浮过程中的秸秆颗粒处于相互干扰状态并在反应器内形成浮渣界面层，使浮渣层整体上浮属于拥挤上浮阶段，当玉米秸秆颗粒 5 ~40 目时，髓涨幅 7.6% ~12.5%、皮涨幅 4.1% ~5.2%，叶涨幅 8.7% ~9.2%，变化幅度不大，这与熊霞等的研究结果相比略低，这可能是由于颗粒大小引起的差异；而颗粒大小在 60 目到 80 目，试验初期，较小的颗粒在发酵液中通过搅拌可能吸附在略带黏性的接种污泥上或在污泥的影响下快速下沉，并没有产生浮渣层；但随着颗粒周围沼气的产生，致使没达到吸水饱和状态的颗粒上浮产生浮渣，当颗粒吸水后自身比重达到悬浮或下沉状态时，随着搅拌开始下沉，致使浮渣层消失。而第二阶段是浮渣层出现稳定状态，此时浮渣层整体不再上浮，属于压缩上浮阶段，这时因沼气逸出产生的向上浮力挤压出秸秆颗粒间的孔隙水并从下往上压缩浮渣层，同时较小粒度的秸秆颗粒有着较大的比表面积，吸水速率快使其比重增大，当自身重力相当浮力时，出现悬浮或下沉，随着每日 2 次的摇动反应器，使其浮渣层厚度不断降低。其中，60 目以下髓、皮、叶在发酵后的第 3 天浮渣层消失，其他粒径都是随目数的增大，浮渣层厚度逐渐减小，在减小过程中略有波动，这与日产气量变化趋势相一致。在相同粒度下，髓的浮渣层远大于皮和叶，这主要是髓的组织结构引起的。

当发酵结束，秸秆粒度 5 目时，髓、皮、叶的浮渣层分别减小了 26.9%、43.5% 和 30.7%；粒度 10 目时，髓、皮、叶的浮渣层分别减小了 44.7%、50.0% 和 60.0%；粒度 20 目时，浮渣层分别减小了 84.3%、75.0% 和 84.1%。可见在发酵过程中，浮渣层的减小幅度随秸秆颗粒的增大而减小。

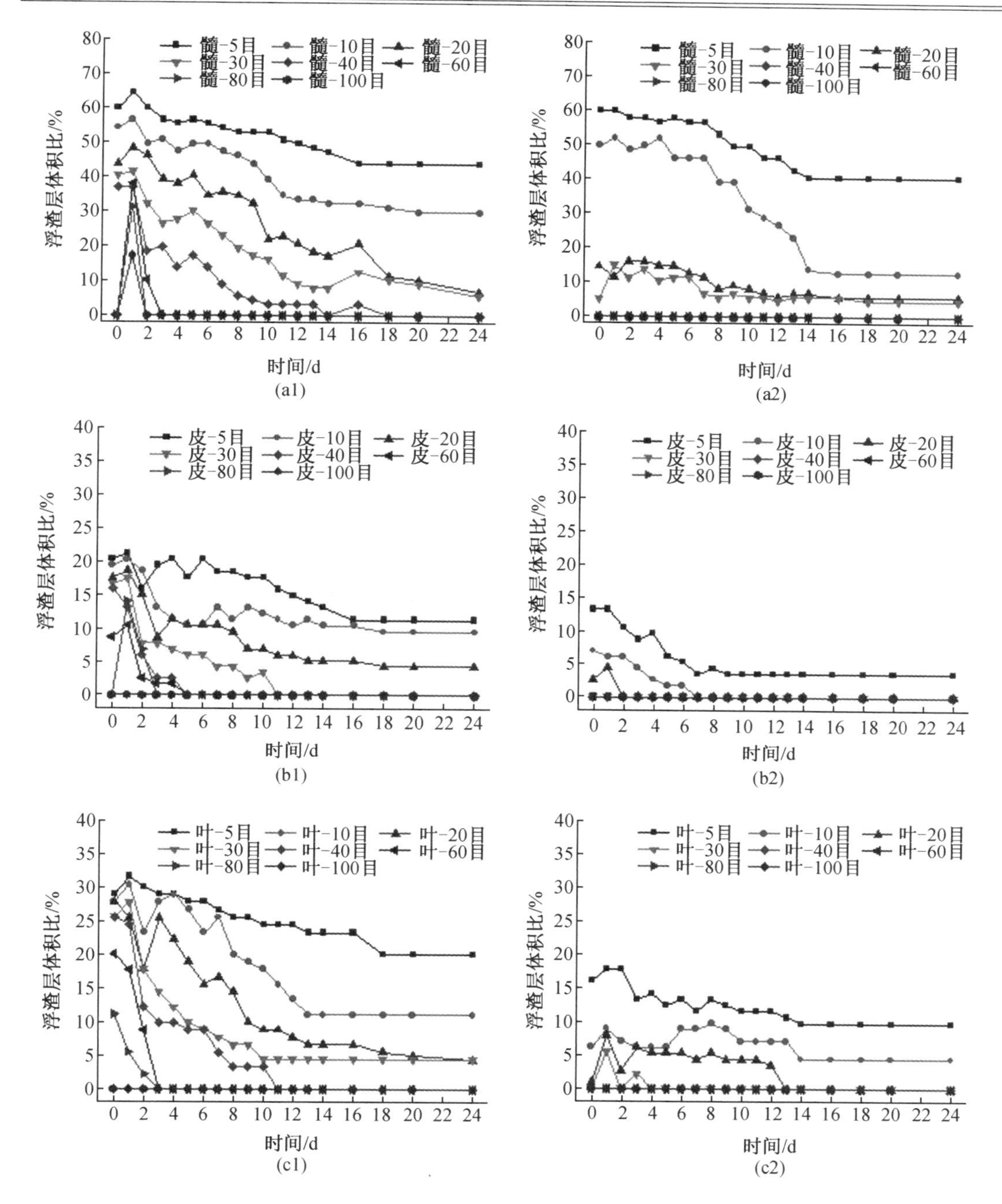

图 10－4　各部位不同粒度浮渣层的变化规律

从图 10－4 可以看出，好氧水解处理组浮渣层的厚度比未处理组有着显著的降低。好氧水解处理组在发酵初期，秸秆颗粒髓、皮、叶在 30 目以下时，浮渣层消失，可见在好氧水解过程中，水解温度、曝气和搅拌都加快了较小颗粒的吸水速率，在较短的时间内使其密度增加达到饱和，呈吸附水状态，同时可溶性物质的析出，增大了颗粒的孔隙度，利于微生物的附着与可及性，产生较好的沉降性能。秸秆粒度在 5 目时，在发酵结束后，好氧处理组髓、皮、叶的浮渣层分别减小了 32.7%、73.3%、38.9%，粒度 10 目时，髓、皮、叶的浮渣层分别减小了 74.4%、100%、28.6%。髓和叶的粒度在 20～30 目时，厌氧发酵刚开始没有浮渣层或浮渣层极薄，但在发酵过程中出现了浮渣层，髓体积占比在 4.6%～16.1% 波动，叶体积占比在 4.4%～9.7% 波动，在发酵后第 14 天沉降到反应器底部浮渣层消失，这可能是在好氧水解阶段受水解酸化、吸水等的影响，使其在发酵液中出现悬浮状态，只要有气体上浮就会出现浮渣，变化的幅度受日产气量的影响，但波动不大。而秸秆皮在此粒度下完全沉降在反应器下层，没有产生浮渣，这可能是由于皮的木质化比较严重，颗粒相对密度大，有机物溶出及吸水后使其比重比较稳定，并且其形状呈柱状或针状，沼气浮力与接触的表面积较小，易脱离颗粒逸出液面。

与未处理组相比，好氧水解处理组的皮的沉降性能最佳，其次是叶和髓，皮、叶、髓分别在厌氧发酵后的第 7 天、14 天、14 天达到最佳的沉降状态，分别比未处理组提前了 9 d、6 d、4 d；同时 40 目以下颗粒都产生了极好的沉降性，沉降率均达到 100%；而 5 目和 10 目的秸秆颗粒，髓、皮、叶的沉降率分别为 32.7% 和 76.6%、82.6% 和 100%、66.2% 和 84.0%，比未处理组相比提高了 5.8% 和 31.9%、39.1% 和 50%、35.5% 和 24%；比 20 和 30 目的髓颗粒初始沉降率提高了 80.3% 和 87.4%，在发酵过程中皮和叶沉降率都达到了 100%。

由此可见，秸秆各部位不同粒度经过好氧处理，与未处理组相比，好氧水解处理能使繁殖能力很强的微生物酶解有机物，使颗粒中的可溶性物质快速析出或溶出，增大了颗粒的孔隙度，利于微生物的可及性和水分子的扩散，增大颗粒吸水速率及增强其沉降性能，减小浮渣层厚度，利于颗粒与反应器底部浓度较高的接种物接触，增大其原料利用率及产气速率。

10.2.4 秸秆各部位不同粒度对产甲烷的影响

如图 10－5 所示，为秸秆各部位不同粒度各处理组随发酵时间变化的累积甲烷产量图，图中(a1)、(b1)和(c1)为髓、皮和叶未处理组的累积甲烷产量，(a2)、(b2)和(c2)为好氧水解处理组累积甲烷产量。

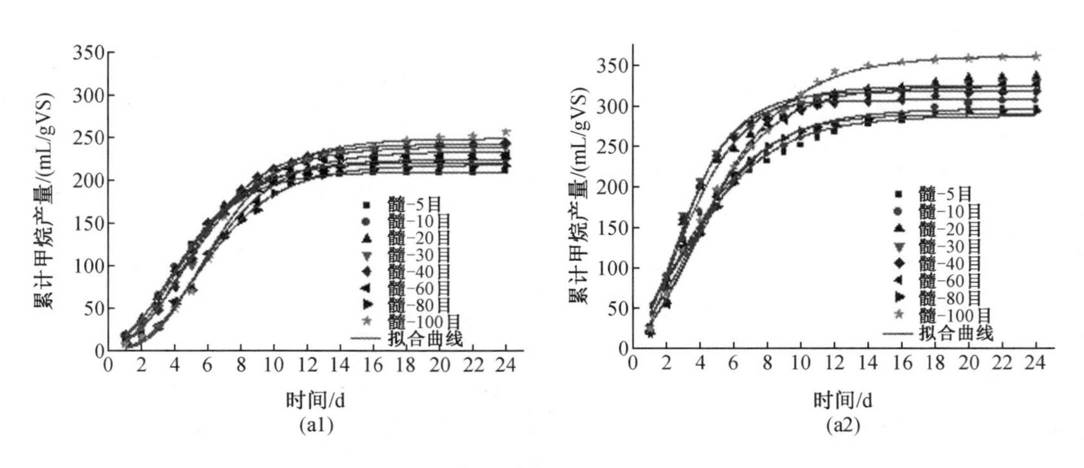

图 10－5　各部位不同粒度的累积甲烷产量

注：散点为试验值、线条为 Gompertz 拟合曲线

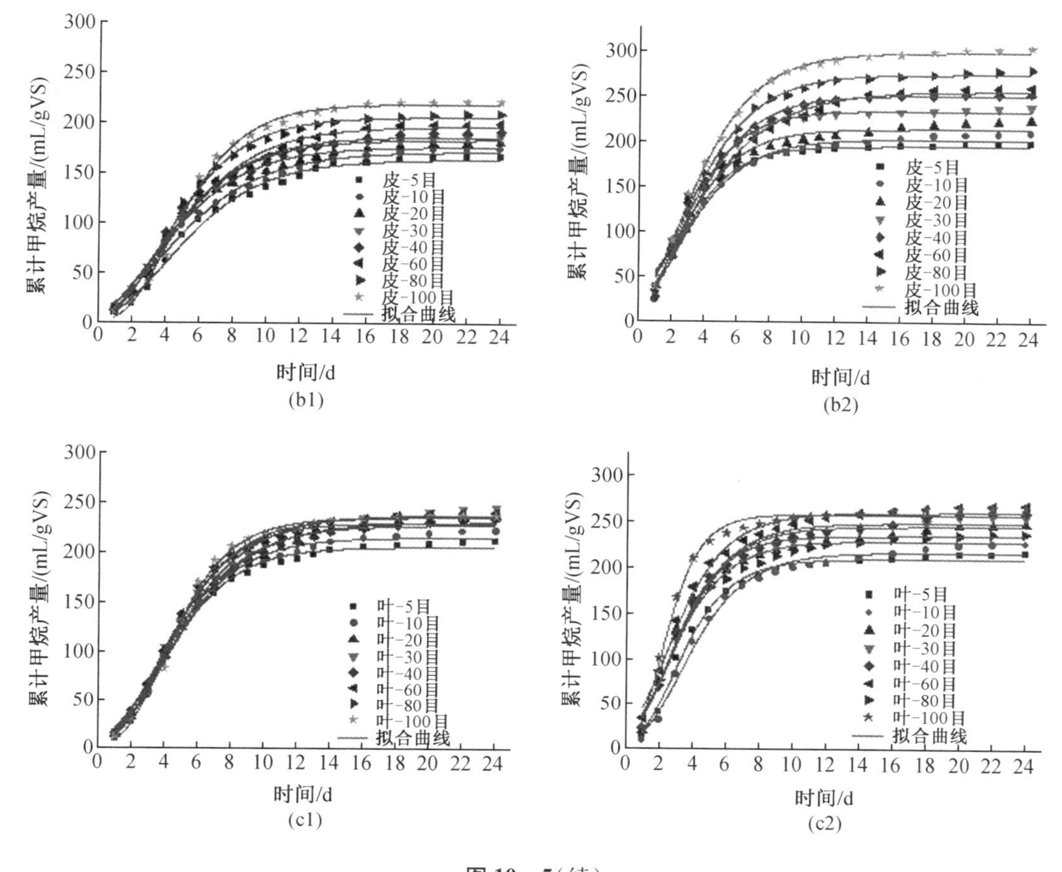

图 10－5(续)

从图中可以看出,玉米秸秆的髓和皮未经过好氧处理,随着目数的增大,累积甲烷产量呈上升趋势,而叶随目数的增大,累积甲烷产量略有波动;对于好氧处理组,秸秆各部位累积甲烷产量随目数的增大逐渐增大,髓、皮、叶累积甲烷产量分别在 287.56～360.80 mL/gVS、194.80～298.94 mL/gVS、210.43～259.90 mL/gVS 波动,分别提高了 37.37%～45.30%、18.27%～36.20%、2.50%～9.26%。可见在好氧水解过程中,粒度大小直接影响秸秆各部位的累积甲烷产量。

通过 Gompertz 模型进行拟合秸秆各部位不同粒度产甲烷过程,从图中看出预测值更接近实际甲烷累积产量,相对误差小,表明该模型能良好地模拟甲烷的产生。同时,好氧水解处理组累计产甲烷量明显高于对照组,可见好氧水解时间及粒度都影响秸秆各部位甲烷产率。其甲烷产率变化最大是粒度在 100 目以下的颗粒,髓变化最大,其次是皮和叶。这是因为颗粒越小,其比表面积越大,暴露的纤维素越多,水解微生物可及性越强,在好氧条件下,木质素破坏更容易,使得水解速率迅速增大,产生较多的可供分解的基质,利于后期的产甲烷发酵;但在厌氧发酵初期,产酸菌的增殖速率大于甲烷菌增殖速率,使得产甲烷速率较慢,同时过小的颗粒在酸性条件下容易出现团聚现象,影响甲烷的产生。叶的粒度大小对累计产甲烷率影响不大,这是因为叶没有完全木质化,可溶性有机物含量相对较少,能较快地水解或溶出,从第 11 章可了解到好氧水解对其影响不大,所以甲烷产率变化不大,但对发酵周期影响较大。

Gompertz 模型拟合后的参数如表 10 - 3 所示。从表中可知 R^2 值均高于 0.97,可见该模型能准确地反映发酵过程中累积甲烷产率的变化。表中秸秆各部位好氧水解处理组的延滞期 λ 明显低于未处理组,这与第 9 章的研究结果相同,说明好氧水解处理组的厌氧发酵系统启动快,发酵系统对甲烷产生的影响发生在好氧水解阶段。在相同的粒度下,髓的延滞期最长,其次是叶和皮。这主要是髓的特殊物理结构及有机成分引起的差异,髓的可溶性糖含量较高,与发酵液接触后,能快速析出或溶出,水解速率快,产生的有机酸附着在漂浮的颗粒表面附近,与反应器底部高密度微生物的发酵液相接触较缓慢,不能及时被产甲烷菌所利用,致使发酵系统启动时间比皮和叶长。各部位随着目数的增大,髓和皮的延滞期逐渐延长,因为目数越大,比表面积越大,其吸水能力越强,增大其自身的重力,能产生良好的沉降性能,与反应器底部的高密度的微生物相接触,导致其水解产酸速率增大,使得水解产酸速率与产甲烷速率不匹配,延迟了系统的启动时间。而叶的延滞期略有不同,这可能是在各粒度下,叶中的茎叶和苞叶的含量不同引起的变化。

表中秸秆各部位未处理组的髓和叶的最大日甲烷产量 R_m 分别在 29.77 ~ 33.19 mL/gVS · d和 29.26 ~ 38.78 mL/gVS · d 变化,除了 100 目以下的粒度,其他粒度的 R_m 变化不大,其中皮的 R_m 变化最大,随着粒度的增大,R_m 从 19.31 mL/gVS · d 增大到 33 mL/gVS · d,可见粒度的大小对 R_m 的影响有一定的差异。水解处理组 R_m 明显高于未处理组,皮和叶不同粒度下,R_m 波动变化明显,粒度在 20 ~ 80 目时,R_m 波动不大,这可能是因为秸秆粒度在这区间,比表面积变化不大并能产生良好的沉降性引起的结果,这与沉降试验的结果相一致;而髓的 R_m 变化较大,这主要是粒度和水解时间对髓的沉降性能影响非常大,在水解时间一定时,随着目数的增大,沉降性越好,从粒度对浮渣层的影响分析中验证了这一点。

秸秆各部位不同粒度处理组 P_{90} 甲烷产量和发酵周期 T_{90} 如图 10 - 6 所示,从图中明显可以看出好氧水解组 P_{90} 甲烷产量要高于未处理组,而发酵周期 T_{90} 要低于未处理组,其中髓和皮的 P_{90} 甲烷产量变化明显,与好氧水解对甲烷产率影响相吻合;叶的 P_{90} 甲烷产量变化较小,这与其木质化不严重有直接关系。从发酵周期 T_{90} 可以看出,10 ~ 60 目粒度下,髓、皮、叶水解处理组的发酵时间 T_{90} 都出现凹点,发酵周期最短为 7 d,最长为 10 d。而皮和叶 60 目以下粒度的发酵周期 T_{90} 呈下降趋势,髓呈上升趋势;同时,好氧水解处理组明显要低于未处理组,可见好氧水解有利于提高甲烷产率及缩短发酵周期。

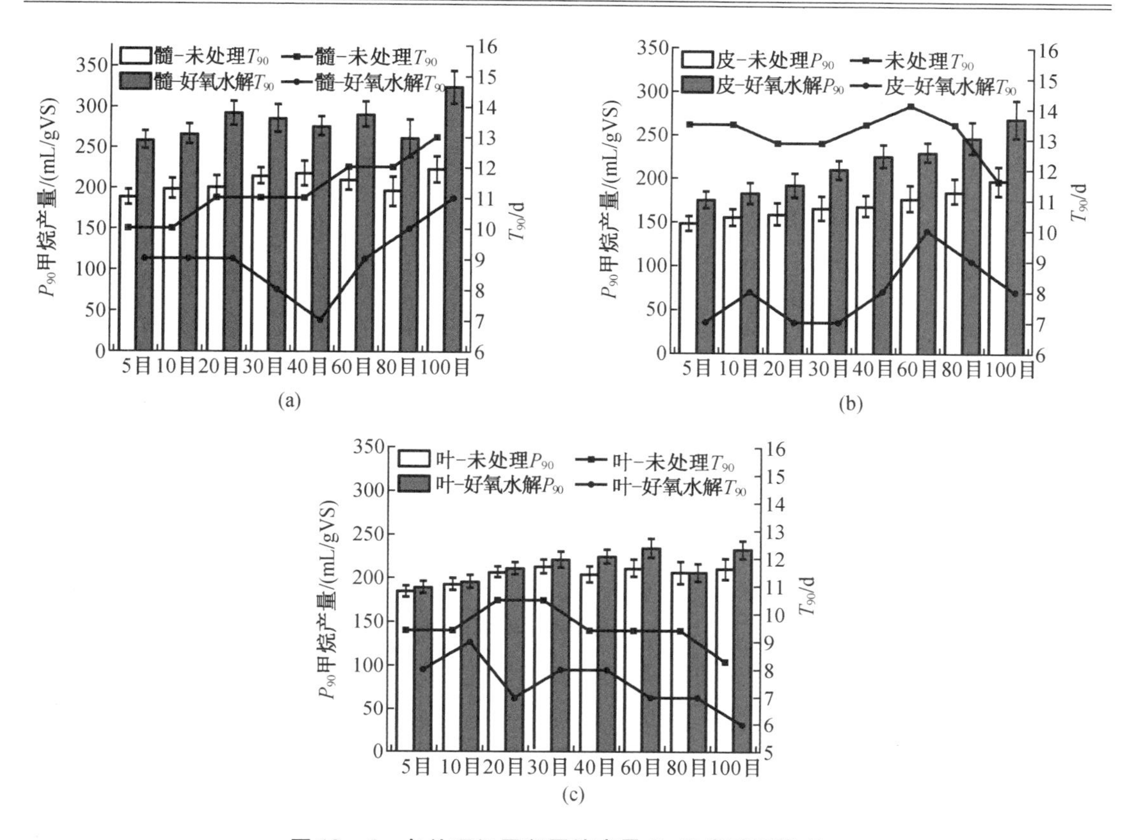

图 10-6　各处理组累积甲烷产量 P_{90} 和发酵周期 T_{90}

表 10-3　玉米秸秆各部位累积甲烷产量拟合表

各部位	Gompertz（未处理）				Gompertz（好氧水解）			
不同粒度	P_m/（mL/gVS）	R_m/（mL/gVS·d）	λ/d	R^2	P_m/（mL/gVS）	R_m/（mL/gVS·d）	λ/d	R^2
髓-5目	209.33±0.93	31.62±0.67	1.17±0.07	0.988 6	287.56±5.05	33.79±2.63	-0.54±0.3	0.976 9
髓-10目	220.48±0.98	30.24±0.60	1.26±0.08	0.998 6	295.83±5.47	35.42±2.98	-0.49±0.3	0.973 1
髓-20目	223.96±1.12	29.77±0.61	1.27±0.09	0.988 4	324.19±4.86	48.88±3.81	0.10±0.28	0.978 8
髓-30目	238.55±1.18	30.22±0.59	1.38±0.08	0.998 7	317.59±3.74	57.44±4.00	0.35±0.21	0.984 1
髓-40目	242.00±1.81	31.93±0.98	1.45±0.12	0.997 0	307.15±3.21	62.41±4.06	0.64±0.17	0.987 2
髓-60目	233.05±2.40	30.04±1.18	2.29±0.15	0.995 7	323.47±2.96	43.64±1.74	0.66±0.15	0.994 5
髓-80目	217.41±1.58	29.16±0.78	2.17±0.11	0.997 8	289.96±2.39	40.94±1.56	0.53±0.14	0.995 0
髓-100目	248.31±2.76	33.19±1.43	2.56±0.17	0.985 1	360.80±3.26	41.06±1.42	0.32±0.16	0.995 5
皮-5目	164.70±2.15	19.31±0.95	0.19±0.22	0.991 4	194.80±1.01	36.23±1.19	0.11±0.10	0.996 2
皮-10目	172.40±2.08	19.43±0.87	0.26±0.21	0.991 9	202.76±2.24	32.06±2.01	-0.13±0.2	0.985 7
皮-20目	176.85±2.21	21.86±1.17	0.35±0.22	0.989 4	213.82±2.53	36.56±2.60	-0.03±0.2	0.982 0
皮-30目	184.15±1.65	23.20±0.89	0.43±0.16	0.994 5	233.75±1.49	41.31±1.57	0.15±0.12	0.994 9
皮-40目	187.14±2.66	23.37±1.40	0.45±0.25	0.986 5	251.00±1.32	40.00±1.13	0.26±0.09	0.997 2
皮-60目	197.41±2.28	23.94±1.10	0.76±0.19	0.992 5	256.01±3.75	30.31±2.06	-0.73±0.3	0.981 9
皮-80目	206.43±1.57	28.54±0.97	1.02±0.13	0.996 2	274.68±2.11	40.13±1.60	-0.09±0.1	0.994 1
皮-100目	219.48±1.80	33.00±1.24	1.61±0.13	0.986 0	298.94±1.68	43.95±1.27	0.01±0.11	0.996 9
叶-5目	205.25±1.77	30.55±1.26	1.07±0.14	0.994 7	210.43±2.05	40.57±2.32	0.79±0.16	0.990 3
叶-10目	214.89±2.10	30.24±1.35	0.95±0.16	0.993 4	217.75±2.75	36.03±2.32	0.90±0.21	0.987 5
叶-20目	230.33±2.39	29.28±1.19	0.72±0.18	0.993 7	235.43±3.18	46.60±3.98	0.40±0.23	0.976 8
叶-30目	237.88±2.33	30.48±1.25	0.84±0.17	0.994 2	245.88±3.13	43.29±3.19	0.34±0.22	0.982 1
叶-40目	227.52±1.97	29.26±1.08	0.68±0.15	0.995 1	249.58±3.35	43.27±3.33	0.30±0.24	0.980 2
叶-60目	235.45±1.67	33.13±1.07	0.92±0.12	0.996 5	261.01±2.45	46.31±2.63	0.10±0.17	0.988 7
叶-80目	229.93±1.27	34.68±0.92	1.18±0.09	0.987 8	229.78±2.79	41.01±3.00	0.16±0.22	0.981 7
叶-100目	234.87±1.75	38.78±1.46	1.64±0.12	0.996 0	259.10±1.93	71.51±4.17	0.63±0.11	0.990 1

秸秆各部位的不同粒度直接发酵和经好氧水解处理发酵后甲烷平均浓度、VS 降解率、生物降解能力 B_d参数的变化情况如表 10－4 和表 10－5 所示。从表中结果可以看出，秸秆各部位好氧水解处理组甲烷含量高于未处理组，其甲烷含量分别在 53.23%～57.89% 和 48.31%～52.29% 波动。同时秸秆各部位好氧水解处理组的 VS 降解率和生物降解能力也都高于未处理组，随着发酵原料目数的增大，VS 降解率和 B_d大致呈上升趋势，可见粒度的大小直接影响微生物降解有机物的能力，其中髓的 VS 降解率最高，其次是叶和皮，这与组织结构及有机成分有直接关系。虽然原料颗粒小，VS 降解率和生物降解能力都有提高，但越小的颗粒，前处理粉碎功耗越高，增加了沼气工程的成本投入，造成产出与投入失调，而颗粒太大，系统能量转化会相对减小，研究显示以玉米秸秆为发酵原料时，选择粉碎粒径为 $\varphi5$ 时，发酵特性较好。

表 10－4　各部位直接发酵后的参数表

粒度/目数	甲烷含量/%			VS 降解率/%			B_d/%		
	髓	皮	叶	髓	皮	叶	髓	皮	叶
5	48.31	48.86	49.35	46.94	33.34	44.23	48.08	35.08	43.73
10	49.27	49.34	49.90	49.89	34.21	45.80	50.64	36.72	45.78
20	49.68	49.69	50.27	51.67	35.04	46.77	51.44	37.67	49.07
30	48.94	50.24	50.69	52.32	35.82	48.34	54.79	39.22	50.68
40	50.31	50.67	49.89	53.14	36.98	49.34	55.58	39.86	48.47
60	50.11	49.39	50.98	53.87	38.98	51.96	53.53	42.04	50.16
80	49.65	50.47	50.01	54.92	39.71	49.35	49.94	43.97	48.98
100	51.40	52.29	50.67	55.31	42.07	50.34	57.03	46.74	50.04

表 10－5　各部位好氧水解处理组发酵后的参数表

粒度/目数	甲烷含量/%			VS 降解率/%			B_d/%		
	髓	皮	叶	髓	皮	叶	髓	皮	叶
5	53.32	53.23	54.61	56.32	40.28	44.31	66.05	41.49	44.83
10	54.97	53.89	55.48	60.23	43.21	46.46	67.95	43.18	46.39
20	54.28	54.67	56.32	62.67	44.87	49.89	74.46	45.54	50.16
30	53.98	55.39	57.04	64.35	46.64	51.76	72.95	49.78	52.38
40	54.46	55.76	56.91	66.64	47.89	52.11	70.55	53.46	53.17
60	55.38	54.23	56.34	67.35	48.31	54.21	74.30	54.52	55.61
80	54.23	54.98	57.89	68.08	49.11	55.34	66.60	58.50	48.95
100	57.01	55.31	54.61	69.05	52.36	56.01	82.87	63.67	55.20

通过不同粒度髓、皮、叶好氧水解前后对浮渣层与产甲烷量的分析可知，当秸秆的目数(40 目以下)越大，其表面积越大，利于溶液分子扩散到秸秆内部，同时加快了可溶性物质的

析出,增加了秸秆的孔隙度,增强了秸秆的吸水能力,当秸秆吸水后的比重相当于发酵液的比重时,秸秆就会出现悬浮或下沉,提高了沉降性能,利于与反应器底部高密度微生物接触,提高秸秆纤维素与半纤维的可降解性,提高了原料的转化率,进而提高了甲烷产量。可见,具有较好的沉降性能有利于提高秸秆的产气量。然而,对于较大颗粒的秸秆(大约10目),经过好氧水解处理,虽然也增加了产气量(增加幅度较小),但在厌氧发酵过程中并没有产生较好的沉降性能,只是在发酵过程中浮渣层的变化较快,此时的浮渣层如果不加以处理,也容易失水结壳。因此,提高秸秆的沉降性能是解决浮渣结壳的关键。

10.3 本章小结

(1)秸秆各部位经过好氧水解处理能加速微生物酶解有机物速率,增大颗粒的孔隙度、微生物可及性和水分子的扩散,产生良好的沉降性,与未处理组相比,皮的沉降性能最佳,其次是叶和髓。皮、叶和髓分别在厌氧发酵后的第7天、14天、14天达到最佳的沉降状态,与未处理组相比分别提前了9 d、6 d和4 d;不同粒度的髓、皮和叶经过好氧水解处理后,其沉降性略有差异,40目以下颗粒沉降率都达到了100%;而5到10目的髓、皮和叶的沉降率分别为32.7%~76.6%、82.6%~100%和66.2%~84.0%,分别提高了5.8%~31.9%、39.1%~50%和35.5%~24%;20~30目的髓颗粒初始沉降率提高了80.3%~87.4%,而皮和叶在发酵过程中沉降率都达到了100%。

(2)秸秆各部位好氧水解处理组的甲烷产率、最大日产甲烷量、延滞期和水解常数均明显优于未处理组,甲烷产率随颗粒目数的增大而增大,髓、皮和叶甲烷产率分别在287.56~360.80 mL/gVS、194.80~298.94 mL/gVS和210.43~259.90 mL/gVS波动,分别提高了37.37%~45.30%、18.27%~36.20%和2.50%~9.26%。

(3)秸秆各部位好氧水解处理组的VS降解率、生物降解能力及甲烷含量均高于未处理组,随着发酵原料目数的增大,VS降解率和生物降解能力大致呈上升趋势,而髓、皮和叶的发酵周期T_{90}为7~10 d,比未处理组提前了2~6 d。

第11章　秸秆各部位好氧水解沉降特性试验研究

玉米秸秆在厌氧发酵过程中由于其特殊的物理性质,密度低,极易出现浮渣,直接影响发酵原料的去除率、产气速率及容积产气率,不利于沼气工程的连续运行。通过预处理研究表明,好氧水解时间、粒径大小直接影响秸秆厌氧发酵过程中原料的沉降性能,适宜的水解时间及粒径能提高原料的沉降性及产气率,而引起沉降的最主要原因就是在水解过程的预处理阶段的吸水特性。由于好氧水解阶段的接种物为菌种和有机物含量复杂的沼液,对秸秆的吸水产生沉降是复杂的生化反应,无法做到定量分析。有研究显示秸秆好氧水解处理后的沉降效果要优于秸秆在水溶液中的吸水后的沉降效果,所以我们研究秸秆好氧水解阶段的接种物可以用100目筛过滤,去除接种物影响沉降的杂质,来模拟好氧水解的沉降性能。同时研究也表明水解温度也直接影响秸秆的水解效果及产气速率,根据本书的研究结果,确定了好氧水解最佳的适宜温度为44 ℃,同时考虑到水解的接种物选用的是中温发酵的接种物,发酵温度的变化范围不宜超过50 ℃,因为超过此温度,反应过程是不稳定的,在实际的运行管理中都必须避免这个区域,所以本研究的温度范围为30~50 ℃。所以本章节根据单因素试验系统分析的水解时间和粒径大小对秸秆髓、皮、叶厌氧发酵的浮渣层的影响及水解温度对吸水性的影响。以单因素试验结果为基础,通过响应曲面中二次旋转正交方法,考察上述影响因子对秸秆髓、皮和叶沉降性的交互作用,并优化其好氧水解工艺参数。

11.1　多因素试验设计

根据单因素试验结果,确定了水解时间、发酵原料的粒度大小及水解温度可以提高秸秆厌氧发酵阶段的沉降性能。为进一步研究水解时间、温度和粒度大小对髓、皮和叶在好氧水解阶段沉降性能的影响,以水解时间、温度和粒度为试验因素,沉降比为性能评价指标,进行二次旋转正交试验,模拟秸秆各部位在多因素相互影响作用下,好氧水解阶段的沉降效果。试验编码表如表11-1所示,分别以编码值和实际值表示的顺序安排试验,具体试验方案如表11-2所示。

表11-1　因素水平编码表

水平	x_1:时间/h		x_2:温度/℃		x_3:粒度/目数	
	编码值	实际值	编码值	实际值	编码值	实际值
上星号臂(+1.68)	+1.68	16	+1.68	50	+1.68	40

表 11-1(续)

水平	x_1:时间/h		x_2:温度/℃		x_3:粒度/目数	
	编码值	实际值	编码值	实际值	编码值	实际值
上水平(+1)	1	13.6	1	45.9	1	32.9
零水平(0)	0	10	0	40	0	22.5
下水平(-1)	-1	6.4	-1	34.1	-1	12.1
下星号臂(-1.68)	-1.68	4	-1.68	30	-1.68	5

试验分三组,A 组:将髓按各粒度分别称取 10 g 再分别放入 120 目锦纶过滤袋中,封口后按试验设计(表 11-2)放入过 100 目筛的沼液中(按第 9 章的水解试验进行),每小时定时搅拌 1 次,按试验要求定时取出,用水冲洗 2 次,再把水沥干(以不滴水为宜),称取吸水后的髓 15 g 全部放入装有 65 mL 水溶液的 100 mL 的量筒内,搅拌后静止 30 min,测量上浮物和下沉物的体积,计算出下沉物的沉降比,每组试验重复 3 次,取平均值。B 组的皮和 C 组的叶各称取 20 g,分别放入 120 目锦纶过滤袋中,其他处理与 A 组相同。

11.2 结果与讨论

在实际试验过程中,各因素水平操作值与水平设定值具有一定误差,但误差均在可接受范围内,因此本研究所得响应指标可以进行因素影响交互分析。

设计试验方案与上述试验因素水平编码表保持一致,将测得数据进行统计计算取平均值作为试验结果,将其填入试验方案与结果表中,试验结果如表 11-2 所示。

表 11-2　试验方案与结果

序号	试验因素			响应指标		
	x_1:时间/h	x_2:温度/℃	x_3:粒度/目数	髓 y_1 沉降比/%	皮 y_2 沉降比/%	叶 y_3 沉降比/%
1	-1	-1	-1	2.13	12.92	32.66
2	1	-1	-1	15.20	39.59	60.19
3	-1	1	-1	8.30	20.65	42.33
4	1	1	-1	22.10	47.71	67.34
5	-1	-1	1	27.50	52.05	90.48
6	1	-1	1	73.50	95.89	98.31
7	-1	1	1	48.21	59.77	94.06
8	1	1	1	92.10	99.78	99.90
9	-1.68	0	0	14.80	25.98	66.75

表 11－2(续)

序号	试验因素			响应指标		
	x_1:时间/h	x_2:温度/℃	x_3:粒度/目数	髓 y_1 沉降比/%	皮 y_2 沉降比/%	叶 y_3 沉降比/%
10	1.68	0	0	65.43	83.57	98.39
11	0	－1.68	0	18.20	50.09	80.55
12	0	1.68	0	39.58	63.04	90.82
13	0	0	－1.68	0	7.20	15.30
14	0	0	1.68	85.56	90.50	93
15	0	0	0	40.88	63.49	82.59
16	0	0	0	40.64	64.98	82.38
17	0	0	0	39.72	65.68	83.04
18	0	0	0	41.29	64.04	83.67
19	0	0	0	40.98	63.67	84.21
20	0	0	0	39.59	65.98	84.57
21	0	0	0	39.61	66.21	82.89
22	0	0	0	41.64	65.89	83.61
23	0	0	0	40.47	64.82	81.76

11.2.1　各因素对髓沉降比的影响

应用 Design－Expert 8.0.5 软件对髓的试验数据进行分析，获得水解时间、温度、粒度对沉降比影响的方差分析，如表 11－3 所示。

显著性($P>F$)值小于 0.05，所以模型显著。由表 11－3 各因素对沉降比方差分析可以看出，髓的沉降比回归模型极显著，表明回归方程有意义；拟合方差不显著，说明方程拟合情况较好。通过分析可知，时间、温度、粒度对沉降比指数的影响都极为显著，但对髓的沉降比存在差异性，秸秆的粒度大小是主要的影响因素；而时间和粒度、温度和粒度他们二者之间都存在交互作用。以 y_1 为响应函数，因素编码为自变量拟合的回归方程如式(11－1)所示，其中 x_1x_2 和 x_1^2 对髓的沉降比影响不显著，故去掉了不显著项。

$$y_1 = -200.59 + 0.233x_1 + 9.731x_2 - 2.117x_3 + 0.212x_1x_3 + 0.053x_2x_3 - 0.122x_2^2 + 0.006x_3^2 \tag{11-1}$$

表 11－3　髓的方差分析表

来源	平方和	自由度	F 值	显著性($P>F$)
模型	12 781.74	9	1 297.13	<0.000 1
x_1	2 985.12	1	2 726.45	<0.000 1

表 11 -3(续)

来源	平方和	自由度	F 值	显著性($P>F$)
x_2	571.39	1	521.88	<0.000 1
x_3	8 339.32	1	7 616.70	<0.000 1
x_1x_2	0.24	1	0.22	0.648 7
x_1x_3	496.44	1	453.42	<0.000 1
x_2x_3	86.07	1	78.61	<0.000 1
x_1^2	1.86	1	1.70	0.215 0
x_2^2	295.27	1	269.69	<0.000 1
x_3^2	5.72	1	5.23	0.039 7
误差	10.86	13	—	—
总和	12 795.97	22	—	—

为了直观的分析各因素与沉降比指标间的关系，运用 Design - Expert 8.0.5 软件获得水解时间与温度、水解时间与粒度大小、水解温度与粒度大小对沉降比性能指标的影响的等高线图和响应曲面图，如图 11 -1、11 -2 和 11 -3 所示。

1. 水解时间与温度对沉降比的影响

分析回归方程式(11 -1)和响应曲面图 11 -1 可知，显著性($P>F$)值大于 0.05，所以水解时间与水解温度间对髓沉降比不存在交互作用，而当水解温度恒定，水解时间在 8 ~ 16 h范围变化时，髓的沉降比随水解时间的增大呈逐渐增大趋势变化；当水解时间恒定，水解温度在 30 ~ 50 ℃范围变化时，髓的沉降比随水解温度增大呈逐渐增大后略有降低的变化趋势。分析其原因为，随着吸水时间的增加，根据菲克定律，秸秆髓颗粒在水中的传质量越大，即吸水率逐渐增大，使髓的密度逐渐增大，髓吸水后的比重逐渐达到悬浮或下沉的状态，增大了其沉降性能；随着水解温度的升高，水分子的动能逐渐增大，水分子运动剧烈，增大了扩散到秸秆颗粒内部的速率，在相同吸水时间内使得髓的吸水率逐渐增大，同时温度的升高，加快了髓颗粒可溶性物质的溶出或析出，增大了孔隙度，水分子更容易扩散到秸秆颗粒内部，增大了髓的沉降性能；而当水解温度超过 45 ℃时，接种物(中温发酵)中微生物活性急剧降低，有机物的酶解速率略有降低，使得髓的孔隙度并没有增大，虽然水分子的动能较大，水分子运动更剧烈，但由于髓的物理组织结构的特殊性，更易于漂浮在水面上，减小了水分子的重力势，也减小了与秸秆颗粒的水势差，减弱了水分子扩散速率，所以沉降比略有降低。

2. 水解时间与粒度对沉降比的影响

分析回归方程式(11 -1)和响应曲面图 11 -2 可知，显著性($P>F$)值小于 0.05，髓的水解时间与粒度间对沉降比存在交互作用。

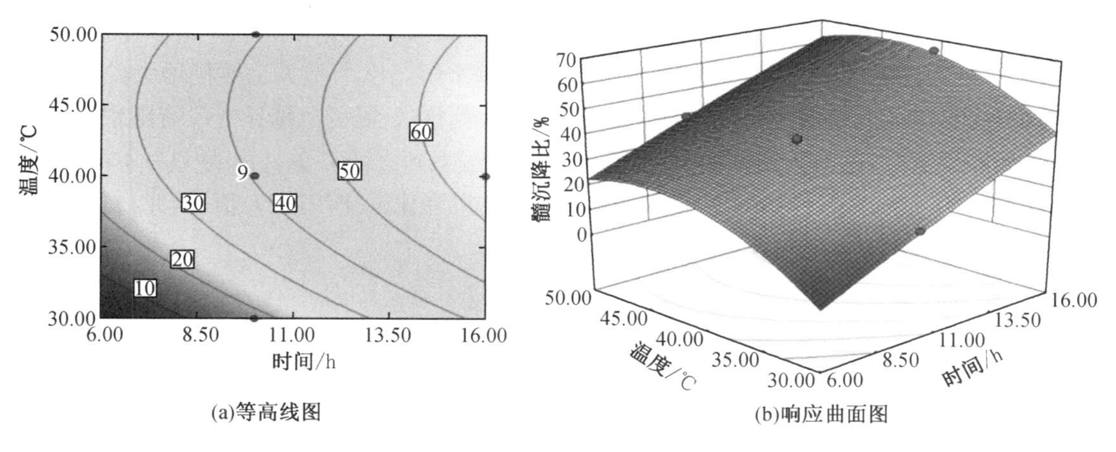

(a)等高线图　　(b)响应曲面图

图 11－1　时间与温度对沉降比的影响

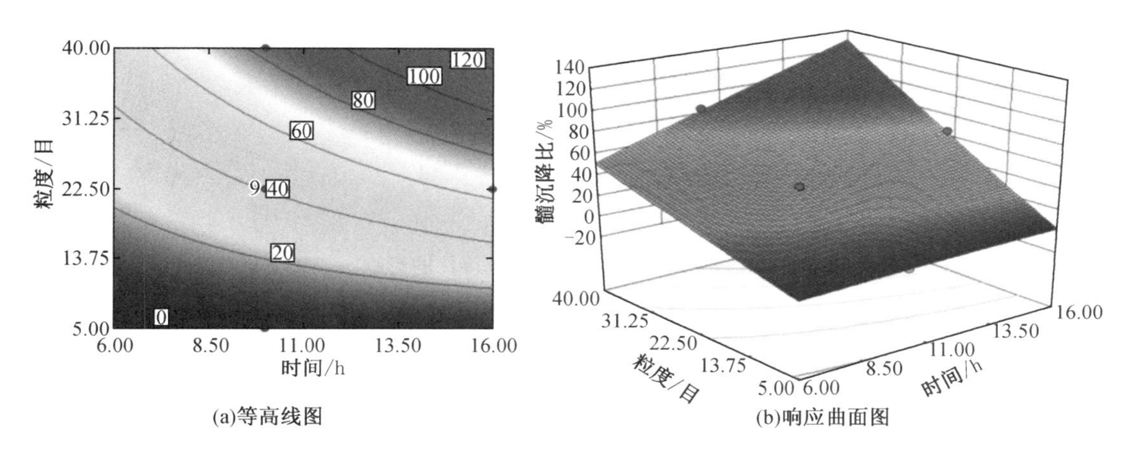

(a)等高线图　　(b)响应曲面图

图 11－2　时间与粒度对沉降比的影响

由图 11－2 可知,当粒度(10～40 目)一定时,沉降比随水解时间的增加呈逐渐增大的变化趋势;当水解时间一定时,沉降比随粒度增加而逐渐增大。产生这一现象的原因为髓的吸水性很强,随着水解时间的延长,吸水率逐渐增大,同时秸秆在微生物酶解的作用下,颗粒内可溶性物质溶出或析出的量增多,在微观上增大孔隙度,利于水分子的扩散,使得水分子扩散到秸秆颗粒内的水量增多,增大了其密度,产生较好的沉降性能。但当髓的粒度为 5 目时,由于颗粒较大,水分子扩散到髓内部中心的距离较大,在吸水 16 h 后达不到沉降的效果,也许更长的时间会达到沉降状态。又由于髓的特殊组织结构,蓬松柔软,随着粒度的增加,颗粒越小,根据菲克定律水分子扩散率与水分子运动的距离的平方成反比,颗粒越小水分子运动距离越短,扩散率越大,使得吸水率越高,增大自重,产生较好的沉降性能。并且由图 11－2 及表 11－3 可知,水解时间对髓的沉降比 y_1 作用的 F 值为 2 726.45,粒度对髓的沉降比 y_1 作用的 F 值为 7 616.70,因此髓的粒度是影响沉降比 y_1 的主要因素。

3. 水解温度与粒度对沉降比的影响

分析回归方程式(11－1)和响应曲面图(11－3)可知,显著性($P>F$)值小于 0.05,髓的水解温度与粒度间对沉降比存在交互作用。如图 11－3 所示,当水解温度恒定时,髓的沉降比随粒度的增大呈逐渐增大的变化趋势，增大的幅度随粒度的增大呈上升趋势；而当粒度恒定时，水解温度在 30 ~ 50 ℃变化时，髓的沉降比随水解温度的增大呈缓慢增大的变化趋势，粒度越大，增大的幅度越大，但粒度为 5 目或更大颗粒时，髓的沉降比并没有随水解温度的升高而产生沉降，这与其密度低、颗粒较大吸水后达不到沉降有关。由表 11 －3 可知，水解温度对髓的沉降比 y_1 作用的 F 值小于粒度对髓的沉降比 y_1 作用的 F 值，因此，粒度对髓的沉降比的影响大于水解温度对髓的沉降比的影响。

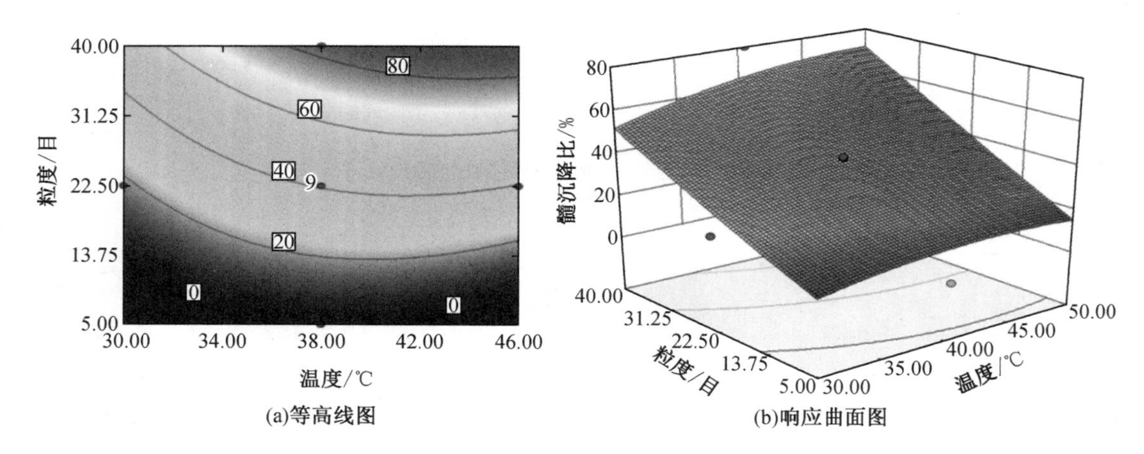

图 11 －3　温度与粒度对沉降比的影响

11.2.2　各因素对皮沉降比的影响

对表 11 －2 中皮的沉降比试验数据利用相同的软件进行处理分析，获得水解时间、温度、粒度对皮沉降比的影响的方差分析，如表 11 －4 所示。显著性（$P>F$）值小于 0.05 时，模型显著。由表 11 －4 各因素对沉降比方差分析可以看出，皮的沉降比回归模型极显著，表明回归方程有意义；拟合方差不显著，说明方程拟合情况较好。同时分析可知，水解时间、温度和粒度对皮沉降比的影响都极为显著。以 y_2 为响应函数，因素编码为自变量拟合的回归方程如式（11 －2）所示，其中 x_1x_2 和 x_2x_3 对皮沉降比的影响不显著，去掉不显著项，则拟合的回归方程为

$$y_2 = -231.47 + 8.729x_1 + 7.329x_2 + 3.923x_3 + 1.101x_1x_3 - 0.269x_1^2 - 0.079x_2^2 - 0.051x_3^2 \quad (11-2)$$

表 11 －4　皮的方差分析表

来源	平方和	自由度	F 值	显著性（$P>F$）
模型	12 921.41	9	903.37	<0.000 1
x_1	4 024.32	1	2 532.15	<0.000 1
x_2	177.53	1	111.70	<0.000 1
x_3	7 815.97	1	4 917.91	<0.000 1

表 11 - 4(续)

来源	平方和	自由度	F 值	显著性($P>F$)
x_1x_2	1.48	1	0.93	0.352 3
x_1x_3	113.40	1	71.35	<0.000 1
x_2x_3	2.25	1	1.41	0.255 7
x_1^2	186.86	1	117.57	<0.000 1
x_2^2	124.25	1	78.18	<0.000 1
x_3^2	484.87	1	305.09	<0.000 1
误差	20.66	13	—	—
总和	12 942.07	22	—	—

利用 Design - Expert 8.0.5 软件获得水解时间与温度、水解时间与粒度、水解温度与粒度对皮沉降比性能指标影响的等高线图和响应曲面图,如图 11 - 4、11 - 5 和 11 - 6 所示。

1. **水解时间与温度对沉降比的影响**

分析回归方程式(11 - 2)和响应曲面图 11 - 4 可知,显著性($P>F$)值大于 0.05,水解时间与温度间不存在交互作用,而当水解温度恒定时,皮的沉降比随水解时间的延长呈逐渐增大的趋势变化;当水解时间恒定(6 ~ 16 h)时,皮的沉降比随水解温度增大呈缓慢增大后略有降低的变化趋势,但变化范围很小。分析其原因为,随着水解时间的延长,皮的可溶性物质溶出或析出增多,皮的物质溶出率在 16 h 前高于髓和叶,大大增加了在微观上的孔隙度,利于水分子的扩散(详见图 8 - 3 的分析),增大其自重,达到较好的沉降效果;同时当水温逐渐升高时,水分子的动能逐渐增加,加快了水分子运动速度,加快了皮的吸水速度,使得沉降比增大,但当温度过高时,接种物中的微生物活性降低,微生物可触及性降低,同时也有可能是由于外表皮较多的硅化物、蜡质和维管组织的结构致密,木质化严重,使得皮吸水后溶胀严重,在沥水过程中温差变化较大,冷缩后失水相对较多,引起沉降效果略有降低的变化。

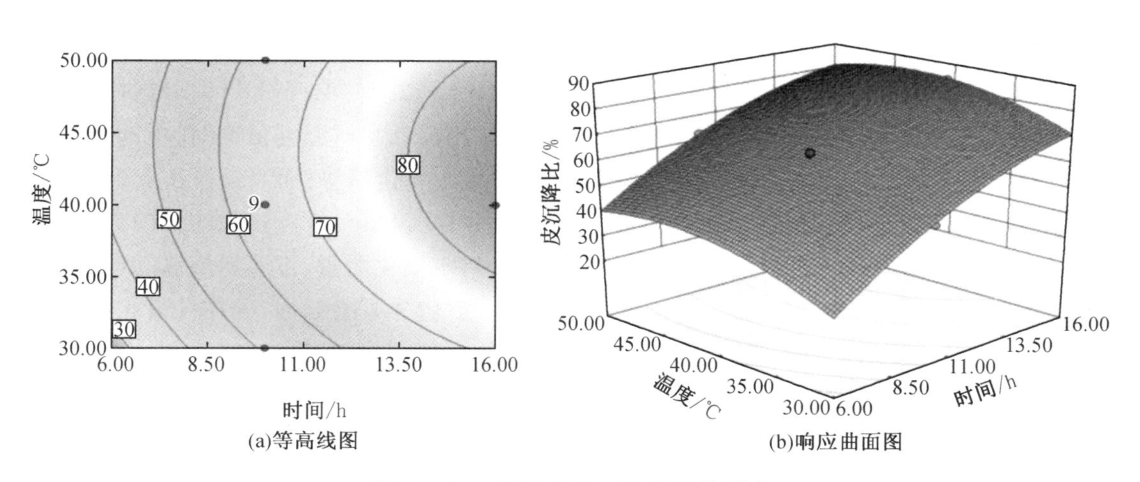

(a)等高线图　(b)响应曲面图

图 11 - 4　时间与温度对沉降比的影响

2. **水解时间与粒度对沉降比的影响**

皮的水解时间与粒度大小对沉降比性能指标的等高线图和响应曲面图，如图 11 －5 所示。分析回归方程式（11 －2）和响应曲面图 11 －5 可知，显著性（$P > F$）小于 0.05，水解时间与粒度间存在交互作用。当水解时间恒定且粒度在 5 ~40 目数变化时，皮的沉降比随粒度增大呈逐渐增大变化趋势；而当粒度恒定且水解时间在 6 ~16 h 变化时，皮的沉降比随水解时间的增大呈逐渐增大趋势变化，粒度越大，沉降比随水解时间变化幅度越大；其产生的原因与髓的水解时间与粒度对沉降比的影响相似，不同点在于当皮粒度为 5 目时，由于皮的密度相对较高，可溶性有机物溶出速率快，随着水解时间的延长，其中较短的颗粒能出现下沉现象。同时观察到响应面沿粒度方向变化区间比沿水解时间方向变化区间大。由表 11 －4可知，时间对皮的沉降比 y_2 作用的 F 值为 2 532. 15，粒度对皮的沉降比 y_2 作用的 F 值为 4 917. 91，因此粒度对皮的沉降比的影响大于时间对皮的沉降比的影响，粒度也是影响皮沉降比的主要因素。

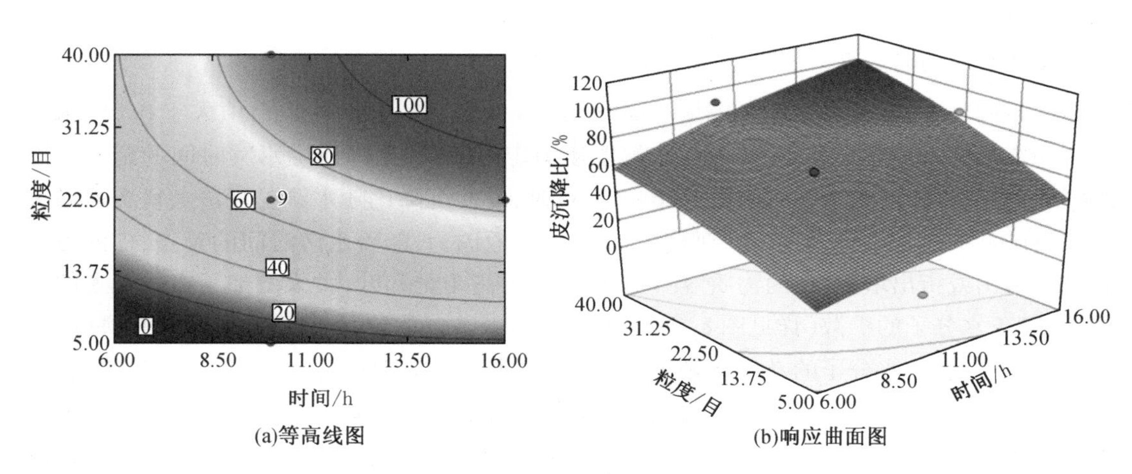

图 11 －5　时间与粒度对沉降比的影响

3. **水解温度与粒度对沉降比的影响**

皮的水解温度与粒度大小对沉降比性能指标影响的等高线图和响应曲面图，如图 11 －6所示。分析方差分析表 11 －4、回归方程式（11 －2）和响应曲面图 11 －6，同样可知，水解温度与粒度之间对皮沉降比的影响不存在交互作用。当水解温度恒定时，皮的粒度在 5 ~40 目级别变化时，皮的沉降比随粒度增大呈逐渐增大变化趋势；而当粒度恒定时，皮的沉降比随水解温度的增大呈缓慢增大变化趋势，变化幅度较小。分析变化的原因为，虽然水解温度升高，水分子动能逐渐增大，但皮的结构致密，木质化严重，不容易溶胀，其吸附水分子的能力并没有增加多少；另外，皮逐渐吸附水分子后增强了柔韧性、表皮和束状组织间的结合力，阻碍了水分子的扩散，使得温度对沉降比的影响较小。当水解温度不变时，粒度越大，增大了水分子接触表面积、减小了水分子扩散的距离，利于水分扩散到颗粒内部，使其有利于吸水后产生沉降。

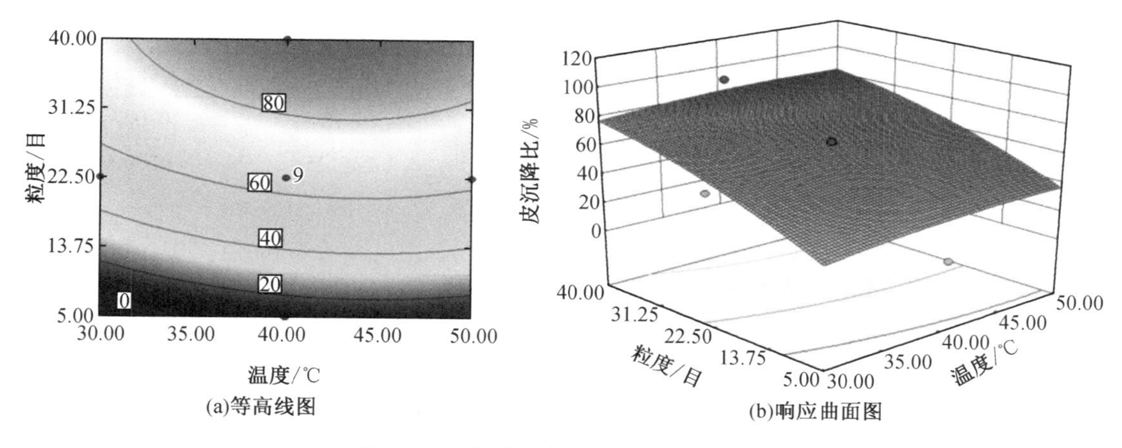

(a)等高线图　　(b)响应曲面图

图 11-6　温度与粒度对沉降比的影响

11.2.3　各因素对叶沉降比的影响

利用 Design-Expert 8.0.5 软件对表 11-2 中叶的试验数据进行分析，获得水解时间、温度、粒度对叶沉降比影响的方差分析，如表 11-5 所示。显著性($P>F$)值小于 0.05 时，模型显著。由表 11-5 各因素对沉降比方差分析可以看出，叶的沉降比回归模型极显著，表明回归方程有意义；拟合方差不显著，说明方程拟合情况较好。由分析可知，水解时间、温度和粒度大小对沉降比指数的影响都极为显著，其中水解时间和粒度、水解温度和粒度二者之间存在交互作用。以 y_3 为响应函数，因素编码为自变量拟合的回归方程如式(11-3)所示，由表 11-5 可知，x_1x_2 和 x_1^2 对叶沉降比的影响不显著，去掉不显著项，则拟合的回归方程为

$$y_3 = -86.08 + 6.943x_1 - 0.516x_2 + 8.742x_3 - 0.131x_1x_3 - 0.024x_2x_3 + 0.022{x_2}^2 - 0.096x_3^2 \tag{11-3}$$

同样利用软件获得水解时间与温度、水解时间与粒度、水解温度与粒度对沉降比的影响等高线图和响应曲面图，如图 11-7、11-8 和 11-9 所示。

表 11-5　叶的方差分析表

来源	平方和	自由度	F 值	显著性($P>F$)
模型	10 160.38	9	1 149.56	<0.000 1
x_1	1 044.28	1	1 063.36	<0.000 1
x_2	112.87	1	114.94	<0.000 1
x_3	7 077.92	1	7 207.24	<0.000 1
x_1x_2	2.54	1	2.59	0.131 6
x_1x_3	188.86	1	192.31	<0.000 1
x_2x_3	16.97	1	17.28	0.001 1
x_1^2	1.51	1	1.54	0.237 1

表 11－5(续)

来源	平方和	自由度	F 值	显著性(P>F)
x_2^2	10.00	1	10.18	0.007 1
x_3^2	1 704.12	1	1 735.25	<0.000 1
误差	12.77	13	—	—
总和	10 173.14	22	—	—

1. 水解时间与温度对沉降比的影响

由方差分析表 11－5 可知，显著性(P>F)大于 0.05，水解时间与温度对叶沉降比不存在交互作用。水解时间与温度对叶沉降比的影响如图 11－7 所示，由图可知，当水解时间恒定时，温度在 30～50 ℃变化时，叶沉降比随水解温度升高呈逐渐增大变化趋势，区别于髓和叶的变化趋势；当水解温度恒定时，水解时间在 6～16 h 变化时，叶沉降比随水解时间的增大呈逐渐增大变化趋势。

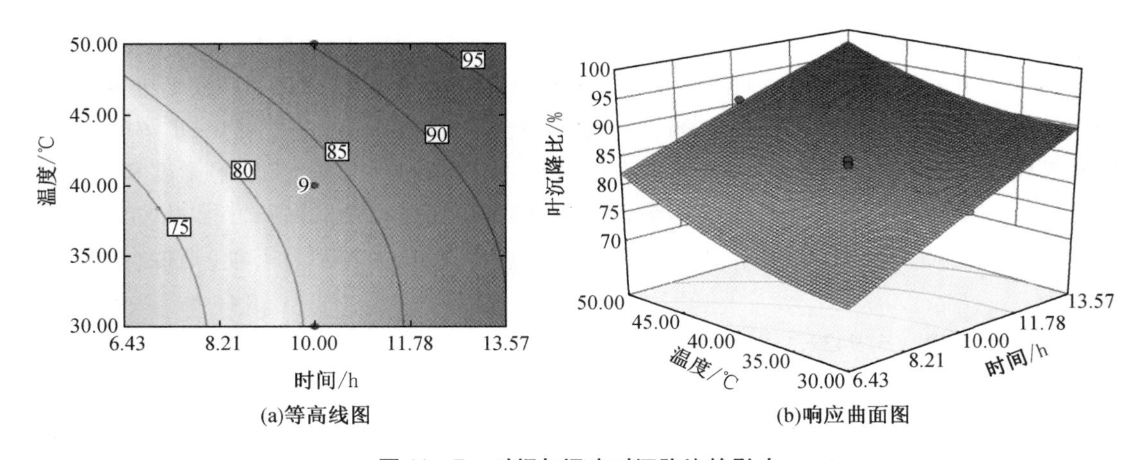

图 11－7　时间与温度对沉降比的影响

当水解温度超过 45 ℃，短时间内微生物的活性不会受到太大影响，同时叶的形状扁平，无机盐含量相对较高，木质化不严重，可溶性物质在较短时间内就会溶出，增大了孔隙度，利于水分子扩散。

2. 水解时间与粒度对叶沉降比的影响

如图 11－8 所示，结合方差分析表 11－5 可知，显著性(P>F)小于 0.05，水解时间与粒度对叶沉降比的影响，二者之间存在交互作用，当水解时间一定时，叶的粒度在 5～40 目数变化时，叶的沉降比随粒度增大呈逐渐增大变化趋势；当粒度恒定且水解时间在 8～16 h 变化时，叶的沉降比随水解时间的增大呈逐渐增大变化趋势，同时粒度越小，沉降比变化幅度越大，产生这样的趋势与髓和皮的原因相似。由表 11－5 可知，粒度对叶的沉降比 y_3 作用的 F 值(7207.24)比水解时间对叶的沉降比 y_3 作用的 F 值(1063.36)大得多，因此，粒度对叶沉降比的影响大于水解时间对叶沉降比的影响。可见，粒度仍然是影响叶沉降比的主要因素。

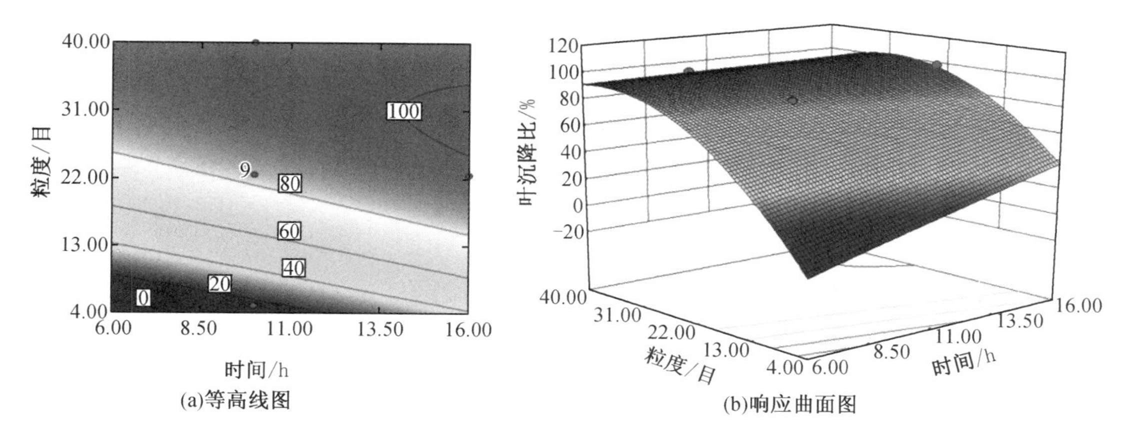

(a)等高线图　　(b)响应曲面图

图 11-8　时间与粒度对沉降比的影响

3. 水解温度与粒度对叶沉降比的影响

通过方差分析表 11-5 可知，显著性($P>F$)小于 0.05，水解温度与粒度对叶沉降比的影响，二者之间存在交互关系。而如图 11-9 所示，当水解温度一定时，叶的沉降比随粒度增大呈逐渐增大趋势变化；当粒度一定时，水解温度在 30～50 ℃变化，叶的沉降比随水解温度的增大略有升高的趋势，升高幅度较小；分析其原因为玉米秸秆叶呈片状较薄，没有完全木质化，粉碎后的颗粒越小(粒度越大)，比表面积越大，水分子接触的表面积越大，同时水分子扩散到颗粒中心位置的距离比髓和叶都小，所以水分子扩散速率较快，在相同的时间内能达到较好的沉降效果。同时，由表 11-5 可知温度对叶的沉降比 y_3 作用的 F 值(114.94)远小于粒度对叶的沉降比 y_3 作用的 F 值(7 207.24)，因此粒度对叶沉降比的影响也是主要的影响因素。

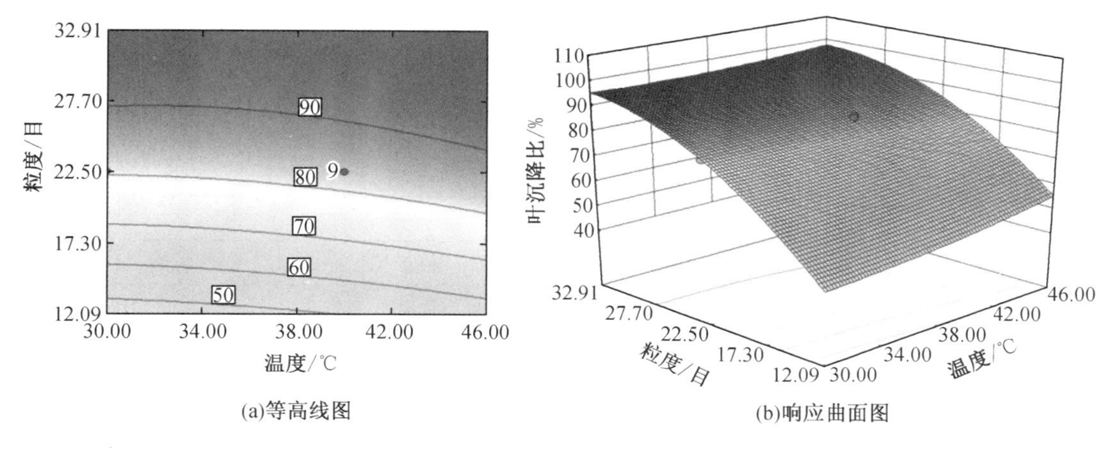

(a)等高线图　　(b)响应曲面图

图 11-9　温度与粒度对沉降比的影响

通过分析水解时间、温度及粒度大小对秸秆髓、皮、叶沉降比的影响，发现粒度大小是影响其沉降的主要因素。而秸秆各部位在相同的粒度条件下,叶和皮吸水后的沉降效果要优于髓。通过本文研究已知,粉碎后的秸秆吸水后出现浮渣主要是髓引起的,髓的颗粒(≤5 目)过大,在较短时间内,吸水后很难达到沉降的状态,这与水分子扩散速率有关。若是在较多的微生物(接种物用 20 目筛过滤)的作用下,微生物的酶解速率加快,使得秸秆各部位可溶性有机物快速溶出或析出,增大了孔隙度,增大了微生物的可及性,同时也加大了水分子的扩散速率,使其密度增大的幅度要高于在本试验的增大幅度。并且,在产甲烷厌氧发酵过程中由于更多微生物的加入,可能会产生较好的沉降效果。

11.2.4 因素贡献率

根据试验数据建立的数学模型,由方程的系数检验结果判定各个因素对指标的影响程度。

各因素对秸秆各部位沉降比指标影响的数学模型如式(11-4)所示。

$$y = b_0 + \sum_{j=1}^{m} b_j x_j + \sum_{i \leqslant j=1}^{m} b_{ij} x_i x_j \tag{11-4}$$

各回归系数的方差比 $F(j)$、$F(jj)$、$F(ji)$ 可按式(11-5)求得。

$$\delta = \begin{cases} 0 & F \leqslant 1 \\ 1 - \dfrac{1}{F} & F > 1 \end{cases} \tag{11-5}$$

于是,可得第 j 个因素对沉降比性能指标的贡献率如式(11-6)所示。

$$\Delta_j = \delta_j + \frac{1}{2} \sum_m \delta_{ij} + \delta_{jj} \tag{11-6}$$

式中 δ_j——第 j 个因素一次项的贡献;

δ_{jj}——第 j 个因素二次项的贡献;

δ_{ij}——交互项的贡献。

通过比较各个因素对秸秆髓、皮、叶沉降比性能指标贡献率 Δ_j 的大小,以判断各因素对沉降比性能指标影响的强弱。根据以上计算方法,可得每个因素对秸秆各部位沉降比的贡献率,如表 11-6 所示。

表 11-6 因素贡献率

性能指标	贡献率		
	时间/h	温度/℃	粒度/目数
髓沉降比	1.910	2.488	2.801
皮沉降比	2.484	2.124	2.635
叶沉降比	2.154	2.671	2.968

由表 11-6 可知,各因素对玉米秸秆髓和叶沉降比的影响程度排序是,粒度 > 温度 > 时间;而对皮沉降比的影响程度排序是,粒度 > 时间 > 温度。

11.2.5　试验优化与验证

应用数据分析软件 Design - Expert 8.0.5 进行优化求解。在建立的回归模型的基础上，以秸秆的各部位髓、皮、叶水解的沉降比为响应指标进行多目标优化，得到其非线性规划的数学模型如式(11 -7)所示。

$$\begin{cases} 60 \leqslant y_1 \leqslant 100 \\ 85 \leqslant y_2 \leqslant 100 \\ 85 \leqslant y_3 \leqslant 100 \\ \text{s.t.} \quad 8h \leqslant x_1 \leqslant 16h \\ \quad 35\ ℃ \leqslant x_2 \leqslant 45\ ℃ \\ \quad 5\ 目 \leqslant x_3 \leqslant 35\ 目 \end{cases} \tag{11-7}$$

其中，参数优化时用到的目标函数如式(11 -8)所示。

$$\begin{cases} y_1 = -200.59 + 0.233x_1 + 9.731x_2 - 2.117x_3 + 0.212x_1x_3 + 0.053x_2x_3 - 0.122x_2^2 + 0.006{x_3}^2 \\ y_2 = -231.47 + 8.729x_1 + 7.329x_2 + 3.923x_3 + 1.101x_1x_3 - 0.269x_1^2 - 0.079{x_2}^2 - 0.051x_3^2 \\ y_3 = -86.08 + 6.943x_1 - 0.516x_2 + 8.742x_3 - 0.131x_1x_3 - 0.024x_2x_3 + 0.022{x_2}^2 - 0.096x_3^2 \end{cases} \tag{11-8}$$

为了减少厌氧发酵过程中的能耗，优化的结果以秸秆颗粒较大(粒度较小)为第一选择，数值解如表 11 -7 所示。

为了检验响应曲面法所得结果的可靠性，采用表 11 -7 参数优化条件，进行秸秆髓、皮、叶好氧水解的沉降试验。为了试验的可操作性，好氧水解时间为 14.25 h，温度为 42.7 ℃，粒度级别为 24 目，各部位均进行 5 组试验，取平均值作为最终的验证试验数据。髓、皮和叶沉降比平均值分别为 68.6%、89.1% 和 95.8%，与优化结果基本接近，但存在一定的差异，差异在允许范围之内，分析差异产生的原因，可能是由于选取原料及接种物略有不同的原因导致的。可见上述模型可以很好地预测秸秆各部位吸水后的沉降性能。

表 11 -7　优化数值

试验因素			响应指标		
时间/h	温度/℃	粒度/目数	髓沉降比/%	皮沉降比/%	叶沉降比/%
14.25	42.71	24.78	67.46	87.27	97.42

继续验证在实际的好氧水解过程中，各因素对沉降比的影响，通过表 11 -7 优化的条件进行好氧水解试验，好氧水解时间为 14.25 h、温度为 42.7 ℃，粒度级别为 24 目，接种物过 20 目筛，其他试验条件如第 9 章所示。水解试验结束后用水冲洗，在相同的试验条件下进行沉降试验，各部位各进行 5 组试验，取平均值作为最终的验证试验数据；同时另做 5 组接种物的沉降试验，计算髓、皮、叶沉降比时要减去接种物的沉降体积。髓、皮和叶沉降比的平均值分别为 74.5%、95.1% 和 98.1%，都高于低密度接种物的沉降比。可见好氧水解能

有效提高秸秆的沉降性能，沉降的底物与高浓度的接种物接触利于秸秆的产甲烷发酵，并减小浮渣层的厚度。

11.3 本章小结

(1)应用响应曲面法中的二次旋转正交设计，分别考察了时间、温度和粒度对玉米秸秆髓、皮和叶沉降比的影响，发现三因素对沉降指标有不同程度的交互作用。通过回归分析建立了上述指标关于三因素的数学模型，经检验所选模型均显著可靠，可以很好地预测秸秆好氧水解处理在厌氧发酵初期阶段的沉降状态。

(2)通过时间、温度和粒度大小对秸秆各部位沉降比模型的贡献率考察，结果发现各因素对髓和叶沉降比的影响程度排序依次为粒度、温度和时间，而对皮沉降比的影响程度排序为粒度、时间和温度。

(3)以回归模型为基础，对秸秆髓、皮和叶的水解时间、温度和粒度水平组合进行优化，最终确定最优的水解工艺参数如下：时间为 12.25 h、温度为 42.7 ℃、粒度级别为 24 目。在最优条件下，经试验验证得到了与预测值相吻合的结果，髓、皮和叶沉降比平均值分别为 68.6%、89.1% 和 95.8%。

第12章　沼气生产后处理工艺研究

随着现代工农业发展的突飞猛进,人民的生活水平在不断地提高。大型集约化畜牧场的建设为人们的生活提供了丰富的消费品,并成为联系城乡经济发展的纽带。沼气及其残留物综合利用在再生资源优化处理、农业生态经济系统及农村经济发展方面均起着重要作用,是生态农业系统运行的枢纽环节,也是我国农民走向优质高产、高效农业、农民脱贫致富的有效途径。沼气是一种混合气体,主要成分是甲烷和二氧化碳,此外还有少量的氮、氢、一氧化碳和硫化氢等。沼气中的硫化氢含量为0.5~10 g/m^3,具有恶臭鸡蛋味,是强烈的神经毒物,经呼吸系统进入血液中,来不及氧化时会引起全身中毒反应,随硫化氢浓度的增加会造成呼吸麻痹、窒息死亡。另外,硫化氢燃烧生成二氧化硫,不仅会危害人体健康,而且会加速腐蚀输气管道、炉具、炊具、热水器等。因此沼气在被利用之前需要经过脱硫处理。

沼气最先是在沼泽中发现的,所以称为沼气。沼气是有机物在一定的温度、湿度、酸碱度并隔绝空气等条件下,经过沼气细菌的作用产生的一种可燃性混合气体,一般含甲烷(CH_4) 60% ~70%、二氧化碳(CO_2) 25% ~40%以及少量的氨气(NH_3)、硫化氢(H_2S)、氢气(H_2)、氮气(N_2)、一氧化碳(CO)等。不同的原料制成的沼气中硫化氢(H_2S)的含量通常在1% ~11%,即0.5~10g/m^3。

沼气的热值约为20 000~25 000 kJ/m^3,1 m^3 沼气的热值相当于0.8 kg标准煤炭的热量,燃烧沼气几乎很少产生有害物质。据研究,燃用沼气比燃煤室内CO的浓度降低80%,CO_2浓度降低60%,SO_2 浓度降低80%,飘尘浓度降低90%,这表明使用沼气做能源可以有效地减少室内空气污染。

12.1　沼气脱硫工艺设计

12.1.1　硫化氢的理化性质

硫化氢是一种无色、有臭蛋气味的剧毒气体。硫化氢的分子式是H_2S。与空气的相对密度:1.19;熔点:-82.9 ℃;沸点:-61.8 ℃;可燃上限:45.5%,下限:4.3%;燃点:292 ℃;易溶于水,形成易挥发出硫化氢气体的氢硫酸;亦溶于醇类、石油溶剂和原油中。

硫化氢在空气中及潮湿环境条件下,对管道、燃烧器、其他金属设备、仪器仪表等有强烈腐蚀作用;硫化氢燃烧生成的二氧化硫,遇水生成硫酸分子,在不同的浓度下,硫酸的露点在90~160 ℃之间,接触到金属,特别是有色金属就会发生腐蚀,例如,沼气发动机的轴承和一些配合表面易腐蚀;还会使发动机的润滑油变质,从而加快发动机磨损等。

H_2S 气体污染环境,直接影响人的身体健康。国家环境卫生标准规定,H_2S 气体含量在居民区的空气中不得超过 0.000 01 mg/L;在工厂车间不得超过 0.01 mg/L;在城市煤气中不得超过 0.02 mg/L。H_2S 气体含量达 0.6 mg/L 时,可使人在 0.5 ~ 1h 内致死,含量在 1.2 ~ 2.8 mg/L 时可使人立即死亡。因此必须设法除去沼气中的 H_2S 气体,使处理的结果达到国家标准要求。为达到这个指标的要求,应深入研究沼气脱硫技术,如表 12 – 1 中所示,列出了不同处理厂沼气中的 H_2S 含量。

表 12 – 1　不同处理厂沼气中 H_2S 含量

	城粪处理厂	屠宰厂	禽畜厂	酒厂
H_2S 含量/(mg/L)	7.56 ~ 7.59	1.7 ~ 1.96	1.22 ~ 1.79	0.96 ~ 1.15

12.1.2　缺氧环境下 H_2S 的产生机理

缺氧环境下硫化氢的产生主要还需要四个条件:一是丰富的有机质和硫酸根离子;二是兼性硫酸盐还原菌等细菌的存在;三是低 pH 值;四是水体内,特别是地质缺乏足够的活性铁。缺氧条件下硫化氢主要是由以有机物(如乳酸等)作电子供给体,用硫酸盐或者含硫有机物中的硫作末端电子接受体而繁殖的 SRB 的新陈代谢所产生的。根据硫源不同,其产生的机理主要有如下二个。

(1)SO_4^{2-} 首先在细胞体外积累,再进入 SRB 等细菌的细胞体内。经活化,即 SO_4^{2-} 与 ATP 反应云化为腺苷酰硫酸(APS)和焦磷酸(PPi)。PPi 很快分解为无机磷酸(Pi)。APS 继续分解成亚硫酸盐和磷酸腺苷(AMP)。亚硫酸盐脱水后变成偏亚硫酸盐($S_2O_5^{2-}$)。$S_2O_5^{2-}$ 极不稳定,很快转化为中间产物连二亚硫酸盐($S_2O_4^{2-}$)。$S_2O_4^{2-}$ 又迅速转化为 $S_3O_6^{2-}$。$S_3O_6^{2-}$ 分解成硫代硫酸盐($S_2O_3^{2-}$)和亚硫酸盐(SO_3^{2-})。$S_2O_3^{2-}$ 又经过自身的氧化还原作用,变成 SO_3^{2-} 和最终代谢产物 S^{2-}。S^{2-} 排出体外,与周围的环境中[H^+]结合产生 H_2S。有关化学方程式(12 – 1) ~ 式(12 – 4)所示。

$$ATP + SO_4^{2-} \xrightarrow{\text{ATP – 硫酸化酶}} APS + PPi \qquad (12-1)$$

$$PPi + H_2O \xrightarrow{\text{焦磷酸酶}} 2Pi \qquad (12-2)$$

$$APS + 2e \xrightarrow{\text{Aps – 还原酶}} SO_2^{2-} + AMP \qquad (12-3)$$

$$SO_3^{2-} \longrightarrow S_2O_5^{2-} \longrightarrow S_2O_4^{2-} \longrightarrow \underset{\downarrow \atop SO_3^{2-}}{S_2O_3^{2-}} \longrightarrow S^{2-} \longrightarrow H_2S \qquad (12-4)$$

与上述表示不同,还有学者提出了不同的还原途径,如式 12 – 5

$$SO_3^{2-} \cdots\cdots\longrightarrow \underset{\downarrow \atop SO_3^{2-}}{S_3O_6^{2-}} \longrightarrow \underset{\downarrow \atop SO_3^{2-}}{S_2O_3^{2-}} \longrightarrow S^{2-} \longrightarrow H_3S \qquad (12-5)$$

(2)含硫有机物(如硫氨基酸、磺氨酸、磺化物等)通过厌氧菌的降解作用,形成硫化氢。

但其降解过程因SRB的种类不同而不同。通常,有些种类的SRB将一些高分子含硫有机物完全降解产生H_2S。有一些则只能将它们降解为硫醇等相对低分子含硫有机物,再由其他种类的SRB将其降解为H_2S等终产物。而一个SRB群落一般都包括以上各类的SRB,所以含硫有机物降解方程可如下式(12－6)表示。

$$R-\underset{\displaystyle NH_2}{\underset{|}{SCH_2CHCOOH}}\longrightarrow H_2S+NH_3+R-CH_2COOH \tag{12-6}$$

12.1.3　硫化氢的检测

对硫化氢的测定有碘量法、亚甲基蓝法、还有醋酸铅反应速率法、气相色谱法和检测管比长法等。碘量法是经典的化学分析方法,采用不同的取样量,可检测低至1 mg/m^3(气体体积计量的标准比条件为101.325 kPa,20 ℃)高至100%的硫化氢。亚甲基蓝法适用范围较小,为0～25 mg/m^3,此方法对硫化氧质量浓度较稳定的净化天然气较为适合。气相色谱法主要是对检测器、标准气和取样技术有较高的要求的,火焰光度检测器FPD主要用于mg/m^{3}数量级的硫化氢及其他硫化物,热导检测器TCD可用于硫化氢体积分数约大于0.05%的样品。

12.1.4　H_2S的气相色谱检测

(1)仪器与试剂:H_2S标准气体、1 mL和5 mL气密进样器、集气袋、安捷伦GC6890气相色谱仪(带TCD检测器)、高纯氢气;

(2)TCD检测器实验条件和结果:柱温(75 ℃)、气化室(180 ℃)、色谱柱(19095P－U04)、检测器(TCD,250 ℃);

(3)检测仪器检测原理:待分析的气体样品经过色谱分离柱后,不同的硫化物以不同的时刻进入TCD检测器,从而在记录仪上出现不同保留时间的色谱峰。因为硫化物响应与硫浓度的平方成正比,所以可根据待分析硫化物的色谱峰的大小,在预先做好的双对数校正曲线上找出相应的硫浓度,从而进行硫化物的定量分析。

采用本法测定成分复杂的气体中的H_2S含量时,测定方法简单、快速,方法准确度、精密度均达到国家规定的标准,且不受干扰物质SO_2的影响。在测定高浓度样品时,可取一定体积的待测样品与空气混合稀释后测定;对于低浓度样品,可改变仪器当前的操作条件,提高高压即可进行更低浓度的样品检测。

12.1.5　沼气脱硫方法的选择

国内外处理硫化氢废气的方法很多,其中,沼气脱硫的方法一般可分为直接脱硫和间接脱硫两大类。直接脱硫就是将沼气中硫化氢气体直接分离。而间接脱硫是指采用具体方法,减少或抑制沼气生产中硫化氢气体的产生,依其弱酸性和强化还原性而进行脱硫,可分为干法和湿法。干法脱硫是使硫化氧氧化成元素硫或硫的氧化物的一类方法。常用的有克劳斯法、氧化铁法、活性炭吸附法等,其脱硫剂有活性炭、氧化铁、铝钒土等,回收有硫、二氧化硫、硫酸盐和硫酸等。

氧化铁法是一种较老的脱硫方法，在干法粗脱硫中，它与活性炭脱硫法有同等重要的影响。国内工业上使用的有常温与中温脱硫剂，而高温脱硫剂尚处于研究开发阶段。氧化铁必须在碱性条件下操作，可以通过加入纯碱来保持一定的 pH 值。由于氧化铁必需保持水合形式，通常还要加水到氧化铁中，因而也便于加入纯碱。此外，为阻止氧化铁水合水的蒸发，操作温度不得超过 61 ℃。氧化铁法适于处理焦炉煤气和其他含硫化氢气体，净化硫化氢效果好，效率可达 99%；但该方法占地面积较大，阻力大，脱硫剂需定期再生或更换，总体上不是很经济。

近几年来氧化铁脱硫的研究工作主要以提高脱硫精度、硫容和强度为目标，先后开发了 EF－2 等氧化铁精脱硫剂，脱硫精度为小于 0.03 mg/m^3（标）。EF－2 是将高空速（$1000h^{-1}$）下原粒度一次穿透硫容为主要技术指标，并严格以 HC－2 型微量硫专用分析仪测定硫容的氧化铁精脱硫剂，目前已有 80 多家大、中、小厂使用。本研究中使用的氧化铁脱硫剂由合肥伟友燃气设备有限公司提供。由于加入了特种助剂与稳定剂，改进了制造工艺，与普通氧化铁脱硫剂相比，EF－2 精脱硫剂的活性大大提高，精脱 H_2S 的硫容提高了 3～6倍。T100，EF－2 精脱硫剂的开发成功，将氧化铁脱硫剂提高到新一水平，并且充实与拓宽了我国常温精脱硫新技术的内容与应用范围。如表 12－2 所示，为脱硫方法的对照。

表 12－2　脱硫方法对照

脱硫方法	脱除组分	出硫/ppm	脱硫温度/℃	操作压力/MPa	空速/h^{-1}	再生条件	杂质影响
活性炭	H_2S、RSH、CS_2、COS	<1	常温	0－3.0	400	蒸汽	效率
氧化铁	H_2S、RSH、COS	<1	300～400	0－3.0	—	蒸汽	平衡
氧化锌	H_2S,RSH,CS_2,COS	<1	350～400	0－5.0	400	—	硫容
锭矿	H_2S,RSH,CS_2,COS	<3	400	0－2.0	1000	—	硫容
催化	RSH,CS_2,COS	<1	350～430	0.7－7.0	500～1 500	结炭	活性

目前较适合的沼气脱硫法为干式法中的常温氧化铁法。其主要化学反应原理为

$$Fe_2O_3 \cdot H_2O + 3H_2S = Fe_2S_3 + 4H_2O + 21.7\ kJ/mol \qquad (12-7)$$

当脱硫剂工作到一定时间后，脱硫剂的活性逐渐下降，脱硫效果逐渐变差。一般用常规型氧化铁脱硫剂时，当脱硫装置出口沼气中，硫化氢含量超过 20 mg/m^3，而脱硫剂硫容未达到 30% 时，脱硫剂可进行再生；脱硫剂硫容超过 30% 以上时，就要更换脱硫剂。

脱硫剂再生原理是使硫化铁与氧气接触（向脱硫装置内通氧气）或把需再生的脱硫剂放在大气中，经反应生成单体硫和再生的氧化铁，再生的氧化铁可继续使用，脱硫剂再生反应如下：

$$Fe_2S_3 \cdot H_2O + \frac{3}{2}O_2 = Fe_2O_3 \cdot H_2O + 3S + 196.8\ kJ/mol \qquad (12-8)$$

脱硫剂的脱硫—再生循环可进行多次，直到脱硫剂微孔大部分为硫所堵塞而失去活性为止。在脱硫装置内进行再生，必须严格控制再生条件。

(1)压力:常压;

(2)床层温度:30 ~ 60 ℃,再生温度可通过调节沼气流速来控制;

(3)水分控制在使用条件下的 35% ,pH 值控制在 8 ~ 10;

(4)再生时严格控制温度,不得超温,否则,会引起单质硫升华和自燃;

(5)可在脱硫装置下部进气口定时加入适量的浓氨水,造成弱碱性的再生环境,以提高再生效果。

当脱硫剂由黑褐色转变为红棕色时,再生即完成。

12.1.6　沼气脱硫系统工艺设计

沼气脱硫系统由水封、气水分离器、脱硫塔和流量计等组成,其工艺流程如图 12 - 1 所示。在中温发酵中,采用的发酵温度为 30 ~ 45 ℃。恰好沼气的最佳脱硫温度为 20 ~ 40 ℃,所以脱硫系统中应设降温装置,在此工艺系统中水封和气水分离器都具有降温的功效。这样既通过降温脱去沼气中的水分,另一方面沼气温度也可达到最佳脱硫温度。

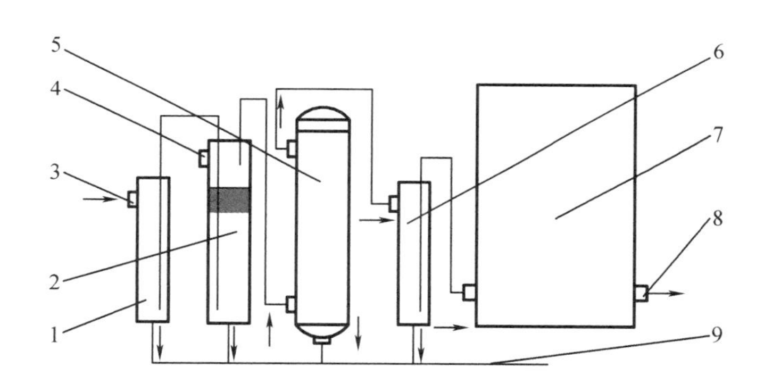

1、6—气水分离器;2—后封;3—沼气入口;4、9—排水口;5—脱硫塔;7—储气雄;8—沼气出口。

图 12 - 1　脱硫系统示意图

1. 脱硫装置的选择与设计

常用的脱硫装置有脱硫箱和脱硫塔两种。箱式脱硫一般应用于大型的煤气工程,而对于沼气工程来讲,多用脱硫塔进行脱硫。所以在本设计中,脱硫装置为脱硫塔。设计脱硫塔最重要的是选好脱硫剂,根据沼气中硫化氢的含量,计算出使用周期,再确定脱硫剂的数量,最后确定脱硫塔的容积及各个参数。在沼气脱硫中,脱硫剂不可能长期使用,在脱硫剂毛细孔被硫堵塞后就要更换。在设计脱硫塔时,需要处理的沼气量、沼气中的硫化氢含量及要求脱硫后沼气中硫化氢的浓度都是已知数,脱硫剂更换周期取决于空速,脱硫剂的密度等因素。

脱硫剂的更换周期可由式(12 - 9)计算

$$T = 1\,000ps/[24(c_1 - c_2)v_{sp}] \quad (12-9)$$

式中　T——更换周期(d);

p——脱硫剂密度（kg/m^3）；

s——饱和硫容（%，由脱硫剂型号确定）；

c_1——脱前硫化氢含量（g/m^3）；

c_2——脱后硫化氢含量（g/m^3）；

v_{sp}——空速（h^{-1}）。

根据现有的 1.5 m^3 的厌氧发酵反应器，设计脱硫装置与之配套。本设计中采用的脱硫剂是 ZT501 型活性氧化铁高效脱硫剂，密度 p 为 800 kg/m^3，饱和硫容 s 为 30%，沼气脱硫前硫化氢平均含量 c_1 为 2 g/m^3，脱硫后硫化氢含量 c_2 为 0.02 g/m^3，空速 v_{sp}取为 20 h^{-1}，根据公式（12－10）则有

$$T = 1000ps/[24(c_1 - c_2)v_{sp}] = 252d \quad (12-10)$$

脱硫剂的填装量可由公式（12－11）计算得

$$G = cvT/1000s \quad (12-11)$$

式中 G——脱硫剂填装量（kg）；

c——沼气中硫化氢浓度（g/m^3）；

v——处理沼气量（m^3/d）；

T——脱硫剂更换周期（d）；

s——工作硫容（%）。

沼气中含硫化氢浓度为已知 $c = 2\ g/m^3$，处理的沼气量为 $v = 2\ m^3/d$，脱硫剂更换周期已通过上式计算得出 $T = 252$ d，此脱硫剂的工作硫容 s 为 30%，代入式（12－12）计算得

$$G = 2 \times 2 \times 252\ /\ (1000 \times 30\%) = 3.36\ kg \quad (12-12)$$

脱硫剂的填装量确定以后，由公式 $v = G/p$ 可计算出脱出脱硫剂的体积为

$$v = 3.36/800 = 0.004\ m^3 \quad (12-13)$$

此脱硫塔有两个通气孔，下部的为进气孔，上部的为出气孔。未经脱硫的沼气经进气孔进入脱硫塔的底部，然后通过堆放于筛板上的脱硫剂，经过脱硫后的沼气，再由上部的出气孔流出。塔底部所设置的排污口，可将在脱硫过程中所产生的杂质和污水，通过排污管排出。这样沼气就完成了脱硫的工艺过程。脱硫塔的塔体和筛板的材料均为玻璃钢制作的，筛板上均匀分布着直径为 4 mm 的小孔，作为沼气的流入通道。为了方便脱硫剂的装卸，脱硫塔上部有开口，开口处通过螺纹连接。

2. 脱硫塔热平衡计算

当沼气流经脱硫器时，脱硫剂中的二氧化铁与沼气中的硫化氢发生反应，生成二硫化铁，从而除去了硫化氢。这个反应是放热反应，其化学方程式见式（12－14），由式可见每脱出 102 g 的硫化氢，要生成 208 g 三硫化铁，放出 63 kJ 的热量。

$$Fe_2O_3 \cdot H_2O + 3H_2S = Fe_2S_3 \cdot H_2O + 3H_2O + 63kJ \quad (12-14)$$

Ti，To 分别是脱硫塔内平均温度和外边的空气温度。沼气由入口进入脱硫器内，经脱硫后由出口流出。在这个过程中脱硫器内因热化学反应要产生热量。产生的热量一部分用于使脱硫剂升温，一部分通过脱硫塔的壳壁向周围散失，还有一部分被流出的气体带走。当达到热平衡状态时，产热量与失热量相等，则有平衡方程（12－15）

$$Q_m = Q_c + Q_v \tag{12-15}$$

式中　Q_m——热化学反应放热量,kJ/s;

Q_c——通过壳壁散失的热量,kJ/s;

Q_v——流出气体带走的热量,kJ/s。

脱硫塔壳壁向周围空间散失的热量 Q_c 是壳壁表面的对流、传导和辐射三种传热方式综合作用效果。为简化问题,用一个传热系数 K 来度量这个综合作用,则有

$$Q_c = KA\Delta T \tag{12-16}$$

式中　K——壳壁传热系数,$kW/(m^2 \cdot K)$;

A——脱硫塔壳壁面积(m^3);

ΔT——脱硫塔壳内外温度差(K)。

为简化问题,ΔT 用脱硫塔内平均温度与塔外空气温度之差来替代。玻璃钢的 K 值确定为 $0.003\ kW/(m^2 \cdot K)$;涉及的脱硫塔面积 A 为 $0.16\ m^2$,则有

$$Q_c = 0.00048\Delta T \tag{12-17}$$

流出气体带走的热量 Q_v,为流出气体带走的显热和潜热之和。显热是指流出气体温度由入口气体温度变为出口气体温度所吸收的热量;潜热是指将气体中的水变为同温度的水汽所吸收的热量。由于潜热涉及因素较多,这里不便准确计算,故处理为潜热量为显热量的 0.2 倍,于是

$$Q_v = 1.2L\gamma c_p\Delta T \tag{12-18}$$

式中　L——气体流量,m^3/s;

γ——气体容量,kg/m^3;

c_p——气体定压热容,$kJ/(kg \cdot K)$。

沼气的容重及定压比热与空气的接近,故选用空气的参数,即 γ 为 $1.2\ kg/m^3$,c_p 为 $1.0\ kJ/(kg \cdot K)$,容重定为 20 ℃空气的容重。沼气中硫化氢含量为 $2\ g/m^3$,脱硫效率为 90%,硫化氢的脱除速率为定值。则

$$\Delta T = Q_m/(0.00048 + 1.4544L) \tag{12-19}$$

由沼气灶具的额定热负荷可算出管路中沼气的流速约为 $0.5\ m^3/h$,于是导出每小时有 0.9 g 的硫化氢被脱除。根据式(12-15)中的关系知,对应的放热总量为 0.56 kJ,则 L 为 $1.39 \times 10^{-4}\ m^3/s$,$Q_m$ 为 1.56×10^{-4} kJ/s,代入式(12-19),求得 ΔT 为 0.3 ℃。由此可知,当此脱硫塔处于正常工作状态时,塔内平均温度增高不到 1℃,脱硫塔的正常工作不会受到影响。

3. 脱硫试验

试验所用的脱硫系统工艺流程图,如图 12-2 所示。本试验中采用合肥伟友燃气设备有限公司生产的沼气脱硫器,它的尺寸与设计中的尺寸相仿,它的内径为 9 cm,高为 26 cm;塑料材质,根据上面计算得知,脱硫过程中温度变化不大,故可以采用塑料材质。脱硫剂采用的是合肥伟友燃气设备有限公司生产的 ZT501 型活性氧化铁高效脱硫剂。ZT501 型活性氧化铁高效脱硫剂外型呈颗粒直径为 6 mm;长度为 10～20 mm 棕黄色的圆柱体;其孔容为 0.4～0.45 L/kg;工作硫容大于 40%;堆比重为 0.8～0.85 T/m^3;比表面积为 60～100 m^2/g,该产品无毒、无腐蚀性。

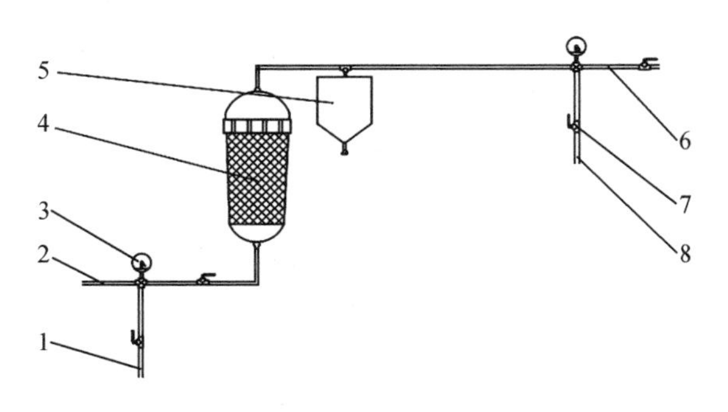

1—气体采样口(未脱硫);**2**—进气口;**3**—压力表;**4**—脱硫器;**5**—去水器;
6—出水管;**7**—沼气阀;**8**—气体采样口。

图 12-2　脱硫系统示意图

气体样品的采集使用大连海得科技有限公司生产的气体采样袋,该采样袋由多层铝量复合膜制成,渗透率低,气密性好,吸附小,化学性质稳定。气袋装有塑料接口或金属接口,充放气置换方便。独特的高弹性抗撕裂橡胶取样垫专用于针筒取样。该气袋适于充装各种气体,如:硫化物、卤化物、氮氧化物及有机气体。经考察表明,该气袋可在1~3个月内确保低浓度(ppm 级)组份恒定不变。广泛用于石油化工、环保监测等气体分析采样用袋,是橡胶球胆的理想替代产品。规格有0.5~50 L。采集位置为厌氧反应器的顶部,这样可消验排水法收集气体带来的干扰。因为 H_2S 极易溶于水,在储气罐位置收集气体的话会因为水的吸收而使 H_2S 含量减少,甚至导致检测不到 H_2S 存在的结果,所以在厌氧反应器的顶部收集气体是比较准确的气体收集方法,能有效地反映气体中各种成分的含量。

气体进样采用气密进样针,既可以达到微量进样,而且能保持很好的气密性。进样方式为手工进样。在进样前摇动采样袋数秒,使气体混合均匀,这样可以有效地降低检测误差,增加检测的精确度。据有关资料统计:采用鸡类、鱼类这类含蛋白质高的原料时,沼气中的硫化氢浓度最高可达4 000 mg/m^3;采用秸秆作物为发酵原料时,硫化氢浓度最高可达到2 000 mg/m^3。针对此情况,沼气在应用前必须经过脱硫净化器进行脱硫处理,在脱除含硫物质的同时能将所有酸性气体一并除去。

利用气相色谱仪可测得沼气的各种成分及其含量。如表12-3所示,为一个沼气发酵周期内的硫化氢的浓度以及脱除率的统计,其中 H_2S 含量最高达到0.146 98%,即2.230 95 mg/L;最低值为0.006 67%,即0.101 24 mg/L。根据国家环境卫生标准规定,H_2S 气体含量在居民区的空气中不得超过0.000 01 mg/L;在工厂车间不得超过0.01 mg/L;在城市煤气中不得超过0.02 mg/L,所测得的硫化氢浓度远远高于国家标准,因此必须进行脱硫处理,在进行脱硫后,沼气可以满足进一步利用的要求。

表12－3　脱硫效果表

日期	脱硫前 H_2S/%	脱硫后 H_2S/%	脱除率/%
12－10	0.094 10	0.000 00	100
12－12	0.024 97	0.000 00	100
12－13	0.106 21	0.003 07	94.28
12－14	0.105 02	0.001 50	98.57
12－15	0.065 68	0.000 00	100
12－16	0.048 72	0.000 00	100
12－17	0.030 36	0.000 00	100
12－18	0.034 63	0.000 00	100
12－19	0.021 77	0.000 00	100
12－20	0.146 98	0.000 00	100
12－21	0.020 04	0.000 00	100
12－22	0.013 43	0.000 00	100
12－23	0.014 52	0.000 00	100
12－24	0.006 67	0.000 00	100

12.2　沼气的存储

12.2.1　沼气存储方法的选择

由于厌氧反应装置本身工作状态的波动及进料量和浓度的变化，厌氧反应装置产生的沼气量也一直处于变化状态。并且沼气的产生基本上是连续的，而沼气的使用经常是间歇的。因此，要满足各用气点正常供气，应该在系统中设置沼气存储装置。通过储气柜可将沼气储存起来，以满足用气高峰期的需求。储气柜还可提供恒定的燃气压力，以保证终端用户可燃气的稳定燃烧。由此可见，储气柜是沼气生产供气系统中不可缺少的重要组成部分。

大型沼气工程中一般采取低压湿式储气柜、干式储气柜、橡胶储气袋等储存沼气。沼气用于民用时，储气柜容积按当日最高产气量的50%～60%计算；民用、发电或烧锅炉各一半时，按当日最高产气量的40%计算；工业用时，根据用气曲线确定。

1. 湿式储气柜

湿式储气柜是60年代的成熟技术，一般造价较高，由于钟罩采用钢板制作，而贮存的燃气中又存在硫化氢、二氧化碳等酸性气体，对钟罩内壁会产生缓慢腐蚀，特别是在气液接触部分、顶板焊缝热影响区及除锈、防腐不合格的部位最易受到腐蚀，通常经过2—3年需进行一次防腐处理，寿命一般为10—15年，最好的防腐可达30年。另外，湿式柜在寒冷地区过冬必须解决防冻问题。目前,在全国推广使用的沼气集中供气系统中,储气柜基本上采用200~1 000 m^3 的湿式储气柜,其密封介质为水。

湿式储气柜主要结构包括基础、水槽、钟罩和塔节、导轨、进气管和出气管。水槽内部注水,起到密封的作用,进气和出气管均由水槽底部伸到水面以上的气间室,钟罩和塔节沿导轨升降。当燃气发生系统的产气量大于外界用气负荷时,钟罩和塔节升起,储气柜容积变大而储存燃气;当用气负荷大于燃气产量时,储气柜放出燃气,钟罩和塔节下降。如图12-3(a)所示。

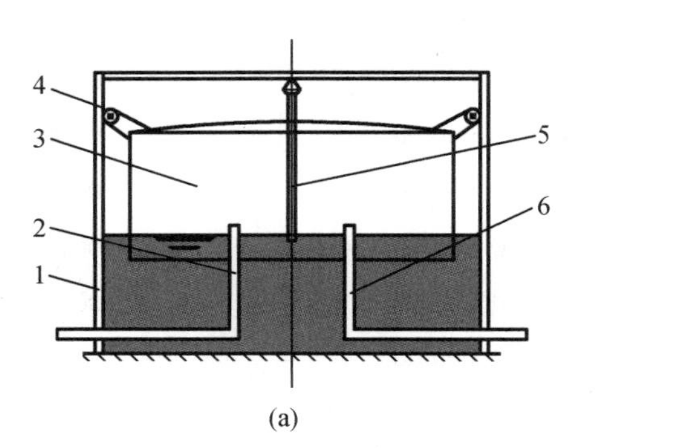

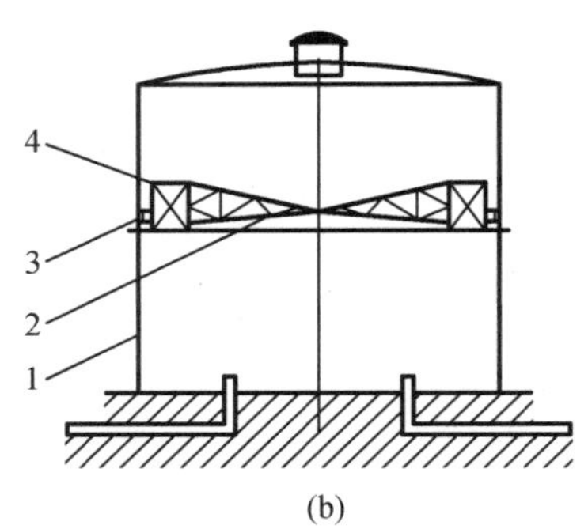

(a):1—水槽;2—进水管;3—钟罩;4—导轨;5—发散管;6—出气管;
(b):1—外筒;2—活塞;3—密封环;4—配重。

图12-3 沼气存储柜示意图

2. 干式储气柜

为了解决湿式储气柜的设备造价高,越冬运行难,维护、防腐费用高等问题,干式储气柜应运而生。干式柜分为稀油密封、垫圈密封及柔膜密封三种。干式柜地基处理较易,其防腐性能优于湿式柜,冬季没有防冻等问题。特别是柔膜干式柜更适合贮存含有粉尘及颗粒的燃气,一般15年需更换一次密封橡胶柔膜,使用条件好的可达30年。干式储气柜运行机理是当风机将可燃气送入储气柜时,储气柜内的活塞上升,当用户使用可燃气时,储气柜向外输送气体,活塞下降,活塞将可燃气压出储气柜,送入管道供用户使用。

干式储气柜主要由外筒、沿外筒上下活动的活塞和密封装置组成。燃气储存在活塞以下部分,随活塞上下移动而增减其储气量,如图12-3(b)所示。它不像湿式储气柜那样设有水槽,无效容积小,故可以降低钢材消耗量,也可以减少气柜的基础载荷。干式储气柜的最大问题就是密封问题,即防止在固定的外筒与上下活动的活塞之间产生漏气。正是由于密封比较困难,使得干式气柜结构复杂,施工精度要求高,造价升高,维护工作量也较大。

干式储气柜与湿式储气柜相比有着显著的优点和经济效益。两者对比情况如表12-4所示。由表12-4可见,干式储气柜具有越冬运行,防腐彻底,使用寿命长,便于推广等的特点。相对湿式储气柜而言,其工程造价可降低30%,运行费用可降低90%,防腐费用可降低90%,使用寿命可增至30年,干式储气柜为沼气技术在东北、华北、西北等气温温差大,无霜期短的寒冷地区的推广应用,提供了可靠的技术保证。

表12-4 干式储气柜与湿式储气柜的比较

方式	密封介质	密封原理	密封结构	年运行费用/(万元/年)	防腐费用/(万元/年)	使用年限/年
湿式	水	水封	钟罩	2~4	1~2	10
干式	油浸柔性介质	柔性迷宫式	活塞	0.2~0.4	0.1~0.2	30

贮气袋施工简单,造价也比较低,但存在的一个很大的缺点就是由于其在贮气过程中是常压的,当需要贮存的气体很多时,沼气袋的体积也会变大,将会占去很大的空间,并且也使应用时的加压变得更为困难,需要专人的管理。

12.2.2 沼气生产与利用的安全措施

1. 冷凝水及杂质的去除

沼气是高湿度的混合气。沼气进入管道时,温度逐渐降低,管道中会产生大量含杂质的冷凝水。如果不从系统中除去,容易堵塞、破坏管道设备。沼气管道在最靠近反应池的位置,沼气温降值最大,产生的冷凝水最多,在此点设置了冷凝水去除罐。在沼气系统中,管线一般都设计为1%左右或更大的坡度,低点设置冷凝水去除罐。较长的管线特别考虑一定的距离设置一个去除罐。另外,在重要设备如沼气压缩机、沼气锅炉、沼气发电机、废气燃烧器、脱硫塔等设备的沼气管线入口,在干式气柜的进口和湿式气柜的进出口处都设置冷凝水去除罐。有时,在某些设备如有密封水系统的沼气压缩机出口处还需要设置高压水去除罐。正常运行时,操作人员每天检查,都会发现一些去除罐(特别是靠近反应池的)有大量的冷凝水排出。当构筑物和设备检修时,还可以向冷凝水去除罐中注水,作为水封罐。

2. 储气柜的保护

储气柜是整个集中供气系统中造价最大的设备,运行时充满可燃气体,必须加装必要的附属装置来保证它的安全运行。沼气净化后进入储气柜,储气柜对整个系统具有气量调蓄和稳压的作用。

在储气柜进口管线上设置了消焰器,此外,在所有沼气系统与外界连通部位(如与真空压力安全阀、机械排气阀连接安装)以及沼气压缩机、沼气锅炉、沼气发电机等设备的进出口处、废气燃烧器沼气管进口处都安装了消焰器。消焰器内部填充了金属填料,当火焰通过消焰器填料间缝隙时,热量被吸收,气体温度降低到燃点以下,达到消焰目的。沼气与空气一定的混合比和遭遇明火是沼气爆炸或燃烧两个条件。消焰器的设置有效地防止了外部火焰进入沼气系统及火焰在管路中传播,进而防止了系统产生爆炸。从反应池流出的沼气中常带有泡沫和浮渣等杂质,容易堵塞填料,阻碍气体通过,增加管路阻力。处理厂操作人员可以测量记录,沼气通过不同部位消焰器的压力变化以确定检查清洗填料的周期,实际运行中经常会由于消焰器清洗不及时出现的系统压力波动和运行问题。设计时,在消焰器的前后一般设置阀门以便维护。储气柜应安装避雷针,避雷针应不仅能保护气柜本身,而且还能保护到沼气发生装置以及设备厂房。

3. 安全防护装置

当沼气利用设备不能完全消耗反应池产生的沼气时，为防止沼气量不断增加致使系统压力超出正常范围，多余的沼气将被废气燃烧器烧掉。沼气利用系统是一个压力系统，如果沼气收集和使用不平衡，系统压力可能升高超过允许值；污泥或沼气从反应池或气柜过快地排出可能引起构筑物内部的真空状态；为防止系统超压或处于真空状态对构筑物和设备可能造成的破坏性影响，保证系统的操作压力，使沼气不会经常排放到空气中，在反应池和气柜顶部都设置了真空压力安全阀。因为真空压力安全阀安装在沼气系统与外界大气连通的部位，需要与消焰器同安，以避免外部的火焰进入沼气系统。在真空压力安全阀和消焰器与反应池连接处设置了常开的阀门，便于检修设备。不同位置的压力安全阀的设定应在系统工作压力的基本值上根据各构筑物间的管路损失设定相应值。操作人员同样需要定期清洗超压排气口和真空进气口的密封面。在沼气压缩机和脱硫装置的入口处安装了负压防止阀，防止阀门前部系统沼气量不够的情况下，后部使用系统依然继续抽吸气体。

12.2.3　沼气压力存储系统的设计

1. 沼气的压力存储系统

沼气存贮系统是沼气工程中一个重要组成部分，在工程造价中所占比重较大，仅次于厌氧罐。目前国内常用的湿式贮气罐多采用浮罩式。但随贮气量增大，浮罩体积大、造价高，而且在北方地区室外冬季气温低，水面易结冰，无法运行。

沼气的压力存储系统可以提高沼气存储效率，加大单位体积的沼气存储量，因此近些年沼气压力存储系统应用逐渐增多。压力贮气罐具有体积小、存气量大、不怕冻的优点，但从反应器抽气送到压力贮气罐的过程中，反应器中压力不易控制，容易出现负压，甚至把反应器中的发酵原料抽出，且抽气量较少。为了解决这一问题，在压力贮气罐和反应器之间加了一个缓冲罐，如图 12－4 所示，它是整个系统中的关键设备，这样就组成了一套新的沼气压力存储系统。

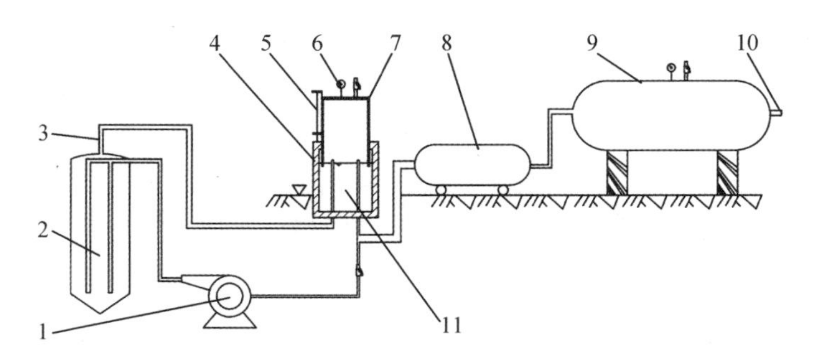

1—曝气机；2—厌氧发酵装置；3—输气管道；4—缓冲罐；5—行程开关；6—压力表；7—浮罩；8—压缩机；9—压力存储罐；10—用气管；11—水。

图 12－4　沼气压力存储系统示意图

上图为新型沼气压力存贮系统，它由缓冲罐、压力贮气罐、沼气压缩机三部分组成。缓冲罐实际上是一小型的水封式贮气罐，它由盛水圆筒、浮筒、进气、出气管组成。选择重浮筒及配件，用以控制筒内沼气的压力，沿浮筒一侧上下方设行程开关，当浮筒上升接触上开关时，压缩机自动开启抽气，浮筒下降至下开关时，压缩机自动关闭，这样自动地将气体送入压力贮气罐，由于缓冲罐体积较小，可以设置在室内，防止冬天温度低，造成管冻。

2. 缓冲罐压力和容积的确定

由于缓冲罐进气管和反应器相连通，反应器液面以上沼气的压力即为缓冲罐内的沼气的压力，如图 12 – 5 所示。在反应器开始投入运行时，其顶部排气阀敞开，反应器液面沼气压力值等于大气压力，反应器内的液面和溢流口液面持水平状态，缓冲罐中浮筒内外的水面亦一样高（见图 12 – 5 状态 1）。关闭排气阀，随着反应器内沼气产生，在反应器内液面将逐渐形成压力，该压力一方面使反应器内液面下降与溢流口水面形成液面差 ΔH，另一方面将使缓冲罐内浮筒顶起，在筒内外形成水面差 Δh，达到如图 12 – 5 中状态 2 的情况。如果忽视沼液和水体比重微小差异，则反应器内的液面差即为浮筒内外的水面差。同时，假设浮筒均速上升，则筒内沼气对浮筒的上推力等于浮筒体的质量及轨道摩擦力。

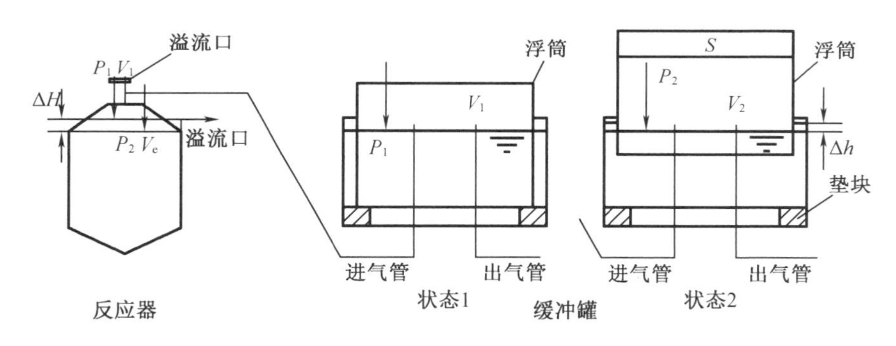

图 12 – 5　沼气压力存储系统工作状态示意图

（1）压力确定

在状态 1 和状态 2 运行条件下，液面压力之间有以下关系：

$$P_1 = P_0, \Delta H = \Delta h \tag{12-20}$$

$$P_2 = P_1 + \Delta H \tag{12-21}$$

$$P_2 \times S = P_1 \times S + W + f \tag{12-22}$$

式中　P_1——在状态 1 下罐内压力；

P_2——在状态 2 下罐内压力；

P_0——标准状态下大气压力；

ΔH——反应器内液体在状态 2 内外的液面差值；

Δh——缓冲罐内水体在状态 2 下内外水面差值；

S——缓冲罐浮筒顶盖在平面上投影面积；

W——浮筒及其配件在状态 2 时，作用在水面的质量；

f——为浮筒和轨道间摩擦力。

将式(12－21)代入式(12－22),忽略f值,则有

$$\Delta H = W/S \tag{12-23}$$

如果忽略状态2时浮筒在水中那一部分浮力,W即为浮筒及其配重的质量。有了W值,即可求出反应器内沼液液面压力值ΔH,反过来也可预先设定ΔH值,再选择浮筒直径和质量。

(2)沼气压缩机抽气量与缓冲罐容积的确定

假如在状态2情况下开动沼气压缩机使浮筒返回到状态1,此时抽出气量为

$$V = V_2 - V_1 + V_2{}' - V_1{}' + p_t = \Delta V + \Delta V' + p_t \tag{12-24}$$

式中 V_2——状态2时浮筒内气室容积;

V_1——状态1时浮筒内气室容积;

V'_2——在状态2时反应器内气室容积;

V'_1——在状态1时反应器内气室容积;

P_t——在沼气压缩机工作期间,反应器中反应物逸出沼气量。

在计算沼气压缩机的一次抽气量v后,要和反应器日产气量G进行比较,它们之间有以下关系

$$n = \frac{G}{V} \tag{12-25}$$

式中 n——1日内沼气压缩数;

G——反应器日产气量;

v——沼气压缩机一次抽气量。

在通常情况下,沼气压缩机每15～20 min启动一次,启动后工作时间为5 min左右,n值在70～100以内,设定ΔV、$\Delta V'$是比较合理的,否则沼气压缩机使用频繁,则要配备双套压缩机设备。在确定抽气量后,即可确定缓冲罐的容积。在P_1和P_2状态,缓冲罐内保持高度在30 cm左右空间,即可求出缓冲罐容积。

12.3 沼液(渣)加工工艺设计

沼气技术作为解决畜禽粪便污染的最有效途径之一,近年来得到了快速发展,其具有的潜在的社会环境经济效益得到了社会的认可。然而,对于厌氧发酵后产生的沼液沼渣进行深一步加工,使其能商业化运作的相关研究还处于起步阶段,还需要实现在处理粪便、消除污染的同时,生产出生态肥料产品,实现沼气厌氧发酵及沼液沼渣加工的工艺与设备商品化,提高沼气副产品的经济附加值,培植出新的经济增长点,促使无公害生态环境的可持续发展。

12.3.1 沼液加工技术

沼液主要用于无公害蔬菜和水果的叶面喷洒,它能对叶面起到肥效,还能杀灭害虫的幼虫和防治害虫成虫对植物的侵害。它的成分主要是净化过的增效原液、专用植物增效剂

及催化剂等混合在一起。沼液加工成产品制剂,用于温室大棚种菜和种植水果,它能为市场提供安全的绿色食品,代替部分化肥,并且没有农药残留,避免了化肥和农药对环境的破坏以及给人们身体带来的伤害。

如图 12-6 所示,沼液预处理加工时,工艺要求中除要用粪便沼液外,还要将若干种农作物秸秆复配的预处理液加在一起构成抗病虫增效原液。农作物秸秆经过 50~60℃的水温,浸泡与发酵,再过滤,过滤后的其液体直接进入竖立式自由沉淀罐与沼液混合反应形成增效原液,以提高抗病虫能力和营养效果。对增效原液进行粗过滤加工,主要采用瓶子状过滤器,分两个工序进行。第一步工序用小石英砂,第二步工序用活性炭,对增效原液进行粗过滤,除去原液中的主要杂质(活性炭吸附除污能力强,会使沼液中有效的成分稍微减少)。粗过滤后的增效原液进入搅拌混合反应器,按不同用途的产品掺入适量的增效剂和催化剂,并调整增效原液的 pH 值等参数,经过搅拌,混合均匀,即制成各种产品原液。对各种产品原液利用薄膜过滤器精滤后,可对各种产品制剂采用瓶装、手工装桶或浓缩等方法,加工成成品制剂,即制成生态型沼液产品。沼液池用不完的沼液可从出料间经过外排接口和外排管道泵入田地,用做底肥。从沉淀罐、粗滤机、精滤机出来的滤渣可消纳利用归入沼渣。

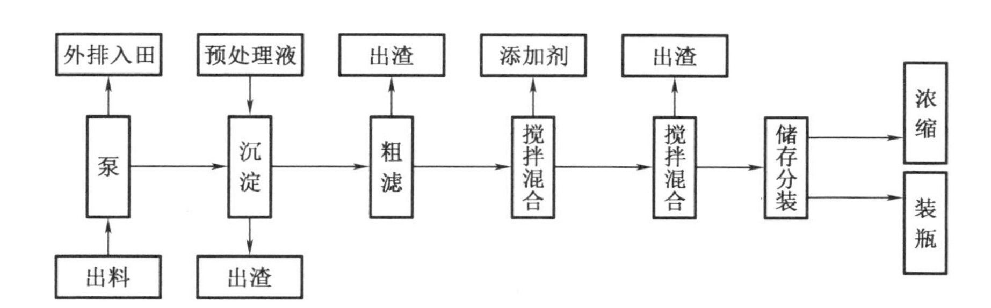

图 12-6　沼液加工工艺流程图

利用这种原液加工生产的混剂在经历多(37~300)天以后,杀虫能力与鲜配的基本一致,而且混剂依然保持鲜配时候的颜色,没有混浊、沉淀现象发生。由原液配制的混剂有效期较长,而且各项指标都能满足生产要求。精原液配施的制剂杀虫率较高,不仅对蔬菜无毒害,又对害虫天敌基本无毒杀作用。原液及制剂用于大棚种菜和种植水果,能够替代部分化肥,没有农药残留,为市场提供安全的绿色的有机食品,避免化肥和农药对人们身体带来的危害。从农业生物多样性、农业可持续发展以及环保的角度出发,可以将其定为环保新型生物药性肥料

12.3.2　沼渣的加工

沼渣可制成有机复合肥,用于无公害农产品的生产。施用它可提高土壤孔隙率,使土壤不板结,改变了全部施用化肥对土壤的影响。还可以提高农产品的产量,同时改善和优化了所生产的农产品的品质,尤其是蔬菜、水果等产品,并可使其味道更加香甜可口,使产品进入国际市场。

沼渣在沼气池中被抽出后，在沉淀罐内抽出上清液后，进行脱水加工。经脱水加工后的沼液制成液体肥料。经脱水加工后的沼渣，混合一定比例的生物质秸秆粉料配制成肥料，采用机械造粒机进行制作，然后在烘干机器内用 60 ~ 100 ℃ 干空气进行加温和除湿，包装后即成沼渣产品（如图 12 - 7 所示）。利用这种方法制成的有机肥料，用于无公害农产品生产等，效果非常显著，能有效地改良土壤，增加土壤孔隙率，改善土壤板结情况。

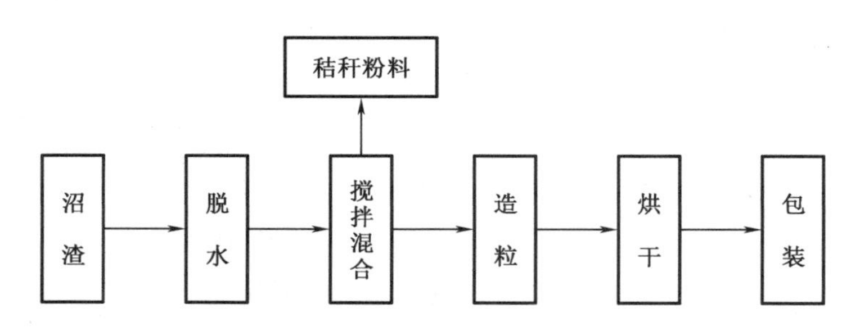

图 12 - 7　沼渣加工工艺流程图

12.3.3　经济效益分析

按一般示范性沼气池计算，沼气池池容为 50 m^3 的总料液占沼气池容积的 80%，为 40 m^3。此工程以新鲜牛粪为发酵原料，ART 为 20 d。沼气池平均每 20 d 出料一次，每年出料 18 次，每次出料量为总料液量的 1/3，即每次出料量约为 13.3 m^3，其中按处理 0.8 ~ 0.9 的比例来计算，要处理的沼液约为 10 m^3（约 10 t），沼渣制有机肥约 2 t。

沼液沼渣的加工设备按照比较成熟的孟州市小仇镇沼气示范工程的加工设备进行估算。加工沼液的设备的电机功率为 4 kW，水泵功率为 1.2 kW；加工沼渣的设备的电机功率为 2.5 kW。其初期一次性投资费用为 43 000 元，其中包括：沼液的加工设备 23 000 元，沼渣加工设备 20 000 元。年支出费用 14 023.2 元，其中包括：沼液加工设备运行费为 1 123.2 元，沼渣加工设备的运行费用 900 元及劳务费 12 000 元等。

1. 生产效益

经过分离后的剩余物可得到沼液 10 t 和沼渣 2 t。所得的收益为：根据沼液中的速效的氮、磷、钾元素含量和碳氨、磷肥、钾肥的当量价格计算原理，可确定沼液叶面肥的价格 50 元/t，则沼液年收益为 9 000 元。将沼渣制成颗粒有机复合肥料系列产品，袋装出售，价格可按 1 000 ~ 1 200 元/t 计算，且便于储存、运输和使用，则沼渣年收益为 36 000 元。

根据我国的排污费的收费标准，该沼气工程的污水如果不能进行综合治理，按每吨水收费 0.90 元计算，年排放污水 360 t，每年应缴纳排污费为 324 元，该项目实施后，按照该方案，减免的排污费为每年 324 元。如果规模较大的话，则在排污费方面得到的经济效益将十分显著。

2. 工程寿命期间的净现值

假设近年物价水平稳定，每年的净现金流入与净现金流出变化不大，并且第一年为建设期，未见收益。沼液、沼渣加工处理设备购买、安装费用为 43 000 元，每年的运行费用为

14 023.2 元,每年的收益为 45 000 元,工程使用寿命为 15 年,设备残值为 2 000 元。

有净现值公式:

$$NPV = \sum_{t=0}^{n} (CI - CO)_t (1 + i_0)^{-1} \tag{12-26}$$

式中　NPV——净现值;

$(CI-CO)_t$—— 第 t 年的净现金流量,其中 CI 为现金流入量,CO 为现金流出量;

n——设备寿命年限;

i_0—— 基准收益率,取 10%。

$NPV = -43\ 000 + (45\ 000 - 14\ 023.2)(P/A, 10\%, 15) + 2\ 000(P/F, 10\%, 15) = 193\ 088$ 元

式中　$(P/A, i_0, n)$——等额现值因子,等于$[(1+i_0)^n - l] / [i_0(l+i_0)^n]$;

$(P/F, i_0, n)$——复利现值因子,等于$(1+i_0)^{-n}$。

3. 静态投资回收期

$$TP = K/NB + T_k \tag{12-27}$$

式中　Tp——静态投资回收期;

K——期出一次性投资费用;

NB——年净收入;

T_k——工程建设期。

则 $Tp = 43\ 000/(45\ 000 - 14\ 023.2) + 1 = 2.39$ 年。通过以上计算分析可以看出,运用这种技术和配套设备,具有较好的财务盈利能力和较快的投资回收期。

利用研制的生态型沼液、沼渣加工利用设备和工艺技术,把厌氧发酵产生的沼液、沼渣加工成生态农药和有机肥料,用于绿色无公害农产品的生产,在技术上和经济上是可行的,它可以真正实现沼气技术的产业化和生态化,形成以沼气技术为纽带的新的农村经济增长点,使农民增收增产,改善生态环境,保证农产品安全生产,促使我国农业的长久可持续发展。

12.4　沼渣肥料效应试验

厌氧发酵的剩余物中的水分含量较高,而且沼肥还原性很强,如果从发酵装置取出立即施用,会与作物争夺土壤中的氧气,影响种子发芽和根系发育。因此,沼肥出池后一般先在储粪池中存放 7 ~ 14 d 再施用。因此本实验中牛粪发酵的剩余物首先采用广口容器盛装,置于通风处 12 d,然后经过螺旋离心分离机固液分离,去除其中的大部分水分,最后再置于空气中进行自然风干,也可以应用低温干燥。风干后的沼渣呈现块状,但需要利用粉碎机进行粗粉碎,使沼渣成粉状便于造粒。

12.4.1　沼渣的营养成分测定

氮、磷、钾是农业生产中最常用的肥料,是植物生长发育所必需的营养元素,又称“肥料三要素”。本试验中也是主要研究沼渣中的氮、磷、钾对作物的肥效,故此在沼渣的营养成

分试验中仅测定这三种元素的含量。测定方法按照《土壤农化常规分析方法》进行。测定结果如表 12 -5 所示。

表 12 -5　沼渣的营养成分测定

成分	全氮/%	全磷(P_2O_5)/%	全钾(K_2O)/%
含量	1.382	0.841	0.891

12.4.2　肥效的测定

番茄等蔬菜富含维生素和有机酸等人体必需的营养元素。近年来,盆栽蔬菜作为一种新型的盆栽产品受到越来越多人的喜爱。本研究就是把沼渣经过加工后,作为番茄生长的肥料,并通过对照测定沼肥,决定肥效并与其他几种肥料做对比,以此来推断沼肥对番茄的各项生理性状的影响。

1. 试验处理

处理 1:CK 不施任何肥料,自然生长。

处理 2:沼肥。

处理 3:传统农家肥。

处理 4:高效复合肥。

2. 栽培作物

圣女果,又名葡萄番茄、樱桃番茄,这种番茄品种植株高大,叶片较疏,生产周期长,产量高,抗病毒病(TMW),耐萎调病 Race0、叶斑病、晚疫病,耐热耐湿性强,早生,复花序,一花穗最高可结 60 个果左右,双杆整枝时 1 株可结 500 个果以上。果实呈长椭球形,果色鲜红,糖度可达 9.8 度,风味佳,果肉多且脆嫩,种子少而不易裂果,耐贮运。圣女果的营养价值优于普通番茄的成分,且除含有番茄的所有营养成分外,其维生素含量是普通番茄的 1.7 倍。

3. 栽培方法

用普通塑料花盆进行盆栽,盆口直径 $D=17$ cm,盆底直径 $d=12$ cm,高 $H=20$ cm,每盆栽植一株番茄幼苗。栽培用土为普通园田土,采用基肥加两次追肥方式施肥,在幼苗移栽的时候施基肥,占施肥总量 1/3;追肥也各占总施肥量的 1/3。测量番茄作物的植株高度、植株茎的截面积(以植株的直径为参考值)以及结果量。

(1)农家肥:每亩施肥 5 000 kg。盆口面积,$S=\pi R^2=3.14\times0.085\times0.085=0.02\,267$ m^2,则每盆施农家肥肥量为$(5\,000/666.7)\times0.02\,267=0.17$ kg $=170$ g。

(2)沼肥:和农家肥采取同样施肥量,则每盆施沼肥肥量为 170g。

(3)复合肥:高效复合肥($N+P_2O5+K_2O$)≥40% 番茄每亩施肥量为 45 ~ 50 kg,则每盆施肥量可计算得到为 1.3 g。

12.4.3　试验结果

1. 施用不同肥料对番茄植株高度的影响

测得CK、沼肥、复合肥、农家肥的平均株高各为126.9 cm、136.3 cm、124 cm、130.1 cm。施用肥料的其中两组试验植株的平均株高度较对照都有不同程度的增加，施用沼肥的植株高度的比对照平均增加率为7.41%，增幅效果最大；施用农家肥的植株高度的平均增加率为4.77%，增幅效果较大；施用复合肥的植株高度平均值要小于对照。

2. 施用不同肥料对番茄植株茎粗的影响

测得CK、沼肥、复合肥、农家肥的平均茎粗各为4.89 cm、5.91 cm、5.43 cm、5.63 cm。施用肥料的三组试验植株的茎粗较对照都有不同程度的增加，施用沼肥的植株茎粗的平均增加率为20.86%，施用复合肥的植株茎粗的平均增加率为11.04%，施用农家沼肥的植株茎粗的平均增加率为15.13%，可见沼肥对番茄植株茎粗的影响最大，农家肥次之，复合肥最小。

3. 施用不同肥料对番茄植株产量的影响

施用不同肥料对番茄植株产量的影响如图12－8所示，可以看出施用肥料的三组试验番茄的产量较对照都有不同程度的增加，施用复合肥的植株产量的平均增加率为8.88%，施用沼肥的植株产量的平均增加率为19.70%，而施用农家肥的植株产量的平均增加率为29.89%，可见农家肥对番茄植株产量的影响最大，沼肥次之，复合肥最小。

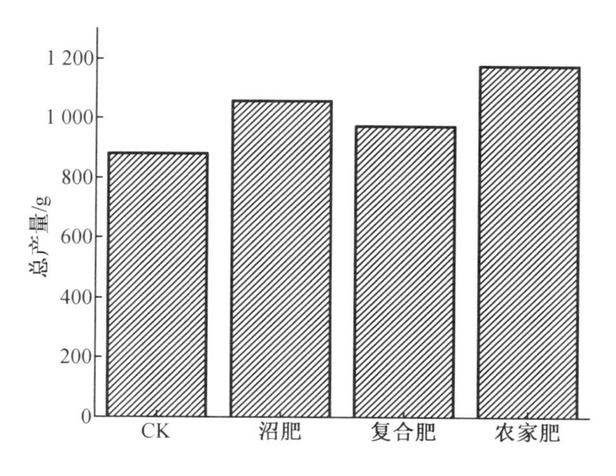

图12－8　施不同肥料番茄总产量

4. 施用不同肥料对番茄植株其他性状的影响

在番茄的栽培过程中，由于管理条件较好，没有发生病虫害等疾病，没出现死苗、畸形苗等现象。但是在植株的生理性状上仍然出现差异，未施肥料的对照组中出现番茄植株叶片变黄以及脱叶现象；叶片颜色以施沼肥为最好，叶片呈现翠绿色。在植株的生长过程中，沼肥组结果时间最早，比其他组早5～8 d，这为番茄的提早上市，提供了条件，有较好的经济效益。而且施用沼肥的番茄结果期较长。

12.5 本章小结

(1)本研究分析了 H_2S 缺氧环境下的产生机理,为除去沼气中的 H_2S 气体,使其含量达到国家标准的要求,选择了氧化铁作为脱硫剂,并通过计算设计了脱硫塔。

(2)改进了传统的沼气压力存储系统,在沼气压力存储罐前设置缓冲罐可以有效控制厌氧发酵反应器的压力,从而实现沼气的高效、安全利用,加大单位体积的沼气存储量。

(3)对沼渣加工工艺进行了分析,在处理粪便、消除污染的同时,生产出生态肥料产品,实现沼气厌氧发酵及沼液沼渣加工工艺的商品化。通过经济效益分析,具有较好的财务盈利能力和较快的投资回收期。

(4)按照本试验的产量增加数计算,则施用沼肥每亩比空白对照增产 19.70%,比施用复合肥的组增产 9.95%,比施用农家肥的组低 7.84%,具有较好增产效果。施用沼肥组的株高比空白对照要高 7.41%,比复合肥组的株高高 9.92%,但是在株高方面却小于农家肥组 4.77%。施用沼肥组的茎粗比空白对照要粗 20.864%,比复合肥组的茎粗大 8.84%,比施用农家肥组的茎粗大 4.97%,沼肥对番茄植株的茎粗影响最大。在各项测试中,空白对照的各项参数基本都是最低,由此可知对番茄进行施肥是有明显效果的。施用沼肥的组比对照和施用复合肥的产量大,而且对于作物的其他性状的影响也较大,可见沼肥作为番茄的肥料效果较好。

第13章　结论与展望

13.1　结　　论

为了解决秸秆厌氧发酵时存在木质纤维素水解困难、产气效率低、易出现浮渣、结壳等问题，本研究通过设计整套厌氧发酵装置及能量计算，分析各因素在试验过程中对各指标的影响；针对玉米秸秆髓、皮、叶采用好氧水解和厌氧发酵两相工艺进行研究，通过对秸秆各部位的吸水特性、厌氧发酵产甲烷特性、浮渣层的变化进行阐述和分析；并通过响应曲面法考察水解时间、温度和粒度大小影响因子对秸秆各部位好氧水解阶段产生沉降的交互作用，优化其好氧水解工艺参数。经过深入的研究与分析得到以下结论。

(1)通过能量计算验证反应器的设计是合理的，恒温控制水浴循环系统每次向发酵液传递能量最多需要250s就能使发酵液恢复到正常的35 ℃发酵，通过能量计算，在没有采取任何保温设施的情况下，反应器每天产生的沼气燃烧后热量的59%～75%能满足试验能量的需求。

(2)在保证发酵液浓度、接种物一定的情况下，采用试验用*H/D*(高径比)为2.18、4.66、5、6.66四个不同反应器进行试验，结果表明，试验用*H/D*为2.18的反应器处理效果最佳，其COD去除率和容积产气率都相对较高，其次是H/D为5的反应器；对最优的两个*H/D*反应器进行试验验证，结果验证*H/D*为2.18的反应器发酵效果较好。

(3)通过每天定时监测厌氧反应器不同高度各取样口发酵液的pH值和可溶性COD值，研究不同高度发酵液各参数的变化规律。结果表明，在整个发酵过程中各取样口的可溶解性COD值变化趋势相同，没有明显的差异；在产气量达到峰值之前各样口pH值有明显的差异，各样口处发酵液的pH值从反应器底部向上逐渐升高。

(4)在接种物浓度一定的条件下，比较6%和7.5%两种不同发酵液浓度对COD去除率、容积产气率及总产气量的影响。结果表明，从整个反应过程变化趋势来看，发酵液浓度为7.5%处理组产气量大，产气效果好。

(5)在发酵液浓度一定的条件下，比较发酵20 d后的沼液与发酵20 d后的混合液(沼液、沼渣混合液)两种接种物对牛粪产气性能的影响。结果表明，混合液接种物的发酵周期短、平均容积产气率高；并用另一反应器进行相同的试验，试验结果验证了发酵20 d后的混合液接种物产气效果好。

(6)在35 ℃时，对ASBR反应器进行不同有机负荷的测试，试验结果表明，有机负荷为6 gVS/(L·d)时，综合效果最好。此时，容积产气率为2.09 L/L，单位VS产气量为0.35 L/gVS，COD去除率和SCOD去除率分别为33.74%和70.43%，TS去除率和VS去除率分别为31.16%和34.46%，CH_4的含量为82.10%。

(7)在35 ℃时，对ASBR反应器测试了三种不同的进料浓度。试验结果表明在进料浓度46 gVS/L和61.2 gVS/L时，甲烷产量几乎相同，而前者COD去除率和SCOD去除率稍高于后者，TS去除率和VS去除率后者较高，且高浓度进料所需配水较少，所以，综合效果得出进料浓度为61.2gVS/L最好。

(8)在35 ℃，有机负荷为6 gVS/(L·d)时，对ASBR反应器测试了三种不同的搅拌方式，试验结果表明以3 min/h的搅拌方式运行时VS去除率略低，三种搅拌方式对其他指标的去除效果影响不大，考虑到频繁启动气泵会影响使用寿命，所以采用1.5 min/30 min的搅拌方式。

(9)探讨了ASBR反应器在35 ℃、30 ℃、25 ℃、21 ℃变化时处理牛粪的不同效果和产沼气情况，30 ℃时各指标的去除率接近35 ℃时的，21 ℃时各指标的去除率除SCOD外均略高于25 ℃时的。从降低能量消耗并保证处理效果的角度考虑，30 ℃时ASBR反应器的运行效果最好。

(10)有机负荷为5 gVS/(L·d)时，日产气量最高且处理效果较好。在有机负荷为5 gVS/(L·d)时，日产气量、单位VS产气量、容积产气率最大分别为28.12 L/d、0.18 L/gVS、1.08 L/L，pH值稳定在7.02左右基本不变，CH_4的含量最高。

(11)在21 ℃，有机负荷为6 gVS/L/d时，对ASBR反应器测试了三种不同的搅拌方式，试验结果表明以搅拌方式为3 min/h运行对产气量的增加有一定的帮助，但是TS、VS去除率偏低。考虑到处理效果及频繁启动气泵会影响使用寿命，所以采用1.5 min/30 min的搅拌方式。

(12)ASBR可以很好地去除有机物，SBR生物脱氮效果明显，两种工艺结合可以很好地互相弥补各自工艺的缺点。ASBR－SBR工艺获得了较高的污染物去除率，COD去除率和SCOD去除率分别为58.72%和73.22%，NH_3-N的去除率较高，达到了94.37%。SBR出料中NO_2-N，NO_3-N含量比较理想。

(13)与高温酸化相比，中温酸化的产气速度、VFA、COD去除率总产气量差异不显著，并由于高温酸化需要消耗更多的能源，高温酸化在经济性上是不合适的。所以，在两相厌氧发酵处理牛粪方面，中温酸化比高温酸化更有优势。

(14)与酸化温度为20℃和25℃相比，酸化温度为30℃具有产气速度快、产气量大、COD的去除率高等优点。因此，酸化温度为30℃的效果好。

(15)粒径小于3 mm的牛粪料液的产气速度和总产气量高于未粉碎的牛粪料液，通过经济性分析，粒径小于3 mm的牛粪料液也比未粉碎的牛粪料液有优势。

(16)在水解过程中，髓、皮、叶的吸水率及物质溶出率随时间的延长都呈逐渐上升变化趋势，同时有着明显的差异，吸水率从强到弱依次是髓、叶、皮，并在吸水16 h时，分别达到679%、347%、160%(含水率分别为85.7%、77.7%、60.3%)；而物质溶出率与水解时间通过数据拟合满足$y=a-b\cdot c^x$的指数函数关系，在0～24 h，秸秆物质溶出速率较快，在水解24 h时，皮、髓、叶的物质溶出质量占比分别为20.74%、17.97%、7.83%。

(17)在厌氧发酵过程中，玉米秸秆皮和叶的料液浓度VS为3.6%，髓的料液浓度VS为2.7%时，均能启动并正常产气；当髓VS浓度为3%，其他部位VS浓度为4%时，均未启动产气。秸秆及各部位的浮渣层厚度随底物浓度的增加呈逐渐增厚变化趋势，随发酵时间的延长逐渐变薄，其中皮的浮渣层厚度变化速率最快，浮渣层在发酵后的第10天达到最低值，而叶、秸秆和髓浮渣层都在发酵第18天达到最低值，浮渣层厚度分别减少了64.3%、73.7%、65.3%和59%；玉米秸秆发酵初始浮渣层中髓、皮、叶体积占比分别约为48%、29%、18%。

(18)好氧水解可显著破坏秸秆木质素结构，提高木质素、纤维素降解率，髓、皮、叶在好氧水解处理16 h时，木质素的降解率分别为4.20%、3.91%、4.90%，纤维素降解率分别为14.49%、17.69%、22.59%，可见玉米秸秆各部位组织结构及成分的不同直接影响纤维素的降解。同时产生的乙酸占挥发性脂肪酸(VFAs)和乙醇总量的60%以上。

(19)玉米秸秆在好氧、厌氧两相产甲烷发酵工艺中，髓、皮好氧水解处理12 h和叶好氧水解处理8 h时，甲烷产率达到最大值，分别为323 mL/gVS、251 mL/gVS和264 mL/gVS，分别提高了35.0%、30.1%和8%；髓、皮和叶的累积甲烷产量均在第8~9天达到甲烷总产量的90%，比对照组缩短了4~5 d，可见，好氧预处理能有效提高甲烷产率、原料的降解速率及缩短发酵周期。

(20)好氧水解预处理能促使秸秆在微观结构上孔隙度的增加，能增加秸秆吸水能力，提高其沉降性能，有效降低厌氧发酵过程中浮渣层的厚度，浮渣层厚度随好氧水解时间的延长逐渐降低。髓、皮、叶好氧水解12 h处理组的最厚浮渣层仅为未处理组的45.8%、7.1%、13.6%，而玉米秸秆好氧水解12 h处理后，厌氧发酵初始浮渣层的主要成分是髓，体积占比90%以上。

(21)不同粒度的髓、皮、叶经过好氧水解处理，在厌氧发酵过程中产生了良好的沉降性能，与未处理组相比，髓、皮、叶分别在厌氧发酵后的第14天、7天、14天达到最佳的沉降状态，分别提前了4 d、9 d、6 d；同时，经过好氧水解处理，粒度在40目以下的髓、皮、叶沉降率都达到了100%，而5~10目的髓、皮、叶的沉降率分别为32.7%~76.6%、82.6%~100%、66.2%~84.0%，分别提高了5.8%~31.9%、39.1%~50%、35.5%~24%，20~30目的髓颗粒初始沉降率提高了80.3%~87.4%，皮和叶的沉降率都达到了100%。

(22)不同粒度的髓、皮、叶好氧水解处理组累积甲烷产率、最大日产甲烷量、延滞期及水解常数均明显优于未处理组。甲烷产率随颗粒目数的增大而增大，髓、皮、叶甲烷产率分别在287.56~360.80 mL/gVS、194.80~298.94 mL/gVS、210.43~259.90 mL/gVS内波动，分别提高了37.37%~45.30%、18.27%~36.20%、2.50%~9.26%。

(23)应用响应曲面法中的二次旋转正交设计，分别考察了水解时间、温度和粒度对玉米秸秆髓、皮、叶沉降比的影响，发现三因素对沉降指标有不同程度的影响。通过回归分析建立了上述指标关于三因素的数学模型，经检验所选模型均显著可靠，可以很好地预测秸秆好氧水解处理在厌氧发酵初期阶段的沉降状态。以回归模型为基础，对秸秆髓、皮、叶的水解时间、温度和粒度水平组合进行优化，最终确定最优的水解工艺参数，时间为12.25 h、温度为42.7 ℃、粒度大小为24目。在最优条件下，经试验验证得到了与预测值相吻合的结果，髓、皮、叶沉降比平均值分别为68.6%、89.1%、95.8%。

(24)选择了氧化铁作为脱硫剂，并通过计算设计了脱硫塔。改进了传统的沼气压力存储系统，增设了压力缓冲罐，可提高沼气存储效率，加大单位体积的沼气存储量。

(25)对沼渣加工工艺进行了分析,再将其商品化后,通过经济效益分析,具有较好的财务盈利能力和较快的投资回收期。

13.2 展　　望

基于本文的研究工作,后续还需要在以下几个方面进行深入研究。

(1)本研究只针对玉米秸秆髓、皮、叶采用好氧水解、厌氧发酵两相工艺进行产气特性和浮渣层变化进行了相关研究,后续可进一步扩充秸秆原料(如稻秸、麦秸)种类,探讨好氧水解对其沉降特性的影响。

(2)本研究仅分析了好氧水解对玉米秸秆各部位传质特性及浮渣层厚度的影响,还需进一步考察发酵过程中浮渣层密度及热力学特性的变化情况,更加完善好氧水解对其沉降性的影响。

(3)本研究发现好氧水解处理能改善玉米秸秆的沉降性能,其浮渣层的主要成分是髓。针对髓的物理特性,可以考虑其他的预处理方法,例如,揉搓粉碎或压块成型等方法来减小秸秆的孔隙度、增强吸水性,改善沉降性能,这方面的处理对秸秆沉降性的影响还需进一步研究,为消除或改善秸秆浮渣提供思路。

参考文献

[1] International Energy Agency. World energy outlook 2018[R]. Paris:IEA,2018.

[2] 国家统计局. 2021 中国统计年鉴[M]. 北京:中国统计出版社,2021.

[3] 国家统计局. 中华人民共和国2021年国民经济和社会发展统计公报[EB/OL]. (2022-2-28)[2022-06-18]. http://www.stats.gov.cn/xxgk/sjfb/zxfb2020/202202/t202202.28_1827971.html.

[4] 张晓强,陈妍,景春梅,等. "十三五"时期推进我国能源供给侧结构性改革的建议[J]. 全球化,2017(4):5-17,133.

[5] GAO X,ZHING C H,SAGAWA T,et al. Air pollution control for a green future[J]. Journal of Zhejiang University-Science A,2018,19(1):1-4.

[6] 汪直刚,徐强. 剖析台湾生物质能源产业[J]. 海峡科技与产业,2015(11):31-36.

[7] 田晓风. 生物质炭化联产项目对生物质能源行业的启示[J]. 资源再生,2015(9):49-50.

[8] HASSAN M,DING W M,BI J H,et al. Methane enhancement through oxidative cleavage and alkali solubilization pre-treatments for corn stover with anaerobic activated sludge[J]. Bioresource Technology,2016,200(3):405-412.

[9] GU Y,ZHANG Y L,ZHOU X F. Effect of Ca(OH)(2) pretreatment on extruded rice straw anaerobic digestion[J]. Bioresource Technology,2015,196:116-122.

[10] 杨茜,鞠美庭,李维尊. 秸秆厌氧消化产甲烷的研究进展[J]. 农业工程学报,2016,32(14):232-242.

[11] LI K,LIU R H,SUN C. A review of methane production from agricultural residues in China[J]. Renewable and Sustainable energy reviews,2016,54:857-865.

[12] 丁丽. 我国农作物秸秆利用现状及对策[J]. 河南农业,2017,29(1):23-23.

[13] 田国成,王钰,孙路,等. 秸秆焚烧对土壤有机质和氮磷钾含量的影响[J]. 生态学报,2016,36(2):387-393.

[14] 隋雨含,赵兰坡,赵兴敏. 玉米秸秆焚烧对土壤理化性质和腐殖质组成的影响[J]. 水土保持学报,2015,29(4):316-320.

[15] 曹国良,张小曳,王亚强,等. 中国区域农田秸秆露天焚烧排放量的估算[J]. 科学通报,2007,52(15):1826-1831.

[16] 张红,邱明燕,黄勇. 一次由秸秆焚烧引起的霾天气分析[J]. 气象,2008,34(11):96-100.

[17] LANGMANN B,DUNCAN B,TEXTOR C,et al. Vegetation Fire Emissions And Their Impact On Air Pollution And Climate[J]. Atmospheic environment,2009,43(1):107-116.

[18] 孙燕,张备,严文莲,等. 南京及周边地区一次严重烟霾天气的分析[J]. 高原气象,

2010,29(3):794 -800.

[19] 严文莲,刘端阳,孙燕,等. 秸秆焚烧导致的江苏持续雾霾天气过程分析[J]. 气候与环境研究,2014,19(2):237 -247.

[20] 吴萍,余文周. 雾霾成因、危害、公众反应及治理对策的探讨[J]. 中国公共卫生管理,2014,30(3):453 -454.

[21] 裴继诚. 植物纤维化学[M]. 北京:中国轻工业出版社,2012.

[22] 苏宜虎,陈晓东,马洪儒. 搅拌对沼气发酵的影响[J]. 安徽农业科学,2007,35(28):8961 -8962.

[23] 熊霞,施国中,罗涛,等. 秸秆沼气发酵浮渣结壳的成因及对策[J]. 中国沼气,2014,32(4):51 -54.

[24] 崔文文,梁军锋,杜连柱,等. 中国规模化秸秆沼气工程现状及存在问题[J]. 中国农学通报,2013(11):121 -125.

[25] 赵野,武京伟,袁旭峰,等. 搅拌强度对"两相分区一体"沼气发酵工艺产气效率的影响[J]. 中国农业大学学报,2017,22(5):15 -24.

[26] SATJARITANUN P ,KHUNATORN Y ,VORAYOS N,et al. Numerical analysis of the mixing characteristic for napier grass in the continuous stirring tank reactor for biogas production[J]. Biomass&Bioenergy,2016,86:53 -64.

[27] MA Y W,LI W Z,LUO L N,et al. Effects of Aerobic Pre - Treatment on Anaerobic Batch Digestion of Corn Straw[J]. Journal of Biobased Materials and Bioenergy,2017,11(6):622 -628.

[28] 李文哲,丁清华,魏东辉,等. 稻秸好氧厌氧两相发酵工艺与产气特性研究[J]. 农业机械学报,2016,47(3):150 -157.

[29] TAHERZADEH M J,KARIMI K. Pretreatment of Lignocellulosic Wastes to Improve Ethanol and Biogas Production: A Review[J]. International Journal of Molecular Sciences,2008,9(9):1621 -1651.

[30] DA SILVA A S,INOUE H,ENDO T,et al. Milling pretreatment of sugarcane bagasse and straw for enzymatic hydrolysis and ethanol fermentation[J]. Bioresource Technology,2010,101(19):7402 -7409.

[31] SILVA G G D,COUTURIER M,BERRIN J G,et al. Effects of grinding processes on enzymatic degradation of wheat straw[J]. Bioresource Technology,2012,103(1):192 -200.

[32] JIN SY,CHEN HZ. Superfine grinding of steam - exploded rice straw and its enzymatic hydrolysis[J]. Biochemical Engineering Journal,2006,30(3):225 -230.

[33] MOONEY C A,MANSFIELD S D,BEATSON R P,et al. The effect of fiber characteristics on hydrolysis and cellulase accessibility to softwood substrates[J]. Enzyme and Microbial Technology,1999,25(8/9):644 -650.

[34] 邹安,沈春银,赵玲,等. 微波预处理对玉米秸秆的组分提取及糖化的影响[J]. 农业工程学报,2011,27(12):269 -274.

[35] GASPAR M,KALMAN G,RZCZEY K. Corn fiber as a raw material for hemicellulose and

ethanol production[J]. Process Biochemistry,2007,42(7):1135-1139.

[36] 罗庆明,李秀金,朱保宁,等. NaOH处理玉米秸秆厌氧生物气化试验研究[J]. 农业工程学报,2005,21(2):111-115.

[37] 傅大放,靳强,周培国,等.厌氧序批式活性污泥工艺(ASBR)特性研究[J].中国给水排水,2000,16(10):1-5.

[38] 工东海,文湘华,钱易.SBR在难降解有机物处理中的研究与应用[J].中国给水排水,1999,15(11):29-32.

[39] 李军,杨秀山,彭永臻.微生物与水处理工程[M].北京:化学工业出版社,2002.

[40] 李秀金,董仁杰. ASBR-SBR组合反应器用于高浓度有机污水的处理[J].中国农业大学学报,2002,7(2):110-116.

[41] 李亚新,李玉瑛.厌氧序批式反应器预处理焦化废水研究[J].工业用水与废水,2002,33(5):17-20.

[42] 李亚新,田扬捷.高负荷厌氧新工艺-厌氧序批式反应器[J].中国给水排水,2000,16(9):24-26.

[43] 刘树民,韩靖玉,岳海军.中国北方寒冷地区沼气的综合开发利用[J].内蒙古农业大学学报,2002,23(4),84-86.

[44] 赵晨红. ASBR-SBR工艺处理养猪场废水[J].重庆环境科学,2003,25(4):36-38.

[45] 宋籽霖,孙雪文,杨改河,等. 不同温度下氢氧化钠预处理对玉米秸秆甲烷产量的影响[J]. 化工学报,2014,65(5):1876-1882.

[46] 于嵘,步秀芹,苏相琴,等. 联合NaOH和$Ca(OH)_2$强化剩余污泥厌氧发酵生产挥发性脂肪酸[J]. 环境工程学报,2017,11(11):6087-6091.

[47] 宋籽霖,杨改河,张彤,等. $Ca(OH)_2$预处理对水稻秸秆沼气产量的影响[J]. 农业工程学报,2012,28(9):207-213.

[48] 冯洋洋,杨跃,王宏杰,等. 混合碱和沸石联用对初沉污泥厌氧发酵性能的影响[J]. 环境工程学报,2018,12(3):931-938.

[49] 刘研萍,方刚,党锋,等. NaOH和H_2O_2预处理对玉米秸秆厌氧消化的影响[J]. 农业工程学报,2011,27(12):260-263.

[50] 王苹,李秀金,袁海荣,等. 绿氧与NaOH组合处理对玉米秸厌氧消化性能影响[J]. 北京化工大学学报(自然科学版),2010,37(3):115-118.

[51] 黎雪,张彤,邹书珍,等. 不同温度下NaOH-绿氧联合预处理对麦秆厌氧发酵的影响[J]. 农业环境科学学报,2015(9):1812-1821.

[52] KIM I,SEO Y H,KIM G Y,et al. Co-production of bioethanol and biodiesel from corn stover pretreated with nitric acid[J]. Fuel,2015,143:285-289.

[53] 步天达,陈灏. 玉米秸秆不同部位优化预处理强化厌氧消化试验研究[J]. 中国沼气,2017,35(1):23-28.

[54] GAO X,KUMAR R,SINGH S,et al. Comparison of enzymatic reactivity of corn stover solids prepared by dilute acid,AFEX™,and ionic liquid pretreatments[J]. Biotechnology for Biofuels,2014,7(1):71-84.

[55] 闫志英,姚梦吟,李旭东,等. 稀硫酸预处理玉米秸秆条件的优化研究[J]. 可再生能源,2012,30(7):104 -110.

[56] KAPOOR M,RAJ T,VIJAYARAJ M,et al. Structural features of dilute acid,steam exploded,and alkali pretreated mustard stalk and their impact on enzymatic hydrolysis[J]. Carbohydrate Polymers,2015,124:265 -273.

[57] 李领川,李彦红,潘春梅,等. 稀酸水解玉米秸秆两步发酵联产氢气和甲烷[J]. 环境科学与技术,2015,38(12):45 -49.

[58] SUN X F,XU F,SUN R C,et al. Characteristics of degraded hemicellulosic polymers obtained from steam exploded wheat straw[J]. Carbohydrate Polymers,2005,60(1):15 -26.

[59] PAN X J,GILKES N,KADLA J,et al. Bioconversion of hybrid poplar to ethanol and co - products using an organosolv fractionation process:Optimization of process yields[J]. Biotechnology and bioengineering,2006,94(5):851 -861.

[60] DISTEFANO T D,AMBULKAR A. Methane production and solids destruction in an anaerobic solid waste reactor due to post - reactor caustic and heat treatment[J]. Water Science & Technology,2006,53(8):33 -41.

[61] CHUNDAWAT S P S,VENKATESH B,DALE B E. Effect of particle size based separation of milled corn stover on AFEX pretreatment and enzymatic digestibility[J]. Biotechnology and Bioengineering,2007,96(2):219 -231.

[62] ZHAO C,SHAO Q J,MA Z Q,et al. Physical and chemical characterizations of corn stalk resulting from hydrogen peroxide presoaking prior to ammonia fiber expansion pretreatment [J]. Industrial Crops and Products,2016,83:86 -93.

[63] BALS B,WEDDING C,BALAN V,et al. Evaluating the impact of ammonia fiber expansion (AFEX) pretreatment conditions on the cost of ethanol production[J]. Bioresour Technology,2011,102(2):1277 -1283.

[64] EGGEMAN T,ELANDER R T. Process and economic analysis of pretreatment technologies[J]. Bioresource Technology,2005,96(18):2019 -2025.

[65] KIM J,PARK C,KIM T H,et al. Effects of Various Pretreatments for Enhanced Anaerobic Digestion with Waste Activated Sludge[J]. Journal of Bioscience and Bioengineering,2003,95(3):271 -275.

[66] 朱作华,蔡霞,严理,等. 蒸汽爆破预处理对芦苇酶解糖化的影响[J]. 中国酿造,2013,32(9):71 -74.

[67] 银建中,郝刘丹,喻文,等. 超临界二氧化碳偶合超声预处理强化玉米秸秆酶水解[J]. 催化学报,2014,35(5):763 -769.

[68] ZHENG Y Z,TSAO G T. Avicel hydrolysis by cellulase enzyme in supercritical CO_2[J]. Biotechnology Letters,1996,18(4):451 -454.

[69] 李砚飞,黄亚丽,代树智,等. 秸秆预处理白腐菌株的筛选及其对厌氧发酵的影响[J]. 可再生能源,2014,32(6):891 -895.

[70] GUO P,WANG X F,ZHU WB,et al. Degradation of corn stalk by the composite microbi-

al system of MC1[J]. Journal of Environmental Sciences,2008,20(1):109 - 114.
[71] 宋彩红,贾璇,李鸣晓,等. 沼渣与畜禽粪便混合堆肥发酵效果的综合评价[J]. 农业工程学报,2013,29(24):227 - 234.
[72] 邱珊,赵龙彬,马放,等. 添加秸秆对厌氧残余物沼渣堆肥影响的研究[J]. 中国沼气,2017,35(1):35 - 39.
[73] 齐琳,王飞,潘夏远,等. 中小型沼气工程沼液污染因子监测评价分析[J]. 中国沼气,2013,31(6):25 - 28.
[74] 李建,刘庆玉,郎咸明,等. 响应面法优化沼液预处理玉米秸秆条件的研究[J]. 可再生能源,2016,34(2):292 - 297.
[75] HU Y,PANG Y Z,YUAN H R,et al. Promoting anaerobic biogasification of corn stover through biological pretreatment by liquid fraction of digestate (LFD) [J]. Bioresource Technology,2015,175:167 - 173.
[76] 楚莉莉,李铁冰,冯永忠,等. 沼液预处理对小麦秸秆厌氧发酵产气特性的影响[J]. 干旱地区农业研究,2011,29(1):247 - 251.
[77] 曹澜. 玉米秸轩好氧水解特性研究[D]. 哈尔滨:东北农业大学,2016.
[78] HATAMOTO M,IMACHI H,YASHIRO Y,et al. Diversity of Anaerobic Microorganisms Involved in Long - Chain Fatty Acid Degradation in Methanogenic Sludges as Revealed by RNA - Based Stable Isotope Probing[J]. Applied and Environmental Microbiology,2007,73(13):4119 - 4127.
[79] 孙寓姣,左剑恶,邢薇,等. 高效厌氧产甲烷颗粒污泥微生物多样性及定量化研究[J]. 环境科学,2006,27(11):2354 - 2357.
[80] BOETIUS A,RAVENSCHLAG K,SCHUBERT C J,et al. A marine microbial consortium apparently mediating anaerobic oxidation of methane[J]. Nature,2000,407(6804):623 - 626.
[81] 任南琪,王爱杰,马放. 产酸发酵微生物生理生态学[M]. 北京:科学出版社,2005.
[82] 左剑恶,邢薇,孙寓姣. 利用分子生物技术对厌氧颗粒污泥中微生物种群结构的研究[J]. 农业工程学报,2006,22(s1):96 - 100.
[83] 刘君寒,胡光荣,李福利,等. 厌氧消化系统微生物菌群的研究进展[J]. 工业水处理,2011,31(10):10 - 14.
[84] 陈婷婷,郑平,胡宝兰. 厌氧氨氧化菌的物种多样性与生态分布[J]. 应用生态学报,2009,20(5):1229 - 1235.
[85] 殷丽丽. 厌氧产氢颗粒污泥形成及超声波强化发酵工艺研究[D]. 哈尔滨:东北农业大学,2018.
[86] KUMAR N,DAS D. Continuous hydrogen production by immobilized Enterobacter cloacae IIT - BT 08 using lignocellulosic materials as solid matrices[J]. Enzyme and Microbial Technology,2001,29(4/5):280 - 287.
[87] LEVIN D B,ISLAM R,CICEK N,et al. Hydrogen production by Clostridium thermocellum 27405 from cellulosic biomass substrates[J]. International Journal of Hydrogen Ener-

gy,2006,31(11):1496 - 1503.

[88] NTATIKOU H N,GAVALA M,KORNAROS M,et al. Hydrogen production from sugars and sweet sorghum biomass using Ruminococcus albus[J]. International Journal of Hydrogen Energy,2008,33(4):1153 - 1163.

[89] 林明. 高效产氢发酵新菌种的产氢机理及生态学研究[D]. 哈尔滨:哈尔滨工业大学,2002.

[90] 李永峰. 发酵产氢新菌种及纯培养生物制氢工艺研究[D]. 哈尔滨:哈尔滨工业大学,2005.

[91] MAH R A,SMITH M R,BARESI L. Studies on an acetate - fermenting strain of Methanosarcina[J]. Applied and Environmental Microbiology,1978,35(6):1174 - 1184.

[92] PATEL G B. Characterization and nutritional properties of Methanothrix concilii sp. nov.,a mesophilic,aceticlastic methanogen[J]. Canadian journal of Microbiology,1984,30(11):1383 - 1396.

[93] 董慧峪,季民. 剩余污泥厌氧消化甲烷生成势与产甲烷菌群多样性的比较研究[J]. 环境科学,2014,35(4):1421 - 1427.

[94] LEYBO A I,NETRUSOV A I,CONRAD R. Effect of hydrogen concentration on the community structure of hydrogenotrophic methanogens studied by T - RELP analysis of 16S rRNA gene amplicons[J]. Microbiology,2006,75(6):683 - 688.

[95] DEMIREL B,SCHERER P. The roles of acetotrophic and hydrogenotrophic methanogens during anaerobic conversion of biomass to methane:a review[J]. Reviews in Environmental Science and Biotechnology,2008,7(2):173 - 190.

[96] LIE T J,COSTA K C,LUPA B,et al. Essential anaplerotic role for the energy - converting hydrogenase Eha in hydrogenotrophic methanogenesis[J]. Proceedings of the National Academy of Sciences,2012,109(38):15473 - 15478.

[97] 赖昭庆. 沼气池防结壳简易装置[J]. 农村新技术,2005(4):35.

[98] 彭震,王永忠,廖强,等. 新型抗结壳沼气反应器产气特性研究[J]. 太阳能学报,2012,33(4):705 - 710.

[99] 中国科学院广州能源研究所. 一种集成在厌氧消化反应器内实现高纤维原料浆化和浮渣结壳破除的一体化装置及其方法:CN106085831A[P]. 2016 - 11 - 09.

[100] 宋波,王奕阳. 解决牛粪厌氧发酵中浮渣结壳的几种方法[J]. 可再生能源,2009,27(3):110 - 112.

[101] 杨浩,邓良伟,刘刈,等. 搅拌对厌氧消化产沼气的影响综述[J]. 中国沼气,2010,28(4):3 - 9,18.

[102] 李幸芳. 秸秆厌氧发酵产沼气及其结壳特性研究[D]. 郑州:河南农业大学,2013.

[103] MADHUKARA K,SRILATHA H R,SRINATH K,et al. Production of methane from green pea shells in floating dome digesters[J]. Process Biochemistry,1997,32(6):509 - 513.

[104] HILL D T,BOLTE J P. Methane production from low solid concentration liquid swine waste using conventional anaerobic fermentation[J]. Bioresource Technology,2000,74(3):241 - 247.

[105] RAO M S. Bioenergy conversion studies of organic fraction of MSW:kinetic studies and gas yield – organic loading relationships for process optimization[J]. Bioresource Technology,2004,95(2):173 – 185.

[106] KAPARAJU P,ANGELIDAKI I. Effect of temperature and active biogas process on passive separation of digested manure[J]. Bioresource Technology,2008,99(5):1345 – 1352.

[107] NIU W J,HAN L J,LIU X,et al. Twenty – two compositional characterizations and theoretical energy potentials of extensively diversified China's crop residues[J]. Energy,2016,100:238 – 250.

[108] 李娟,马忠明,王文丽,等. 小麦秸秆调节猪粪碳氮比对产沼气的影响[J]. 中国沼气,2012,30(4):30 – 32.

[109] 孟颖,李秀金,王利平,等. 氨化预处理玉米秸秆与餐厨垃圾混合两相厌氧消化性能研究[J]. 可再生能源,2014,32(9):1365 – 1370.

[110] LAY J J,LI Y Y,NOIKE T. Influences of pH and moisture content on the methane production in high – solids sludge digestion[J]. Water Research,1997,31(6):1518 – 1524.

[111] 刘丽英,刘珂欣,朱浩,等. 有机物料厌氧发酵液中拮抗苹果再植障碍病原真菌的细菌筛选及其防治效果[J]. 应用生态学报,2018,29(10):3407 – 3415.

[112] KOMEMOTO K,GLIM Y,NAGAO N,et al. Effect of temperature on VFA's and biogas production in anaerobic solubilization of food waste[J]. Waste Management,2009,29(12):2950 – 2955.

[113] MENARDO S,BALSARI P. An Analysis of the Energy Potential of Anaerobic Digestion of Agricultural By – Products and Organic Waste[J]. BioEnergy Research,2012,5(3):759 – 767.

[114] 班巧英,李建政,张立国,等. HRT 对 UASB 运行效能及丙酸氧化菌群组成的影响[J]. 化工学报,2012,63(11):3673 – 3679.

[115] 王明. 生物质组成成分对厌氧发酵产甲烷的影响[D]. 哈尔滨:东北农业大学,2015.

[116] 刘刈,王智勇,孔垂雪,等. 沼气发酵过程混合搅拌研究进展[J]. 中国沼气,2009,27(3):26 – 30.

[117] 陈洪章. 秸秆资源生态高值化理论与应用[M]. 北京:化学工业出版社,2006.

[118] 周孟津,张榕林,蔺金印. 沼气实用技术[M]. 北京:化学工业出版社,2009.

[119] PARAWIRA W,MURTO M,ZVAUYA R,et al. Anaerobic batch digestion of solid potato waste alone and in combination with sugar beet leaves[J]. Renewable Energy,2004,29(11):1811 – 1823.

[120] APPELS L,BAEYENS J,DEGREVE J,et al. Principles And Potential Of The Anaerobic Digestion Of Waste – activated Sludge[J]. Progress in energy and combustion science,2008,34(6):755 – 781.

[121] LISSENS G,THOMSEN A B,DE BAERE L,et al. Thermal Wet Oxidation Improves Anaerobic Biodegradability of Raw and Digested Biowaste[J]. Environmental Science and Technology,2004,38(12):3418 – 3424.

[122] 白晓凤,李子富,尹福斌,等. 鸡粪与玉米秸秆混合“干－湿两相”厌氧发酵启动研究[J]. 中国沼气,2014,32(2):22－25,32.

[123] 刘丹. 餐厨废弃物厌氧发酵特性研究[D]. 哈尔滨:东北农业大学,2014.

[124] LI Y,FENG L,ZHANG R,et al. Influence of inoculum source and pre－incubation on bio－methane potential of chicken manure and corn stover[J]. Applied Biochemistry and Biotechnology,2013,171(1):117－127.

[125] BENBELKACEM H,BAYARD R,ABDELHAY A,et al. Effect of leachate injection modes on municipal solid waste degradation in anaerobic bioreactor[J]. Bioresource Technology,2010,101(14):5206－5212.

[126] DIAZ I,DONOSO－BRAVO A,FDZ－POLANCO M. Effect of microaerobic conditions on the degradation kinetics of cellulose[J]. Bioresource Technology,2011,102(21):10139－10142.

[127] CHANAKYA H N,VENKATSUBRAMANIYAM R,MODAK J. Fermentation and methanogenic characteristics of leafy biomass feedstocks in a solid phase biogas fermentor[J]. Bioresource Technology,1997,62(3):71－78.

[128] 陈广银,曹杰,叶小梅,等. pH 值调控对秸秆两阶段厌氧发酵产沼气的影响[J]. 生态环境学报,2015,24(2):336－342.

[129] 李合生. 现代植物生理学[M]. 北京:高等教育出版社,2006.

[130] ZHONG W,ZHANG Z,LUO Y,et al. Effect of biological pretreatments in enhancing corn straw biogas production[J]. Bioresource Technology,2011,102(24):11177－11182.

[131] 张彬,蒋滔,高立洪,等. 猪粪与玉米秸秆混合中温发酵产气效果[J]. 环境工程学报,2014,8(11):4991－4997.

[132] 陈羚,赵立欣,董保成,等. 我国秸秆沼气工程发展现状与趋势[J]. 可再生能源,2010,28(3):145－148.

[133] 李文哲,曹澜,罗立娜,等. 玉米秸秆好氧水解特性研究[J]. 东北农业大学学报,2016,47(10):41－50.

[134] WU C Y,ZHOU Y X,WANG P C,et al. Improving hydrolysis acidification by limited aeration in the pretreatment of petrochemical wastewater[J]. Bioresource Technology,2015,194,256－262.

[135] JAGADABHI P S,KAPARAJU P,RINTALA J. Effect of micro－aeration and leachate replacement on COD solubilization and VFA production during mono－digestion of grass－silage in one－stage leach－bed reactors[J]. Bioresource Technology,2010,101(8):2818－2824.

[136] CAI D,LI P,LUO Z F,et al. Effect of dilute alkaline pretreatment on the conversion of different parts of corn stalk to fermentable sugars and its application in acetone－butanol－ethanol fermentation[J]. Bioresource Technology,2016,211:117－124.

[137] ZENG M,XIMENES E,LADISCH M R,et al. Tissue－specific biomass recalcitrance in corn stover pretreated with liquid hot－water:Enzymatic hydrolysis(part 1)[J]. Biotechnology and Bioengineering,2012,109(2):390－397.

[138] WANG F Q, XIE H, CHEN W, et al. Biological pretreatment of corn stover with ligninolytic enzyme for high efficient enzymatic hydrolysis[J]. Bioresource Technology, 2013, 144:572 - 578.

[139] SALEHI S M A, KARIMI K, BEHZAD T, et al. Efficient Conversion of Rice Straw to Bioethanol Using Sodium Carbonate Pretreatment[J]. Energy & Fuels, 2012, 26(12): 7354 - 7361.

[140] CHEN H M, ZHAO J, HU T H, et al. A comparison of several organosolv pretreatments for improving the enzymatic hydrolysis of wheat straw: substrate digestibility, fermentability and structural features[J]. Applied Energy, 2015, 150:224 - 232.

[141] PHITSUWAN P, CHARUPONGRAT S, KLEDNARK R, et al. Structural features and enzymatic digestibility of Napier grass fibre treated with aqueous ammonia[J]. Journal of Industrial and Engineering Chemistry, 2015(32):360 - 364

[142] LU Q L, TANG L R, WANG S Q, et al. An investigation on the characteristics of cellulose nanocrystals from Pennisetum sinese[J]. Biomass & Bioenergy, 2014, 70:267 - 272.

[143] QING Q, ZHOU L L, GUO Q, et al. Mild alkaline presoaking and organosolv pretreatment of corn stover and their impacts on corn stover composition, structure, and digestibility[J]. Bioresource Technology, 2017, 233:284 - 290.

[144] 燕红,杨谦. 蜡样芽孢杆菌对稻草的降解作用[J]. 哈尔滨工业大学学报,2008, 40(8):1242 - 1246.

[145] CARRILLO A, COLOM X, SUNOL J J, et al. Structural FTIR analysis and thermal characterisation of lyocell and viscose - type fibres[J]. European Polymer Journal, 2004, 40(9):2229 - 2234.

[146] ZENG M J, XIMENES E, LADISCH M R, et al. Tissue - Specific Biomass Recalcitrance in Corn Stover Pretreated With Liquid Hot - Water: SEM Imaging(Part 2)[J]. Biotechnology and Bioengineering, 2012, 109(2):398 - 404.

[147] LI X, XIMENES E, KIM Y, et al. Lignin monomer composition affects Arabidopsis cell - wall degradability after liquid hot water pretreatment[J]. Biotechnology for Biofuels, 2010, 3(1):27 - 34.

[148] 周德庆. 微生物学教程[M]. 北京:高等教育出版社,2011.

[149] RIVIERE D, DESVIGNES V, PELLETIER E, et al. Towards the definition of a core of microorganisms involved in anaerobic digestion of sludge[J]. The ISME Journal, 2009, 3(6):700 - 714.

[150] MENG L W, LI X K, WANG K, et al. Influence of the amoxicillin concentration on organics removal and microbial community structure in an anaerobic EGSB reactor treating with antibiotic wastewater[J]. Chemical Engineering Journal, 2015, 274:94 - 101.

[151] KINDAICHI T, ITO T, OKABE S. Ecophysiological Interaction between Nitrifying Bacteria and Heterotrophic Bacteria in Autotrophic Nitrifying Biofilms as Determined by Microautoradiography - Fluorescence In Situ Hybridization[J]. Applied and Environmental Microbiology, 2004, 70(3):1641 - 1650.

[152] JUNG K W,CHO S K,YUN Y M,et al. Rapid formation of hydrogen – producing granules in an up – flow anaerobic sludge blanket reactor coupled with high – rate recirculation[J]. International Journal of Hydrogen Energy,2013,38(22):9097 – 9103.

[153] 王晓华,李蕾,何琴,等. 驯化对餐厨垃圾厌氧消化系统微生物群落结构的影响[J]. 环境科学学报,2016,36(12):4421 – 4427.

[154] 赵永群,罗硕. 2006—2015 年我地区志贺菌属、型分布、生化特性及耐药分析[J]. 医药前沿,2016,6(24):346 – 347.

[155] VAVILIN V A,RYTOV S V,LOKSHINA L Y. A description of hydrolysis kinetics in anaerobic degradation of particulate organic matter[J]. Bioresource Technology,1996,56(2/3):229 – 237.

[156] 刘国涛,彭绪亚,龙腾锐,等. 有机垃圾序批式厌氧消化水解动力学模型研究[J]. 环境科学学报,2007,27(7):1227 – 1232.

[157] 王清静,王加雷,何伟,等. 玉米秸秆厌氧消化水解动力学[J]. 新能源进展,2015(1):1 – 6.

[158] LI H J,YE C L,LIU K,et al. Analysis of particle size reduction on overall surface area and enzymatic hydrolysis yield of corn stover[J]. Bioprocess and Biosystems Engineering,2015,38(1):149 – 154.

[159] 熊霞,施国中,梅自力,等. 玉米秸秆粒度对沼气发酵浮渣结壳层特性的影响[J]. 中国沼气,2017(6):56 – 61.

[160] CHEN H Z,LI H,LIYING L. The inhomogeneity of corn stover and its effects on bioconversion[J]. Biomass & Bioenergy,2011,35(5):1940 – 1945.

[161] ZHANG J,WANG Y H,QU Y S,et al. Effect of the organizational difference of corn stalk on hemicellulose extraction and enzymatic hydrolysis [J]. Industrial Crops&Products,2018,112:698 – 704.

[162] 王冠,霍丽丽,赵立欣,等. 秸秆类生物质原料筛分除杂试验及滚筒筛改进[J]. 农业工程学报,2016,32(13):218 – 222.

[163] 陈成. 秸秆螺旋筛分理论分析与筛分性能研究[D]. 镇江:江苏大学,2016.

[164] 野池达也. 甲烷发酵[M]. 刘兵,薛咏梅,译. 北京:化学工业出版社,2014.

[165] 朱洪光,毕峻玮,石惠娴. 全混式厌氧反应器搅拌方式分析与优化[J]. 农业机械学报,2011,42(6):127 – 131,137.

[166] 任南琪,王爱杰. 厌氧生物技术原理与应用[M]. 北京:化学工业出版社,2004.

[167] 马隆龙,唐志华,汪丛伟,等. 生物质能研究现状及未来发展策略[J]. 中国科学院院刊,2019,34(4):434 – 442.

附录　缩略语中英文注释

缩略词	英文全称	汉语全称
COD	chemical oxygen demand	化学需氧量
HRT	hydraulic retention time	水力停留时间
TS	total solid	总固体含量
VS	volatile solid	挥发性固体含量
OLR	organic loading rate	有机负荷率
FTIR	fourier Transform infrared spectroscopy	傅里叶转换近红外光谱
VFAs	volatile fatty acids	挥发性脂肪酸
SEM	scanning electron microscope	扫描电子显微镜
a	age	年
d	day	天
h	hour	时
min	minute	分
s	second	秒
BOD	biochemical oxygen demand	生化需氧量
UASB	upflow anaerobic sludge bed	上流式污泥床
ASBR	anaerobic sequencing batch reactor	厌氧序批式反应器
EGSB	expanded granular sludge bed	膨胀颗粒污泥床
IC	internal circulation	内循环反应器
UBF	upflow blanket filter	上流式膜反应器